图 4　中山沙栏鸡

图 5　阳山鸡

图 6　怀乡鸡

图 7　萧山鸡

图 8　惠阳鸡

图 9　桃源鸡

图 10　固始鸡

图 11　霞烟鸡

图 12　鹿苑鸡

图 13　大骨鸡

图 14　河田鸡

图 15　彭县黄鸡

图 16　白耳黄鸡

图 17　坝上长尾鸡

图 18　浦东鸡

图 19　灵昆鸡

图 20　仙居鸡

图 21　康乐鸡

图 22　宁都三黄鸡

图 23　正阳三黄鸡

图 24　江汉鸡

图 25　洪山鸡

图 26　黄郎鸡

图 27　广西三黄鸡

三黄鸡高效益养殖与繁育技术

主　编　张志新　陈宗刚
副主编　张　杰　张秀娟
编　委　金少华　白亚民　王桂香
　　　　黄金敏　郑　伟　王　祥
　　　　王凤芝　陈亚芹　韩　雪

科学技术文献出版社
SCIENTIFIC AND TECHNICAL DOCUMENTATION PRESS

图书在版编目(CIP)数据

三黄鸡高效益养殖与繁育技术 / 张志新,陈宗刚主编. —北京:科学技术文献出版社,2012.7(重印)

ISBN 978-7-5023-6899-9

Ⅰ.①三… Ⅱ.①张… ②陈… Ⅲ.①肉鸡—饲养管理 Ⅳ.①S831.4

中国版本图书馆 CIP 数据核字(2011)第 059062 号

三黄鸡高效益养殖与繁育技术

策划编辑:李 洁 责任编辑:李 洁 责任校对:唐 炜 责任出版:王杰馨

出 版 者	科学技术文献出版社
地 址	北京市复兴路 15 号 邮编 100038
编 务 部	(010)58882938,58882087(传真)
发 行 部	(010)58882868,58882866(传真)
邮 购 部	(010)58882873
官方网址	http://www.stdp.com.cn
淘宝旗舰店	http://stbook.taobao.com
发 行 者	科学技术文献出版社发行 全国各地新华书店经销
印 刷 者	北京时尚印佳彩色印刷有限公司
版 次	2011 年 6 月第 1 版 2012 年 7 月第 2 次印刷
开 本	850×1168 1/32 开
字 数	220 千
印 张	9
书 号	ISBN 978-7-5023-6899-9
定 价	19.00 元

前　言

黄羽肉鸡是指我国地方优良鸡品种，广大消费者多称之“三黄鸡”，也有的称草鸡、柴鸡、童子鸡。三黄鸡是我国土生土长的肉鸡，由于肉质鲜美深受广大消费者的欢迎。三黄鸡除了土种鸡外，还有大量的经过改良的鸡叫“仿土鸡”，是用地方鸡种和外来鸡种杂交改良培育出来的，除有地方品种的体型外貌和优质鸡肉品质外，还有引进品种的生长速度和产肉性能，同时能适应现代化大规模生产。

由于三黄鸡具有我国地方良种鸡的特性、特色、羽色，体型美观，抗逆性强，生长速度快，易于育肥，繁殖性能强，鸡肉风味、滋味、口感、营养上乘，食之味美、嫩，适合我国传统工艺加工，克服了纯种地方鸡早期增重慢、育肥效果差、耗料多、饲养时间长、经济效益差、繁殖率低的缺点，近十年来，三黄鸡规模化饲养发展十分迅速。同时，随着人们物质生活水平的提高，消费习惯的回归，三黄鸡以肉质嫩滑、皮脆骨软、脂肪丰满、味道鲜美而深受国内市场和港、澳、台以及东南亚地区的消费者欢迎，三黄鸡养殖和需求呈现出十分广阔的发展前景。

为了满足我国三黄鸡养殖迅速发展的需求，笔者收集并整理了各地先进的科研成果与技术编写了本书，以期为三黄鸡养殖者解决一些实际问题。

由于作者水平所限，错误和不当之处恳请广大科技工作者和生产者批评指正。

编　者

目　录

第一章　三黄鸡养殖概述

三黄鸡原指黄羽、黄喙、黄脚、黄皮肤的鸡，而现在所称的三黄鸡，不是特指某一个品种，而是黄羽优质肉鸡的统称，包括广东的三黄胡须鸡、清远麻鸡、杏花鸡、中山沙栏鸡、阳山鸡、文昌鸡、怀乡鸡，上海的浦东鸡，浙江的光大梅黄鸡、萧山鸡，北京油鸡，福建莆田鸡，山东寿光鸡，云南茶花鸡，湖南桃源鸡，河南固始鸡，广西霞烟鸡，江苏鹿苑鸡，山东寿光鸡、大骨鸡，福建河田鸡，彭县黄鸡，宁夏静源鸡等。这些三黄鸡从羽色来看有淡黄、金黄、红黄、棕黄、褐黄以及麻黄、麻褐色等，脚色、喙色和皮肤颜色也不相同，体型外貌和生产性能均有差异。但这些三黄鸡肉质嫩滑，皮脆骨软，脂肪丰满，味道鲜美，深受国内市场和港、澳、台以及东南亚地区的消费者欢迎。

由于三黄鸡具有我国地方良种鸡的特性、特色、羽色，体型美观，抗逆性强，生长速度快，易于育肥，繁殖性能强，目前已成为最受欢迎的鸡种之一。如浙江光大梅黄鸡、三黄胡须鸡、杏花鸡、清远麻鸡、石岐鸡、江村黄鸡、新兴黄鸡等，不仅体型外貌美丽、早熟易肥，而且屠体美观、肉质特佳，具有肉质嫩滑、脂肪丰满、味道鲜美等特点。北京油鸡具有独特的体型外貌和极高的营养滋补价值，用北京油鸡配套生产的宫廷黄鸡，由于鸡肉肉质细嫩、味道鲜美，被誉为“天下第一鸡”。

饲养三黄鸡，可采用平养、笼养等多种方式，投入的成本低，利润空间较大。因此，养殖户饲养三黄鸡是有利可图的，是农村养殖致富的好路子之一。

第一节 三黄鸡的生物学特性

三黄鸡具有悠久的历史，由于长期以来在生态条件的自然选择下，世代衍生形成了其独特的生物学特性。

1. 抗病力、适应性强

三黄鸡抗病力、适应性强，并有很强的集群性，健雏率和成活率高(成活率超过 90%)，对各种应激因素的抗应激能力都比较强，可适应平养、笼养等多种饲养形式，能适应在全国大部分省份饲养。在粗放的条件下，该鸡表现出了很强的生活力，生产性能发挥正常。

2. 食性广杂，就巢性较强

一般的玉米、高粱、米糠、麸皮、青绿饲料均能饲喂，但应注意饲料要全价，这样有利于三黄鸡的生长发育和繁殖性能的提高。三黄鸡的抱性较强，这也是三黄鸡产蛋率较低的原因之一。

3. 性成熟早

三黄鸡具有十分突出的早熟性，表现在公鸡开啼早，公、母鸡早期冠变大红润，开产早等。公鸡在 15～20 日龄已能从冠髯颜色和大小区分出来，45 日龄左右开啼，母鸡 70 日龄冠髯开始长大显红，85～90 日龄部分鸡即可产蛋。

4. 肉质优良，营养丰富

三黄鸡在肉质方面表现出了较多方面的特色。据测定，三黄鸡肌肉蛋白质含量为 25.54%；总氨基酸含量达 21 987 毫克/100 克，7 种决定鲜味和甜鲜味的氨基酸总量达 10 179 毫克/100 克，对人体健康非常有利的亚麻酸含量达 1.11%，肌苷酸含量为

43.3 毫克/克，牛磺酸含量为 0.65 毫克/克，肌纤维直径为 25.84 微米，而对人体有害的芥子酸含量仅为 0.75 毫克/100 克。

由于其肌肉中含有多种鲜味、甜味物质，肌纤维直径又细，所以其肌肉特别鲜嫩而有风味；因肌肉中有较高含量的亚麻酸、牛磺酸及含量低的芥子酸，故该鸡具有保健作用，加上它蛋白质、氨基酸、不饱和脂肪酸含量丰富，重要的营养物质达到或超过了"珍味型"优质家禽的要求。

5. 商品一致性较差

由于三黄鸡的品种(品系)不是标准品种，或者没有经过严格条件的遗传育种过程，不少品种仅是采用较简单的杂交方法，后代遗传分离现象较严重，商品一致性较差。传统的地方优良品种因忽视保种和提纯复壮，品种也很混杂或退化。

第二节　三黄鸡的分类及主要品种

目前各地饲养的三黄鸡品种或品系很多，各个品种(系)都有其特色，特别是地方品种，经长期的选育，形成了本品种的体型、外貌、生产性能等特征。近几年来，不断推出经过一定选育的三黄鸡新品种(系)，使三黄鸡的品种更丰富。同时也在一定程度上造成三黄鸡各品种的混杂，尤其是地方品种。

一、三黄鸡的分类

按养禽行业的俗语，将这些三黄鸡品种(系)或鸡群依遗传育种、体型大小、生长速度大致划分为 4 个类型。

1. 土鸡

有些土鸡是品种特征比较明显的地方品种鸡，如清远鸡、杏花鸡等。但上市的土鸡多为很杂的未经选育的三黄鸡，土鸡的特点是品种特征不明显，体型、外貌、毛色很不一致，生长速度很慢，青年母鸡体重在 0.8～1.4 千克，饲料报酬低，性成熟早，繁殖性能低下，有强烈的就巢性，体型细小，结构紧凑，脚细骨细，肉质特别鲜美、嫩滑和芳香。一般饲养 120 日龄以上才可上市。

2. 优质型三黄鸡

优质型三黄鸡是一类在体型外貌、肉质方面很接近土鸡，但又经过一定的品种选育，生产性能与土鸡比较有很大提高的三黄鸡。这类型的三黄鸡，经过一定的选育种工作，体型外貌基本一致，肉质十分接近土鸡，但比土鸡大一些，90 日龄青年母鸡体重 0.9～1.2 千克，成年鸡体重 1.6～2 千克，一般在 100 日龄体重为 1.25 千克左右上市。这种类型的三黄鸡以粤黄鸡、纯种石岐鸡等为代表。

3. 中快型三黄鸡

中快型三黄鸡多数带有外来品种的血统，以改良石岐鸡为代表，如江村黄鸡等。主要是通过杂交方法育成的，毛色、外貌等有一定的差异性。这一类型的三黄鸡其生长速度较优质型快，体型亦较大，脚较长，一般在 80～85 日龄青年母鸡体重达到 1.25 千克左右，适合于国内市场销售。饲养至 100 日龄，经肥育后体重可达到 1.75 千克左右。

4. 快大型三黄鸡

快大型三黄鸡增长速度快，体大骨粗，也是采用杂交方法育成，含有约 25％的外来品种血缘，80 日龄青年母鸡体重可达到 1.5 千克，饲料利用能力相对较强，但其肉质较差，鸡味较淡。一般在100日龄，体重达2.0千克以上，屠宰后亦可作分割鸡，这类型鸡以粤黄鸡为代表。

二、三黄鸡的主要品种

1. 北京油鸡

北京油鸡(彩图1)是北京地区特有的地方优良品种，是一个优良的肉蛋兼用型地方鸡种。

(1)外貌特征：羽毛呈赤褐色(俗称紫红毛)的鸡体型偏小；羽毛呈黄色(俗称素黄色)的鸡体型偏大。初生雏全身披着淡黄或土黄色绒羽，冠羽、胫羽、髯羽也很明显，体浑圆。成年鸡的羽毛厚密而蓬松，有冠羽和胫羽，有些个体兼有趾羽。多数个体的颌下或颊部生有髯须，冠型为单冠，冠叶小而薄，在冠叶的前段常形成一个小的"S"状褶曲，冠齿不甚整齐。虹彩多呈棕褐色，喙和胫呈黄色，少数个体分生五趾。

(2)生产性能：性成熟较晚，开产日龄210天，年产蛋120～125个，蛋重57～60克，蛋壳呈褐色，个别呈淡紫色。成年公鸡体重2049克，母鸡体重1730克。成年鸡屠宰率：半净膛，公83.5%，母70.7%；全净膛，公76.6%，母64.6%。

2. 清远鸡

清远鸡(彩图2)属肉用型鸡种，是广东省地方良种。

(1)外貌特征：体型特征可概括为"一楔"、"二细"、"三麻身"。"一楔"指母鸡体型像楔形，前躯紧凑，后躯圆大；"二细"指头细、脚细；"三麻身"指母鸡背羽主要有麻黄、麻棕、麻褐三种颜色。公鸡头部、背部的羽毛金黄色，胸羽、腹羽、尾羽及主翼羽黑色，肩羽、鞍羽枣红色。母鸡头部和颈前1/3的羽毛呈深黄色，背部羽毛分黄、棕、褐三色，有黑色斑点，形成麻黄、麻棕、麻褐三种。单冠直立，喙、胫呈黄色，虹彩橙黄色。

(2)生产性能：开产日龄 150～210 天，年产蛋 78 个，蛋重 47 克，蛋壳呈浅褐色。成年公鸡体重 2180 克，母鸡体重 1750 克。180 日龄屠宰率：半净膛，公 83.7%，母 85.0%；全净膛，公 76.7%，母 75.5%。

3. 杏花鸡

杏花鸡（彩图 3）又称“米仔鸡”，产于广东封开县，属小型肉用型鸡种。

(1)外貌特征：结构匀称，体质结实，被毛紧凑，前躯窄，后躯宽。其体型特征可概括为“两细”（头细、脚细）、“三黄”（羽黄、皮黄、胫黄）、“三短”（颈短、体躯短、脚短）。雏鸡以“三黄”为主，全身绒羽淡黄色。公鸡头大，冠大直立，冠、耳叶及肉垂鲜红色；虹彩橙黄色；羽毛黄色略带金红色，主翼羽和尾羽有黑色；胫黄色。母鸡头小，喙短而黄；单冠，冠、耳叶及肉垂红色；虹彩橙黄色。体羽黄色或浅黄色，颈基部羽多有黑斑点（称“芝麻点”），形似项链。主、副翼羽的内侧多呈黑色，尾羽多数有几根黑羽。

(2)生产性能：150 日龄 30%开产，年平均产蛋为 95 个，蛋重 45 克左右，蛋壳褐色。成年体重公鸡为 1950 克，母鸡为 1590 克。110 日龄屠宰测定：公鸡半净膛为 79%，全净膛为 74.7%；母鸡半净膛为 76.0%，全净膛为 70.0%。

4. 中山沙栏鸡

中山沙栏鸡（彩图 4）选用广东省的惠阳鸡、清远麻鸡和石岐鸡杂交改良而成，属中小型肉用鸡种。

(1)外貌特征：该鸡头大小适中，多为直立单冠，体躯丰满，胸肌发达。公鸡多为黄色和枣红色，母鸡多为黄色和麻色。胫部颜色有黄色、白玉色之分，以黄色居多；皮肤有黄、白玉色，以白玉色居多。

(2)生产性能：开产日龄150～180天，年产蛋70～90个，蛋重45克，蛋壳呈褐色或浅褐色。成年公鸡体重2150克，母鸡1550克。105天屠宰率：半净膛，公86.2%，母85.9%；全净膛，公81.1%，母78.8%。

5. 阳山鸡

阳山鸡(彩图5)因主产于广东省阳山县而得名，属肉用型品种。

(1)外貌特征：体型呈长方形，胸深而体躯长，背平。头稍大，脚高，四趾，喙黄，皮肤黄，脚黄，单冠直立，冠、肉垂、耳略大，呈深红色，虹彩金黄色。按体型、羽色分为大、中、小三型，大型鸡羽毛深黄色；中型鸡麻花色；小型鸡浅黄色。

(2)生产性能：开产日龄180天，年产蛋110个，蛋重44克，蛋壳为米黄色。成年公鸡体重2350克，母鸡1950克。成年鸡屠宰率：半净膛，公84.7%，母85.7%；全净膛，公75.5%，母75.0%。

6. 怀乡鸡

怀乡鸡(彩图6)产于广东省，属肉用型品种。

(1)外貌特征：分大、小两型。大型体大、骨粗、脚高。小型鸡体小、骨细、脚矮。单冠直立，喙呈黄褐色，耳垂、肉髯鲜红色，虹彩橙红色。公鸡羽色鲜艳，头颈羽毛金黄色，全身羽毛黄色，主翼羽和副主翼羽黑色或带黑点，尾羽有短尾羽和长尾羽两种类型。母鸡羽毛多为全身黄色，主翼羽和尾羽呈黑色或不完全的黑色。胫、趾呈黄色。

(2)生产性能：开产日龄150～180天，年产蛋80个，蛋重43克，蛋壳呈浅褐色。成年公鸡体重1770克，母鸡1720克。屠宰率：半净膛，公82.4%，母84.1%；全净膛，公73.8%，母72.9%。

7. 萧山鸡

萧山鸡(彩图7)原产地是浙江省萧山县，又名“越鸡”、“沙地大种鸡”，是我国优良的肉蛋兼用型品种，素以体型健硕，肉质鲜美而闻名，深受消费者青睐。

(1)外貌特征：体型较大，外形近似方而浑圆，公鸡羽毛紧凑，头昂尾翘。单冠红色、直立。肉垂、耳叶红色，虹彩橙黄色。全身羽毛有红、黄两种，母鸡全身羽毛以黄色为主，有部分麻栗色。喙、胫黄色。

(2)生产性能：开产日龄 180 天，年产蛋 141 个，蛋重 57 克，蛋壳呈褐色。成年公鸡体重 2758 克，母鸡 1940 克。150 日龄屠宰率：半净膛，公 84.7%，母 85.6%；全净膛，公 76.5%，母 66.0%。

8. 惠阳鸡

惠阳鸡(彩图 8)原产于广东省的博罗、惠阳、惠东、龙门等地，又名三黄胡须鸡、龙岗鸡、龙门鸡、惠州鸡，属小型肉用鸡种。该鸡肉质鲜美、皮脆骨细、鸡味浓郁、肥育性能良好，在港澳活鸡市场久负盛誉。

(1)外貌特征：该鸡胸深背短，后躯丰满，黄喙、黄羽、黄脚，其颔下有发达而张开的细羽毛，状似胡须。头稍大，单冠直立，无肉髯或仅有很小的肉垂。皮肤淡黄色，毛孔浅而细，屠宰去毛后皮质细而光滑。

(2)生产性能：开产日龄 150 天，年产蛋 108 个，蛋重 46 克，蛋壳呈浅褐色或乳白色。成年公鸡体重 2228 克，母鸡 1601 克。120 日龄屠宰率：半净膛，公 86.7%，母 84.6%；全净膛，公 81.1%，母 76.7%。

9. 江村黄鸡

江村黄鸡是广州市江丰实业有限公司经过长期的个体选育、家系选育和品系配套试验而培育出来的优良肉鸡品种，分为 JH-1 号特优质鸡、JH-2 号快大型鸡、JH-3 号中速型鸡 3 个品系。

(1)外貌特征

①江村黄鸡 JH-2 号配套系

父母代种鸡:体型大呈方形,胸宽而深,生长速度快,繁殖性能好,体质健壮,性情温驯,肌肉丰满,黄羽,于尾羽、颈羽、翼羽有黑色,黄皮肤,黄腿,红色单冠且直立,蛋壳浅褐色。

商品代肉鸡:其头部较小,单冠、冠红直立,嘴黄而短,体型较大呈方形。黄羽,于尾羽、颈羽、翼羽有少许黑色,被毛紧实。黄皮肤,黄腿,生长速度快,饲料报酬高,抗逆性强,整齐一致,肌肉丰满,屠宰率高,肉质细嫩,鸡味鲜美,皮下脂肪佳,是粤、港、澳制作白切鸡等名菜的优良品种。

②江村黄鸡 JH-3 号配套系

父母代种鸡:体型紧凑,抗逆性强,性情温驯,产蛋性能好,肉质佳,羽色纯黄一致,仅个别于尾羽、颈羽、主翼羽轻度黑色,黄皮肤,喙、腿黄色,红色单冠直立,蛋壳浅褐色。

商品代肉鸡:身体呈方形,体型紧凑,肉质细嫩,鸡味鲜美,早成熟,抗逆性强。羽色纯黄一致,仅个别于尾羽、颈羽、主翼羽轻度黑色,黄皮肤,喙、腿黄色,红色单冠直立。

(2)生产性能

①江村黄鸡 JH-2 号配套系:公鸡出栏日龄为 56～60 天,上市体重达 1.4～1.6 千克;母鸡出栏日龄 70～90 天,上市体重达 1.5～2.0 千克。屠宰率:半净膛率 91.9%,全净膛 89.6%。

②江村黄鸡 JH-3 号配套系:公鸡出栏日龄为 60～63 天,上市体重达 1.5 千克,母鸡出栏日龄 90～100 天,上市体重达 1.60～1.90 千克。屠宰率:半净膛率 92.3%,全净膛 88.7%。

10. 桃源鸡

桃源鸡(彩图 9)主产于湖南省桃源县中部,属地方肉用鸡种,以其体型高大而驰名,故又称桃源大种鸡。该品种具有个体大、肉质细嫩、肉味鲜美、产肉性能较好等特性。

(1)外貌特征:桃源鸡体格高大,体型结实,羽毛蓬松,体躯稍长,呈长方形。公鸡姿态雄伟,头颈高昂,尾羽上翘,侧视呈"V"字形。母鸡体稍高,背长而平直,后躯深圆,近似方形。公鸡头部大小适中,单冠直立。母鸡头清秀,冠大倒向一侧。耳叶、肉垂发达,呈鲜红色。尾羽长出较迟,未长齐时尾部呈半圆佛手状,长齐后尾羽上翘。公鸡体羽呈金黄色或红色,主翼羽和尾羽呈黑色,梳羽金黄色或间有黑斑。母鸡羽色为黄色或麻色两类。喙、胫呈青灰色,皮肤白色。

(2)生产性能:开产日龄平均为 195 天,年产蛋 86 个,平均蛋重 53.39 克,蛋壳为浅褐色。桃源鸡体重成年公鸡为 3.34 千克,母鸡为 2.94 千克。该品种尤以早期生长发育较缓慢。5 个半月龄的公鸡体重为成年公鸡的 71.29%,母鸡相应为 64.54%。2 龄鸡屠宰率:半净膛率,公 84.9%,母 82.06%;全净膛率,公 75.90%,母 73.66%。

11. 固始鸡

固始鸡(彩图 10)原产河南省固始县,分布于河南商城、新县、淮宾等及安徽的霍丘、金寨等县,属蛋肉兼用型鸡种。

(1)外貌特征:体型中等,外观清秀灵活,体形细致紧凑,结构匀称,羽毛丰满。公鸡羽色呈深红色和黄色,母鸡羽色以麻黄色和黄色为主,白、黑很少。尾型分为佛手状尾和直尾两种,佛手状尾羽向后上方卷曲,悬空飘摇。成鸡冠型分为单冠与豆冠两种,以单冠居多。冠直立,冠、肉垂、耳叶和脸均呈红色,虹彩浅栗色。喙短略弯曲,呈青黄色。胫呈靛青色,四趾,无胫羽。皮肤呈暗白色。

(2)生产性能:开产日龄 205 天,年产蛋 141 个,蛋重 51 克,蛋壳呈褐色。成年公鸡体重 2470 克,母鸡 1780 克。180 日龄屠宰率:半净膛,公 81.8%,母 80.2%;全净膛,公 73.9%,母 70.7%。

12. 霞烟鸡

霞烟鸡(彩图 11)产于广西容县,属肉用型鸡种。

(1)外貌特征:体躯短圆,腹部丰满,胸宽、胸深与骨盆宽三者相近,外形呈方形。公鸡羽毛黄红色,颈羽颜色较胸背羽为深,主、副翼羽带黑斑或白斑,有些公鸡鞍羽和镰羽有极浅的横斑纹,尾羽不发达。性成熟公鸡的腹部皮肤多呈红色,母鸡羽毛黄色。单冠,肉垂、耳叶均鲜红色。虹彩橘红色。喙基部深褐色,喙尖浅黄色,胫黄色或白色,皮肤黄色或白色。

(2)生产性能:开产日龄 170～180 天,年产蛋 140～150 个,蛋重 44 克,蛋壳呈浅褐色。成年公鸡体重 2500 克,母鸡 1800 克。180 日龄屠宰率:半净膛,公 82.4%,母 87.9%;全净膛,公 69.2%,母 81.2%。

13. 鹿苑鸡

鹿苑鸡(彩图 12),又名鹿苑大鸡,属蛋肉兼用型鸡种,因产于江苏省沙洲县鹿苑镇而得名。

(1)外貌特征:体型高大,胸部较深,背部平直。全身羽毛黄色,紧贴体躯。颈羽、主翼羽和尾羽有黑色斑纹。胫、趾黄色,腿裆较宽,无胫羽。

(2)生产性能:开产日龄 180 天,蛋重 54 克,年产蛋 145 个,蛋壳呈褐色。成年公鸡体重 3120 克,母鸡 2370 克。180 日龄屠宰率:半净膛,公 81.1%,母 82.6%;全净膛,公 72.6%,母 73.0%。

14. 大骨鸡

大骨鸡(彩图 13)主产辽宁省庄河县,还分布于吉林、黑龙江、山东等省,属蛋肉兼用型鸡种。

(1)外貌特征:大骨鸡体型魁伟,胸深且广,背宽而长,腿高粗壮,墩实有力,腹部丰满,觅食力强。公鸡羽毛棕红色,尾羽黑色并带金属光泽。母鸡多呈麻黄色。头颈粗壮，眼大明亮，单冠，冠、耳叶、肉垂均呈红色。喙、胫、趾均呈黄色。

(2)生产性能：开产日龄 213 天，年产蛋 160 个。蛋重 63 克，蛋壳呈深褐色。成年公鸡体重 2900 克，母鸡 2300 克。成年鸡屠宰率：公鸡全净膛率 70.8%～80.5%，母鸡全净膛 75.6%～77.2%。

15. 河田鸡

河田鸡(彩图 14)是福建省西南地区的肉用型地方鸡种之一，以长汀县河田镇为中心产区。

(1)外貌特征：颈粗、躯短、胸宽、背阔，体躯近方形。有“大架子”(大型)与“小架子”(小型)之分。成年鸡外貌较一致，单冠直立，冠叶后部分裂成叉状冠尾，称三叉冠。皮肤白色或黄色，胫黄色。公鸡喙尖呈浅黄色。颈羽呈浅褐色，背、胸、腹羽呈浅黄色，鞍羽呈鲜艳的浅黄色，尾羽、镰羽黑色有光泽，不发达。主翼羽黑色，有浅黄色镶边。母鸡羽毛以黄色为主，颈羽的边缘呈黑色，似颈圈。

(2)生产性能：开产日龄 180 天，年产蛋 100 个，蛋重 43 克，蛋壳以浅褐色为主，少数灰白色。成年公鸡体重 1725 克，母鸡 1207 克。120 日龄屠宰率：半净膛，公 85.8%，母 87.1%；全净膛，公 68.6%，母 70.5%。

16. 彭县黄鸡

彭县黄鸡(彩图 15)属蛋肉兼用型鸡种，是四川省优良鸡种之一，主产于成都市的彭县及其附近县份。

(1)外貌特征：体型浑圆，体格中等大小。多数鸡单冠，极少数鸡豆冠。冠、耳叶红色，虹彩橙黄色，喙白色或浅褐色。皮肤、胫白色，少数鸡呈黑色，极少数鸡有胫羽。公鸡除主翼羽有部分黑羽或者羽片半边黑色、镰羽黑色或黑羽兼有黄羽、斑羽外，全身羽毛黄红色。母鸡有深黄、浅黄和麻黄三种羽色。

(2)生产性能:50%开产日龄216天,年产蛋140～150个,蛋重54克,蛋壳呈浅褐色。成年公鸡体重3950克,母鸡1880克。成年鸡屠宰率:半净膛,公83.0%,母77.3%;全净膛,公79.1%,母72.1%。

17. 白耳黄鸡

白耳黄鸡(彩图16)又名白耳银鸡、江山白耳鸡、上饶白耳鸡,主产于江西上饶地区广丰、上饶、玉山三县和浙江的江山市,属我国稀有的蛋肉兼用早熟鸡种。

(1)外貌特征:黄羽、黄喙、黄脚、白耳。单冠直立,耳垂大,呈银白色,虹彩金黄色,喙略弯呈黄色或灰黄色,全身羽毛黄色,大镰羽不发达,黑色呈绿色光泽,小镰羽橘红色。皮肤和胫部呈黄色,无胫羽。

(2)生产性能:开产日龄152天,年产蛋184个,蛋重55克,蛋壳呈深褐色。成年公鸡体重1450克,母鸡1190克。成年鸡屠宰率:半净膛,公83.3%,母85.3%;全净膛,公76.7%,母69.7%。

18. 坝上长尾鸡

坝上长尾鸡(彩图17)产于河北省坝上地区,张北、沽源、康保及尚义、丰宁、围场等县部分地区,偏向于蛋用型鸡种。

(1)外貌特征:头中等大,颈较短、背宽、体躯较长、尾羽高翘、背线呈V形。全身羽毛较长,羽层松厚。母鸡按羽毛颜色可分为麻、黑、白和白花4种羽色,其中以麻羽为主。麻鸡的颈羽、肩羽、鞍羽等主要由镶边羽构成,羽片基本呈黑褐相间的雀斑。公鸡羽色以红色居多,约占80%。尾羽较长,公鸡的镰羽约长40～50厘米,长尾鸡便由此得名。冠型以单冠居多,草莓冠次之,玫瑰冠和豆冠最少。

(2)生产性能:开产日龄270天,年产蛋100～120个,蛋重

54 克，蛋壳呈深褐色。成年公鸡体重 1800 克，母鸡 1240 克。成年鸡屠宰率：半净膛 75.5％，全净膛 68.5％。

19. 浦东鸡

浦东鸡（彩图 18）产于上海市南汇、奉贤、川沙县沿海，属蛋肉兼用型鸡种。

（1）外貌特征：公鸡羽色有黄胸黄背、红胸红背和黑胸红背三种，主翼羽和副主翼羽多呈部分黑色，腹翼羽金黄色或带黑色。母鸡全身黄色，有深浅之分，羽片端部或边缘有黑色斑点，因而形成深麻色或浅麻色，主翼羽和副主翼羽黄色，腹羽杂有褐色斑点。公鸡单冠直立，母鸡冠较小，有时冠齿不清。冠、肉垂、耳叶均呈红色，虹彩黄色或金黄色，喙、胫、趾黄色，有胫羽和趾羽。

（2）生产性能：开产日龄 208 天，年产蛋 130 个，蛋重 58 克，蛋壳呈浅褐色。成年公鸡体重 3550 克，母鸡 2840 克。360 日龄屠宰率：半净膛，公 85.1％，母 84.8％；全净膛，公 80.1％，母 77.3％。

20. 灵昆鸡

灵昆鸡（彩图 19）产于浙江省温州市，属蛋肉兼用型鸡种。

（1）外貌特征：体躯呈长方形，多数鸡具“三黄”的特点。按外貌可分平头与蓬头（后者头顶有一小撮突起的绒毛）两种类型，多数鸡有胫羽。公鸡全身羽毛红黄或栗黄色，有光彩，颈、翼、背颜色较深，主翼羽间有几片黑羽，单冠直立，虹彩黄色。母鸡羽毛淡黄或栗黄色，单冠直立，有的倒向一侧。冠、髯、脸均红色。喙、胫、皮肤黄色。

（2）生产性能：开产日龄 150～180 天，年产蛋 130～160 个，蛋重 57 克，蛋壳呈深褐色。成年公鸡体重 3000 克，母鸡 2000 克。180 日龄屠宰率：半净膛，公 87.8％，母 85.0％；全净膛，公 76.2％，母 71.7％。

21. 仙居鸡

仙居鸡(彩图 20)又名梅林鸡、元宝鸡,产于浙江省仙居县及邻近的临海、天台、黄岩等县,属偏蛋用型鸡种。

(1)外貌特征:仙居鸡有黄、黑、白三种羽色,黑羽体型最大,黄羽次之,白羽略小。黄羽鸡种羽毛紧凑,尾羽高翘,体型健壮结实,单冠直立,喙短,呈棕黄色,胫黄色无毛。部分鸡只颈部羽毛有鳞状黑斑,主翼羽红夹黑色,镰羽和尾羽均呈黑色。虹彩多呈橘黄色,皮肤白色或浅黄色。

(2)生产性能:开产日龄 150 天,年产蛋 160～180 个,蛋重 44 克,蛋壳以浅褐色为主。成年公鸡体重 1440 克,母鸡 1250 克。180 日龄屠宰率:半净膛,公 82.7%,母 83.0%;全净膛,公 71.0%,母 72.2%。

22. 康乐鸡

康乐鸡(彩图 21)产于江西省宜春市万载县,属蛋肉兼用型鸡种。

(1)外貌特征:喙黄、脚黄、皮毛黄为主要特征。母鸡头清秀,虹彩橘黄色,单冠直立,颜色鲜红,肉垂中等大小,红色,耳叶红色。公鸡羽毛呈棕黄色或红棕色,尾翘呈 U 形,有 10～15 根墨绿色尾羽。

(2)生产性能:开产日龄 170 天,年产蛋 180 个,蛋重 49 克。蛋壳呈浅褐色。成年公鸡体重 1875 克,母鸡 1426 克。屠宰率:半净膛,公 84.4%,母 80.0%;全净膛,公 78.2%,母 66.6%。

23. 宁都三黄鸡

宁都三黄鸡(彩图 22)产于江西省宁都县等周边县市,属蛋肉兼用型鸡种。

(1)外貌特征:体型偏小,头细脚细,嘴黄、脚黄、皮毛黄。公鸡单冠,冠、髯硕大鲜红。喙短宽,褐黄色,颈羽、鞍羽、镰羽金黄色,背羽、翼羽深黄或红黄色,胸、腹羽淡黄色。主尾羽黑色闪光。胫和爪橘黄色,胫内、外侧有点状红斑,脚偏矮。母鸡单冠直立,冠中等大小,冠、髯、耳垂呈鲜红色。全身羽毛黄色。整个尾翼呈鸵背状下垂而不上翘,为本品种外形特征之一。

(2)生产性能:开产日龄 135～140 天,年产蛋 110～130 个,蛋重 45 克,蛋壳以淡褐色为主,占 78.8%,也有白色、褐色。成年公鸡体重 2100 克,母鸡 1350 克。180 日龄屠宰率:半净膛率,公 84.2%,母 79.7%;全净膛,公 70.6%,母 62.1%。

24. 正阳三黄鸡

正阳三黄鸡(彩图 23)产于河南省驻马店地区正阳、汝南、确山三县,属偏蛋用型鸡种。

(1)外貌特征:体格较小,体态匀称,结构紧凑,具有黄喙、黄羽、黄蹠的三黄特征。虹彩橘红色,冠形分单冠、复冠两种,单冠直立,占 86%。公鸡全身羽毛金黄色,主翼羽黄褐色,尾羽黑褐色。母鸡颈羽黄色,较躯干羽色略深,带金光。胸圆,肌肉发达。

(2)生产性能:开产日龄 194 天,年产蛋 153 个,蛋重 52 克,蛋壳呈褐色。成年公鸡体重 2000 克,母鸡 1470 克。150 日龄屠宰率:半净膛,公 81.0%,母 80.0%;全净膛,公 72.0%,母 72.0%。

25. 江汉鸡

江汉鸡(彩图 24)分布于湖北省江汉平原,属蛋肉兼用型鸡种。

(1)外貌特征:体型矮小、身长胫短,后躯发育良好,公鸡头大,呈长方形,多为单冠,直立,呈鲜红色,虹彩多为橙红色,肩背羽毛多为金黄色,镰羽发达,呈黑色发绿光。母鸡头小,单冠,有时倒向一侧。羽毛多为黄麻色或褐麻色,尾羽多斜立。喙、胫有青色和黄色两种。无颈羽。

(2)生产性能:开产日龄 238 天,丘陵地区的鸡年产蛋量 151 个,平原地区的鸡年产蛋量 162 个,蛋重 44 克,蛋壳多为褐色,少数白色。成年鸡体重,丘陵地区:公 1765 克,母 1380 克;平原地区:公 1342 克,母 1127 克。180 日龄屠宰率:半净膛,公 78.8%,母 75.5%;全净膛,公 71.4%,母 67.8%。

26. 洪山鸡

洪山鸡(彩图 25)主产于湖北省洪山县境内随县西南、刺阳县、南部大洪山山脉北麓,属蛋肉兼用型鸡种。

(1)外貌特征:有“三黄一翘”与“三黄一垂”两个类型。“三黄一翘”为黄羽、黄喙、黄胫,尾羽上翘;“三黄一垂”为黄羽、黄喙、黄胫,尾羽下垂。头部宽而较短,颈部长短适中,以单冠居多,复冠占 5%,冠与肉垂鲜红,耳孔周围白色,虹彩多呈红色,少数为深红色。

(2)生产性能:开产日龄 210~225 天,年产蛋 137 个,蛋重 48 克,蛋壳白色较多。成年鸡体重“三黄一翘”型:公 2098 克,母 1756 克;“三黄一垂”型:公 1679 克,母 1385 克。180 日龄屠宰率:半净膛,公 73.8%,母 78.7%;全净膛,公 70.0%,母 73.2%。

27. 黄郎鸡

黄郎鸡(彩图 26)又名湘黄鸡,产于湖南省湘江流域和京广线的衡东、衡南、衡山和永兴、桂东、浏阳等县,属蛋肉兼用型鸡种。

(1)外貌特征:体型矮小,体质结实,体躯稍短呈椭圆形。单冠直立,虹彩呈橘黄色。公鸡羽毛为金黄色和淡黄色,母鸡全身羽毛为淡黄色。喙、胫、皮肤多为黄色,少数喙、胫为青色。

(2)生产性能:开产日龄 170 天,年产蛋 160 个,蛋重 41 克,蛋壳多为浅褐色。成年公鸡体重 1460 克,母鸡 1280 克。150 日龄屠宰率:半净膛,公 81.8%,母 77.9%;全净膛,公 74.4%,母 67.3%。

28. 广西三黄鸡

广西三黄鸡(彩图 27)产于广西桂东南部的桂平、平南、藤县、苍梧、贺县、岑溪、容县等地,属蛋肉兼用型鸡种。

(1)外貌特征:公鸡羽毛酱红色,颈羽颜色比体羽浅。翼羽常带黑边。尾羽多为黑色。母鸡均黄羽,但主翼羽和副翼羽常带黑边或黑斑,尾羽也多为黑色。单冠,耳叶红色,虹彩橘黄色。喙与胫黄色,也有胫白色。皮肤白色居多,少数为黄色。

(2)生产性能:开产日龄 150～180 天,年产蛋 77 个,蛋重 41 克,蛋壳呈浅褐色。成年公鸡体重 1980～2320 克,母 1390～1850 克。150 日龄屠宰率:半净膛,公 85.0%,母 83.5%;全净膛,公 77.8%,母 75.1%。

29. 粤黄鸡

该品种是由广州市白云家禽公司采用品系选育和杂交、个体选育、家系选育、配合力测定等方法经多年选育而成。已形成粤黄“882”一号和二号两个品系。均属快大型优质黄羽肉鸡,是目前养鸡行业认为各项生产性能较良好的品种。

(1)外貌特征:粤黄鸡的公母鸡的体型差异显著,公鸡体型呈方型,脚胫粗长,头大须短,冠红润厚实,单冠,羽毛呈金红黄色,无主尾羽,尾部羽毛呈球状。母鸡体型相对较小,脚矮细,羽毛呈黄色,颈部羽毛多有哥伦比亚羽色点。有较强的就巢性。一号与二号的区别主要在母鸡,二号母鸡比一号母鸡体型大。

(2)生产性能:母鸡性成熟较早,约 20 周龄初产。成年公鸡体重约 3.0～4.5 千克,母鸡 2.5～3.0 千克。68 周龄产蛋为 140～156 个。一号肉母鸡饲养 95 天,体重 1.75 千克。二号肉母鸡饲养 90 天,体重 1.85 千克。肉公鸡一般饲养 60～65 天,体重达 1.25 千克。

30. 新扬州鸡

新扬州鸡是江苏农学院在扬州地方鸡种的基础上，经本品种选育、杂交改良和品种、品系繁育等途径，多年选育而成的“三黄鸡”类型的新品种，是具有产蛋性能高、肉质鲜、生长速度快、生活力强等优点的蛋肉兼用型鸡。

(1)外貌特征：新扬州鸡羽毛黄色，有深浅两种类型，深的呈黄褐色，浅的呈淡黄色；主翼羽、副翼羽和尾羽有部分黑色；喙黄褐色；胫黄色或间有肉色。

(2)生产性能：母鸡开产日龄为182天，年产蛋180个，平均单个蛋重为56克，蛋壳褐色。成年母鸡体重2.2千克，公鸡2.7～3.2千克。3月龄屠宰率：半净膛，公88.6%，母80.3%；全净膛率，公70.5%，母70.4%。

31. 贵州黄鸡

贵州黄鸡是贵州农学院以贵州毕节、威宁、习水等市、县的本地鸡种为母本，引用产蛋量高、蛋大的新汉夏鸡和体大毛黄的金黄洛克鸡为父本，进行三品种复杂杂交选育而成，属蛋肉兼用型鸡种。

(1)外貌特征：贵州黄鸡体型中等，体质结实、匀称，羽毛紧密。头大小适中，胸宽，腹深，背平长，腿较高，腹部及腿部羽毛丰满，全身覆盖棕黄色羽毛，主翼羽、主尾羽及颈羽有黑色片状或黑色斑点羽毛，胫、皮肤为黄色，喙黄褐色，单冠，虹膜黄色，公鸡冠、髯发达，冠大直立，有5～7个冠峰，冠、髯为红色，羽色较深，前胸挺立，体态雄壮。

(2)生产性能：180日龄开产，年产蛋200枚以上，平均单个蛋重55克。蛋壳呈浅棕色，蛋品质良好。屠宰测定：半净膛率，公83.95%，母81.44%；全净膛率，公76.21%，母70.13%。

第三节 饲养三黄鸡的优势

1. 早期生长快

雏鸡出壳时的体重一般在 40 克左右。经 8 周饲养,其体重可增加 40～50 倍,以后随着日龄的增加而增重速度减弱。据资料表明,肉用仔鸡饲养 56 天,即可达到 2 千克左右。三黄鸡中的新浦东鸡在广东、浙江、江苏及上海郊县经 56 天饲养,也可接近 1.5 千克。

2. 饲料转化率高

肉仔鸡的饲料转化率已达到 2∶1 的水平,一般在 2.2∶1 左右。新浦东鸡经大群测试结果,饲料转化率在 2.5∶1 以下(即每增重 1 千克耗料 2.5 千克)。

3. 饲养周期短、周转快、鸡舍利用率高

肉仔鸡一般在 60 天上市,上市后清扫和消毒鸡舍,隔 7～10 天后可继续饲养,每批鸡的饲养周期需 75 天左右,一年可生产 5 批。每 100 平方米鸡舍,每年可生产肉用仔鸡 600 多羽,每羽以 1.75 千克计算,年产量在 1 万千克以上。

4. 投资少,成本低

饲养三黄鸡设备比较简单,如采取地面平养,就不需要鸡笼设备,房舍结构也较简单,投资较少,在一幢 500 平方米的鸡舍内,可以饲养肉用仔鸡 5000～6000 羽。一年生产 5 批,则年产量可达 25 000～30 000 羽肉用鸡。

第二章　养殖场舍及其设备

三黄鸡的饲养按建筑方式可分为全敞开式、半敞开式和密闭式鸡舍。全敞开式鸡舍纵向两侧以网代替墙(横向两侧为山墙),完全通风,仅以尼龙布(塑料布)遮挡风雨,投资少,比较适合于南方气候条件下饲养脱温后的肉用鸡和种鸡。半敞开式鸡舍有窗和地脚窗,密封和保温性能较好,兼顾通风,比较适合于育雏和我国北方养鸡。如在南方省份采用,则要解决夏季的降温防暑问题。密闭式鸡舍顶盖和四壁隔热良好,无窗或只南面有窗,呈密封式状态,舍内温度、湿度、通风等通过各种调节设备控制,全部采用人工光照。这种鸡舍的优点是减少了外界环境对鸡群的影响,有利于防疫和管理,饲养密度大,鸡群生产性能稳定;缺点是投资大,成本高,饲养技术要求严格。

按鸡群的饲养方式又可分为平养和笼养。平养即是鸡群饲养在同一平面上,又分为落地散养、网上平养。落地散养多结合运动场地,鸡群的活动面积大,鸡能接受到阳光直接照射,并在土壤中补充某些微量元素和沙粒等,鸡群可减少啄羽毛现象,鸡的外观光泽较好,肉质较好,农户多采用这种鸡舍。其缺点是栏舍难以进行彻底消毒,运动场消毒效果很差,易造成疫病流行。所以许多养殖户采用简易鸡舍,实行落地散养,使用一段时间后,暂停使用,通过较长时间的空闲以达到病原微生物自然消亡,或者另选新场地建鸡舍。网上平养鸡群离开地面,活动于塑料网片上,其优点是可以减少肠道疫病的发生,特别是球虫病的发生,有利于鸡粪的收集。缺点是栏舍利用率较低,鸡群易发生啄癖。笼养鸡舍其棚舍利用率高,鸡群相对集中且固定在笼内,饲养和管理较方便,也减少了肠道疾病的感染,多用于三黄肉鸡的后期肥育和品种选育等。过去有人认为三黄鸡没有经严格的品种选育,带有土种鸡血液,不适宜笼养,但近年来三黄鸡的饲养实践已突破这种观念,不少鸡场的种鸡和肉鸡均采用笼养,取得很好的生产效果。

第一节 场址选择

新办鸡场,场址的选择对今后的生产、经营和发展等影响十分重大,特别是对规模较大、固定资产投资较多的鸡场,忽视了某一方面的条件,都可能导致生产和经济的重大损失,所以,确立了鸡场的生产性质、规模等前提后,就必须做充分的选址调查工作,尽可能满足各项建场条件,初步拟出数个方案,分析对照后,择定最佳方案。

鸡场场址的选择条件,可分为社会和自然条件两大方面。

1. 社会条件

(1)生产区域分布:鸡场建立在养鸡生产分布范围有利于生产和经营、信息沟通、技术交流。种鸡场应选择在三黄鸡肉鸡生产和种苗供应相对集中的区域,肉鸡场尽可能建立在靠近三黄鸡批发市场的区域。

(2)交通便利:商品经济必然存在流通和交换,鸡场原料的购进和产品的销售都离不开交通。交通便利是必不可少的条件,且有利于减少运输费用和产品的途中损耗。

(3)通讯基础设施完善:现代养鸡生产需要不断地掌握、交流各种生产、流通、技术等信息,无通信设施就难于及时交换这些信息。

(4)能源供应充足：鸡场的照明、孵化、保温、动力和生活都离不开能源的供应，尤其是种鸡场的孵化设施，几乎不能中断电力供应。

(5)有利于环境保护：鸡场的生产会带来臭气味、鸡粪污染和鸡鸣噪音、蚊蝇孳生等环境污染。所以场址要选择在远离居民区和不污染水源的地方。

(6)周围环境安静：鸡生性胆小怕惊，如受到噪音的惊吓，会引起鸡群的骚动而影响生产。

2. 自然条件

(1)地形地势：选择场地，要考虑其地势、朝向、面积大小、周围建筑物等因素。鸡场的地势，以平坦或稍有坡度、朝南最为理想。这种场地阳光充足、地势高燥、排水良好、有利于鸡的卫生。在山地建场，不宜建在昼夜温差太大的山顶，也不宜建在通风不良和潮湿的山谷深洼地。应选择坡度不大、朝南的半山腰处建场。地势的高低，直接关系到光照、通风和排水等方面。在选择场地时，确定场地面积的大小，要符合生产规模。场地面积太大，租地费用高昂，浪费土地，场地太小，无法实现生产规模，也会带来鸡舍密集、防疫不便等不利影响。场地的面积应包含生产区和生活区。在确定大型种鸡场的面积时可参照表 2-1 的数据。

表 2-1 饲养量与所需场地面积

饲养量(万只)	场地面积(亩)
1	60～75
2	105～120
3	120～150

(2)土壤:鸡场的土壤必须具备一定的卫生条件。要求场地的土壤过去未被传染病或寄生虫病原体所污染,透气性和透水性良好,能保证场地干燥。此外,还要考虑土质能适合于鸡舍的建筑。选择沙壤和壤土性质的土地作为鸡场的建筑地点较为适宜。因为沙壤土既有一定数量的大孔隙,又有多量的毛细管孔隙,所以透气和透水性良好,持水性小,雨后不会泥泞,易保持适当的干燥,可防止病原菌、寄生虫卵、蚊蝇等的生存和繁殖。同时,由于透气性好,有利于土壤本身的净化。这类土壤的导热性小,热容量较大,土温比较稳定,故对鸡的健康、卫生防疫、绿化种植等都比较适宜。又由于其抗压性较好,膨胀性小,也适于作鸡舍建筑的基础。当选择不到较理想的土地时,应在鸡舍的设计、施工、使用和其他日常管理上设法弥补土壤的缺陷。

(3)水源:在养鸡生产过程中,鸡群的饮水、鸡舍和用具的洗涤、降温和消防以及管理人员的使用等都需要大量的水。每只成年鸡每天的饮水量平均为300～500毫升,在气候温和的季节里,鸡的饮水量通常为采食饲料量的2～3倍,寒冷季节约为采食饲料量的1.5倍,炎热季节饮水量显著增加,可达采食饲料量的4～6倍。因此,一个养鸡场必须有一个可靠的水源。鸡场的水源应符合下列要求:

①水量充足:能满足养鸡场内的人、鸡饮用和其他生产、生活用水。并应考虑防火和未来发展的需要。在确定用水量时可参考表2-2的数据。

表2-2　饲养鸡数量与每天的需水量

饲养鸡数(万只)	每天约需水量(立方米)
1	6～8
2	12～15
10	50～70

②水质良好：不经处理即能符合饮用标准的水最为理想。所以在建场前，一定要对新水源进行调查和水质测定。实际上，不符合卫生标准的水会在不同程度上影响鸡的产蛋、生长和成活率，有时甚至引起鸡群的传染病和大批死亡。水质测定的项目很多，一般包括水的各项理化指标、细菌含量以及一些有毒物质的浓度指标等。水质的监测需由卫生防疫或环境保护部门进行。对于合格的水源应定期检查，防止污染。不合格的水源需经滤过、澄清、消毒等处理后，达到合格要求时才能使用。

③便于保护：保证水源水质常处于良好状态，不受周围环境的污染。随着工业、加工业生产的不断发展，废水和废气的排放量越来越多，常对周围的水源造成污染，必须采取相应的措施加以保护。水体的主要污染来源有以下几方面。

有机物质的污染：生活污水、本鸡场或其他畜产业的污水、造纸和食品工业废水等都含有大量的碳氢化物、蛋白质、脂肪等腐败性有机物，常对周围的鸡场水源产生污染。

微生物的污染：天然水中常生存着各种各样的微生物，其中主要是腐败寄生菌。如果水源被病原微生物污染，可引起某些传染病的传播与流行，如鸡新城疫、副伤寒、大肠杆菌病等都可由水传播。

有毒物质的污染：比较常见的无机毒物有铝、汞、砷、铬、镉、镍、锌、氟、氰化物，各种酸碱也是污染来源。有机毒物类有酚类化合物、聚氯联苯、有机磷农药、合成洗涤剂、石油等。在农村与办养鸡场应特别注意农药的污染。

此外，致癌物质和放射性物质对水都可以产生污染，影响鸡和人体的健康。故对于来自地面的水，不要直接使用。最好使用地下水，如深井水和地下河水。这些水源都经过深厚地层的过滤，水质自然纯净，也便于保护。

除上述要求外，鸡场水源还应取用方便，设备投资少，处理技术简便易行,水源离场址较近。

(4)自然气候条件:自然气候条件是鸡场栏舍设计建筑不可忽视的因素,也是日常生产管理的重要影响因素。自然气候条件应包括气温、湿度、日照、风力、风向和灾害性天气等情况。

第二节 场地规划

根据鸡场的性质,可以分为三类:一是专门饲养商品肉鸡的,称为商品肉鸡场,简称为肉鸡场;二是专门饲养种鸡的,称为肉鸡繁殖场或种鸡场;三是既养种鸡又养商品肉鸡的综合性肉用鸡场。不同生产用途的鸡场的分布虽有差异,但其基本原则是相同的。小型鸡场虽不必这样细分,但也要做到适当的隔离。

一、布局原则

不论鸡场的大小,在布局时都应遵守以下原则:

1. 有利于生产

按照饲养工艺和生产流程,把各个生产环节有机地、科学地衔接起来,实现生产的顺序性和连续性,以提高劳动生产率。综合性肉用鸡场的种鸡舍—孵化室—育雏室—育成鸡舍—成鸡舍要形成一条流水线。以合乎防疫要求的最短路线运送种蛋、初生雏和中鸡。特别要注意路线不能交叉。各种鸡舍的朝向一般是向南或东南。运动场在其南侧。成年鸡尽可能少受惊扰。特别是没有运动场的开放鸡舍,宜处于人员、车辆少到之处,以保持环境的安静。孵化室要选择避风、易于保温、小环境气候干燥的地方,并与各种鸡舍有一定的距离，一般处在下风向。

2. 有利于防疫

鸡场的三个区应当相隔一定的距离，且要考虑地势和风向位置。一般生活区和管理区应在生产区的上风向和高地势，而粪便、尸体处理区和兽医室应在下风向。

对于生产区也应根据场的风向和地势情况，把育雏室放在上风向，后备鸡舍、成鸡舍放在下风向。同时各类鸡舍间应相隔不少于 20 米。此外，种鸡场的孵化室发苗处应向外开，禁止外来人员和车辆进入场内提苗。肉鸡舍也应选在靠近肉鸡出场地段，便于销售和防疫。

3. 有利于运输

房舍的安排要尽量整齐，大小道路要连接，以保证交通无阻，行车平稳，运输方便。饲料仓库应接近饲养中心，以便饲料的运送。

4. 方便生活

生活区要集中，使工作、休息和娱乐都方便。

二、区域划分

对鸡场进行总平面布置时，主要考虑卫生防疫和工艺流程两大因素。场前区中的生活区应设在全场的上风向和地势较高地段，依次为生产技术管理区。生产区设在这些区的下风和较低处，但应高于隔离区，并在其上风向。

1. 场前区

包括技术办公室、饲料加工及料库、车库、杂品库、更衣消毒、配电房、宿舍、食堂等，是担负鸡场经营管理和对外联系的场区，应设在与外界联系方便的位置。大门前设车辆消毒池，两侧设门卫和消毒更衣室。

鸡场的供销运输与外界联系频繁，容易传播疾病，故场外运输应严格与场内运输分开。负责场外运输的车辆严禁进入生产区，其车棚、车库也应设在场前区。

场前区、生产区应加以隔离，外来人员最好限于在此区活动，不得随意进入生产区。

2. 孵化室

宜建在靠近场前区的入口处，大型养殖场最好单设孵化场，宜设在养殖场专用道路的入口处，小型养殖场也应在孵化室周围设围墙或隔离绿化带。

3. 幼雏舍

无论是专业性还是综合性养殖场，为保证防疫安全，禽舍的布局根据主风方向与地势，应当按孵化室、幼雏舍排列，这样能减少发病机会。

育雏舍应与孵化室相距在 100 米以上，距离大些更好。在有条件时，最好另设分场，专门孵化及饲养幼雏，以防交叉感染。

4. 饲料加工、储藏库

饲料加工储藏库应接近禽舍，交通方便，但又要与禽舍有一定的距离，以利于禽舍的卫生防疫。

5. 隔离区

包括病、死鸡隔离、剖检、化验、处理等房舍和设施、粪便污水处理及贮存设施等，是养鸡场病鸡、粪便等污物集中之处，是卫生防疫和环境保护工作的重点，该区应设在全场的下风向和地势最低处，且与其他两区的卫生间距不小于 50 米。

6. 贮粪场

既应考虑鸡粪便于由鸡舍运出，又便于运到场外。

7. 病鸡隔离区

应尽可能与外界隔绝，且其四周应有天然的或人工的隔离屏障，设单独的通路与出入口。病鸡隔离舍及处理病死鸡的尸坑或焚尸炉等设施，应距鸡舍 300～500 米，且后者的隔离更应严密。

8. 鸡场的道路

生产区的道路应净道和污道分开，以利卫生防疫。净道用于生产联系和运送饲料、产品，污道用于运送粪便污物、病畜和死鸡。场外的道路不能与生产区的道路直接相通。场前区与隔离区应分别设与场外相通的道路。

9. 养鸡场的排水

排水设施是为排出场区雨、雪水，保持场地干燥、卫生设置。一般可在道路一侧或两侧设明沟，沟壁、沟底可砌砖、石，也可将土夯实做成梯形或三角形断面，再结合绿化护坡，以防塌陷。如果鸡场场地本身坡度较大，也可以采取地面自由排水，但不宜与舍内排水系统的管沟通用。隔离区要有单独的下水道将污水排至场外的污水处理设施。

三、合理布局

鸡舍排列的合理性关系到场区小气候、鸡舍的采光、通风、建筑物之间的联系、道路和管线铺设的长短、场地的利用率等。鸡舍群一般采取横向成排（东西）、纵向呈列（南北）的行列式，即各鸡舍应平行整齐呈梳状排列，不能相交。鸡舍群的排列要根据场地形状、鸡舍的数量和每幢鸡舍的长度，酌情布置为单列、双列或多列式。生产区最好按方形或近似方形布置，应尽量避免狭长形布置，以避免饲料、粪污运输距离加大，饲养管理工作联系不便，道路、管线加长，建场投资增加。

鸡舍群按标准的行列式排列与地形地势、气候条件、鸡舍朝向选择等发生矛盾时，也可将鸡舍左右错开、上下错开排列，但要注意平行的原则，避免各鸡舍相互交错。当鸡舍长轴必须与夏季主风向垂直时，上风行鸡舍与下风行鸡舍应左右错开呈“品”字形排列，这就等于加大了鸡舍间距，有利于鸡舍的通风；若鸡舍长轴与夏季主风方向所成角度较小时，左右列应前后错开，即顺气流方向逐列后错一定距离，也有利于通风。

鸡舍的朝向要由地理位置、气候环境等来确定。适宜的朝向应满足鸡舍日照、温度和通风的要求。在我国，鸡舍应采取南向或稍偏西南或偏东南为宜，冬季利于防寒保温，而夏季利于防暑。鸡舍的朝向选择以南向为主，可向东或西偏 45°，以南向偏东 45°的朝向最佳。这种朝向需要注意遮光，如加长屋檐、窗面涂暗等减少光照强度。如同时考虑地形、主风以及其他条件，可以做一些朝向上的调整，向东或向西偏转 15°配置，南方地区从防暑考虑，以向东偏转为好；北方地区朝向偏转的自由度可稍大些。

鸡舍间距的确定主要从日照、通风、防疫、防火和节约用地等方面考虑，根据具体的地理位置、气候、地形地势等因素确定。鸡舍间距不小于鸡舍高度的 3～5 倍时，可以基本满足日照、通风、卫生防疫、防火等要求。一般密闭式鸡舍间距为 10～15 米；开放式鸡舍间距约为鸡舍高度的 5 倍。

第三节 养殖场舍及设备

鸡舍与设备用具设计合理，可有效预防鸡舍外有害病原微生物侵入。

一、建筑要求

1. 种蛋库

种蛋库用于存放鸡的种蛋，要求有良好的通风条件以及良好的保温和隔热降温性能，库内温度宜保持在10～20℃。种蛋库内要防止蚊、蝇、鼠和鸟的进入。种蛋库的室内面积以足够在种蛋高峰期放置蛋盘，并操作方便为度。

2. 孵化室

大型鸡场的孵化场应是现代建筑物，它包括种蛋贮存室、孵化室、出雏室、雏鸡分级存放室以及日常管理所必需的房室。大型孵化场则应以孵化室和出雏室为中心。根据流程要求及服务项目来确定孵化场的布局，安排其他各室的位置和面积，既能减少运输距离和人员在各室的往来，又有利于防疫工作和提高建筑物的利用率。

雏鸡孵化若不用于销售，根据种蛋来源及数量，可养殖的鸡数量、孵化批次、孵化间隔、每批孵化量确定孵化形式、孵化室、出雏室及其他各室的面积。孵化室和出雏室面积，还应根据孵化器类型、尺寸、台数和留有足够的操作面积来确定。

(1)孵化厅、场空间：若采用机器孵化，孵化场用房的墙壁、地面和天花板，应选用防火、防潮和便于冲洗的材料，孵化场各室(尤其是孵化室和出雏室)最好为无柱结构，以便更合理安装孵化设备和操作。门高 2.4 米左右，宽 1.2～1.5 米，以利种蛋和蛋架车等的输运。地面至天花板高 3.4～3.8 米。孵化室与出雏室之间应设缓冲间，既便于孵化操作，又利于防疫。

孵化厅的地面要求坚实、耐冲洗可采用水泥或地板块等地面。孵化设备前沿应开设排水沟，上盖铁栅栏(横栅条，以便车轮垂直通过)与地面保持平整。

(2)孵化厅的温度与湿度：环境温度应保持在 22～27℃，环境相对湿度应保持在 60%～80%。

(3)孵化厅的通风：孵化厅应有很好的排气设施，目的是将孵化机中排出的高温废气排出室外，避免废气的重复使用。为向孵化厅补充足够的新鲜空气，在自然通风量不足的情况下，应安装进气巷道和进气风机，新鲜空气最好经空调设备升(降)温后进入室内，总进气量应大于排气量。

(4)孵化厅的供水：加湿、冷却的用水必须是清洁的软水，禁用镁、钙含量较高的硬水。供水系统接头(阀门)一般应设置在孵化机后或其他方便处。

(5)孵化厅的供电：要有充足的供电保证，并按说明书安装孵化设备；每台机器应与电源单独连接，安装保险，总电源各相线的负载应基本保持平衡；经常停电的地区建议安装备用发电机，供停电使用；一定要安装避雷装置，避雷地线要埋入地下 1.5～2 米深。

3. 育雏舍

育雏的好坏，对其后的生产性能影响很大。无论种鸡和肉用鸡都要经过育雏阶段。可以说，育雏的好坏是养鸡生产的关键之一。雏鸡与脱温后的育成鸡、成年鸡的生理状态差异较大，对环境条件的要求也不同，故房舍结构的要求也有所不同。要育好雏鸡，须有一个适合雏鸡生理条件的育雏舍。

雏鸡从孵出到脱温期间是在育雏舍培育的。雏鸡脱温的日龄因品种和外界气温条件的不同而不同。一般在夏季，脱温的日龄在 2～4 周龄；冬春季节，脱温日龄在 4～6 周龄。育雏舍的基本要求如下：

（1）保温性能良好：保温是育雏的关键措施。一周龄内的雏鸡舍内温度需控制在 28～25℃，保温伞（灯）下温度达 35～30℃。为了达到这个温度要求，育雏舍要求保温性好，门窗关闭能严密，舍内空间尽可能小，为此可在离地面高 1.6～2 米装修隔热层。

（2）利于干燥和通风：雏鸡生长发育快，饲养密度大，呼吸的空气量和散发的水分都较大，如不能解决好育雏舍的通风和排湿，就易造成舍内空气混浊和潮湿，病原微生物大量繁殖，诱发疫病。

（3）利于清洁和有效消毒：雏鸡的生理机能不完善，抵抗力较弱，易受到病原微生物的侵害引起疫病和死亡，造成生产的重大损失。有效地提高雏鸡育成率、减少疫病发生与流行的重要技术措施就是育雏舍实行“全进全出”制，在每批鸡群育雏结束后，对育雏舍内外环境和工具进行尽可能彻底的清洁与消毒。所以雏鸡舍最好采用混凝土地面，墙面光滑，天面最好是钢筋混凝土结构，耐酸碱、抗腐蚀，能密封进行熏蒸消毒。

（4）分栏：育雏舍还应分栏，以每栏饲养 400～500 只雏鸡为宜，如果群体过大，往往由于外界应激因素的影响，造成鸡群挤压死亡和残伤，不便于饲养管理。

4. 育肥舍

育肥鸡舍是用于饲养从脱温后到上市出栏前的肉鸡。育肥鸡舍的要求比育雏舍要低一些。因为育肥鸡舍饲养的鸡只较大，羽毛已丰满，鸡本身的体温调节系统已较健全，对环境有较强的适应性。鸡舍要求有一定的保温、防暑和通风的性能，特别是要求夏季炎热气候的防暑,此外要考虑饲养规模。肉鸡的饲养密度因不同的饲养方式和品种类型而有差异,一般每平方米 8 只为佳,在条件有限的情况下,也不能超过 10 只。

育肥鸡舍的投资除较大型的鸡场外,一般的小型鸡场或专业户都应以投资少、实用为原则。家庭养鸡也可利用现有的房屋改装饲养肉用鸡,只要注意清洁卫生和防疫,同样可以取得良好的效果。

5. 种鸡舍

种鸡舍的建筑应根据三黄鸡种鸡的生理特性和生产目的而确定。种鸡的生产目的就是最大限度地提供合格种蛋,最终提供合格的肉用鸡苗。为此,要力求达到种鸡产蛋量高,种蛋合格率高,受精率和孵化率高,种鸡死亡和淘汰率低。所以,种鸡舍的建设应围绕着能否创造高的生产技术水平而进行。

对种鸡的饲养方式,有的鸡场采用种鸡舍设运动场,让种鸡群到运动场运动、晒太阳和沙浴等;有的鸡场采用棚网上平养或笼养种鸡,按种鸡生理特性控制生活环境和提供全价饲料。实践证明,两种饲养方式,只要饲养管理适当,都可以达到较高的生产水平。

(1)种鸡活动的场所应平整:一方面利于种鸡站立平稳交配成功率高,另一方面减少种鸡因脚部损伤而造成淘汰或引发脚部感染。

(2)种鸡舍的周围环境应尽可能安静,减少应激因素的发生:三黄鸡生性怕惊,稍有应激就会造成种鸡群骚动,造成产蛋量下降、畸形蛋增加。

(3)鸡舍的产蛋设施设置合理:种鸡进入产蛋笼(箱)产蛋,产蛋笼(箱)的蛋托如是铁网,易碰破种蛋,可用镀塑或加垫层以减少碰损。平养三黄鸡随地产蛋的习性较普遍,应想法尽可能减少种蛋的破损。

(4)种鸡舍采光性能好:光照对种鸡的性成熟和产蛋率的高低有直接的关系。所以种鸡舍应做到自然光照充足,人工光照适度、分布均匀,光照时数稳定并有规律性。

(5)通风和降温条件要良好:种鸡体型较大,产热多,特别是高产蛋率阶段,耐热能力下降,如通风和降温条件不好,在高热低气压气候条件下,很易造成大批量种鸡中暑死亡。

(6)为便于管理和提高种蛋受精率,可将鸡舍分成若干个栏。在网上平养条件下,按每平方米饲养 7 只左右进行分群饲养。

6. 饲料仓库

饲料仓库应能防潮、防鼠、防鸟、通风和隔热条件良好。饲料仓库多采用砖木结构,架空水泥地面,或用三层油毡铺地隔潮后再铺以水泥。库存量大的仓库应有排风装置。窗口、通风口用铁丝网围栏,以防鼠、鸟。仓库檐高 5 米以上,进深 9 米以上,其大门要保证车辆出入方便。原料、加工料和成品料应分开贮存。

二、鸡舍各部结构要求

家庭养三黄鸡或专业养三黄鸡,都要有一定面积的鸡舍,它的形式和结构各异,既要经济实用,因地制宜就地取材,又要符合三黄鸡的生长发育和繁殖的需要。

1. 屋顶的式样

屋顶形式有多种,常用的单坡式和双坡式。要求屋顶材料保温性能好、隔热,并易于排雨,推荐使用彩钢保温板或石棉瓦+泡沫板+塑料布,有利于冬季保温,夏季隔热。

2. 地基与地面

地基应深厚、结实。地面要用水泥浇筑或用红砖砌成,防止鼠类打洞，要求地面平整，同时要有一定的落差，并向三黄鸡舍外留有排水口，这样冲洗时比较方便，粪水容易排出室外。

3. 墙壁

隔热性能好，能防御外界风雨侵袭。多用砖或石头垒砌，墙外面用水泥抹缝，墙内面用水泥或白灰挂面，厚度为1厘米，以便防潮和利于冲刷。

4. 门窗

门一般设在南向鸡舍的南面。一般单扇门高2米，宽1米；两扇门高2米，宽1.6米左右。

开放式鸡舍的窗户应设在前后墙上，前窗应宽大，离地面可较低，以便于采光。后窗应小，约为前窗面积的2/3，离地面可较高，以利夏季通风。密闭鸡舍不设窗户，只设应急窗和通风进出气孔。

5. 鸡舍跨度、长度和高度

鸡舍的跨度视鸡舍屋顶的形式，鸡舍类型和饲养方式而定。一般跨度为开放式鸡舍6～10米，密闭式鸡舍12～15米。

鸡舍的长度，按养鸡多少而定。一般跨度6～10米的鸡舍，长度一般在30～60米；跨度较大的鸡舍如12米，长度一般在70～80米。

鸡舍的高度应根据饲养方式、清粪方法、跨度与气候条件而定。跨度不大、干旱及不太热的地区，鸡舍不必太高，一般鸡舍屋檐高度2～2.5米。

6. 操作间与过道

操作间是饲养员进行操作和存放工具的地方。鸡舍的长度若不超过40米，操作间可设在鸡舍的一端，若鸡舍长度超过40米，则应设在鸡舍中央。

平养鸡舍若采用落地散养，可不留走道，鸡舍的长度和跨度视饲养量多少而确定。平养鸡舍跨度比较小时，可采用单列单过道，过道一般设在鸡舍的一侧，宽度 1～1.2 米；跨度大于 9 米时，可采用双列单过道，过道设在中间，宽度 1.5～1.8 米，便于采用小车喂料。

笼养鸡舍无论鸡舍跨度多大，视鸡笼的排列方式而定，鸡笼之间的过道为 0.8～1 米。鸡笼采用全阶梯式或半阶梯式，可分为二层、三层和四层，鸡笼的安置常采用二列三走道、三列四走道、四列五走道等几种方式。

第四节　饲养设备及用具

无论采用何种养殖方式，都必须配备相应的设备及工具。

一、孵化所需设备

孵化场从种蛋进入到雏鸡发送，需要各种配套设备，各设备的种类和数量随孵化规模等而定，其中最重要的设备为孵化器，目前多为模糊电脑孵化器，其他一些孵化器也相继并存。总之，只要孵化器工作稳定性好，密闭性能好，装满蛋后温差小，检修和清洗等方便，控温系统灵敏，省电即可。

1. 孵化机类型

孵化机的类型多种多样。按供热方式可分为电热式、水电热式、水热式等；按箱体结构可分为箱式（有拼装式和整装式两种）和巷道式；按放蛋层次可分为平面式和立体式；按通风方式可分为自然通风和强力通风式。孵化机类型的选择主要应根据生产条件来决定，在电源充足稳定的地区以选择电热箱式或巷道式孵化机为最理想。拼装式、箱式孵化机安装拆卸方便；整装箱式孵化机箱体牢固，保温性能较好；巷道式孵化机孵化量大，多为大型孵化厂采用。

2. 孵化机型

(1)孵化机的容量：应根据孵化厂的生产规模来选择孵化机的型号和规格，当前国内外孵化机制造厂商均有系列产品。每台孵化机的容蛋量从数千枚到数万枚，巷道式孵化机可达到 6 万枚以上。

(2)孵化机的结构及性能：综合孵化设备现状来看，国内外生产的孵化器的结构基本大同小异，箱体一般都选用彩塑钢或玻璃钢板为里外板，中间用泡沫夹层保温，再用专用铝型材组合连接，箱体内部采用大直径混流式风扇对孵化设备内的温度、湿度进行搅拌，装蛋架均用角铁焊接固定后，利用蜗轮蜗杆型减速机驱动传动，翻蛋动作缓慢平稳无颤抖，配选鸡蛋的专用蛋盘，装蛋后一层一层地放入装蛋铁架，根据操作人员设定的技术参数，使孵化设备具备了自动恒温、自动控湿、自动翻蛋与合理通风换气的全套自动功能，保证了受精禽蛋的孵化出雏率。

目前，优良的孵化设备当数模糊电脑控制系统，它的主要特点：温度、湿度、风门联控，减少了温度场的波动，合理的负压进气、正压排气方式，使进风口形成负压，吸入新鲜空气，经加热后均匀搅拌吹入孵化蛋区，最后由出气口排出。孵化厅环境温度偏高时，冷却系统会自动打开，实施风冷，风门也会自动开到最大，加快空气的交换。全新的加热控制方式，能根据环境温度、机器散热和胚胎发育周期自动调节加热功率，既节能又控温精确。有两套控温系统，第一套系统工作时，第二套系统监视第一套系统，一旦出现超温现象时，第二套系统自动切断加热信号，并发出声光报警，提高了设备的可靠性。第二套控温系统能独立控制加温工作。该系统还特加了加热补偿功能，最大限度地保证了温度的稳定。加热、加湿、冷却、翻蛋、风门、风机均有指示灯进行工作状态指示；高低温、高低湿、风门故障、翻蛋故障、风扇断带停转、电源停电、缺相、电流过载等均可以不同的声讯报警；面板设计简单明了，操作使用方便。

(3)孵化机自控系统：有模拟分立元件控制系统，集成电路控制系统和电脑控制系统三种。集成电路控制系统可预设温度和湿度，并能自动跟踪设定数据。电脑控制系统可单机编制多套孵化程序，也可建立中心控制系统，一个中心控制系统可控制数十台以上的孵化单机。孵化机可以数字显示温度、湿度、翻蛋次数和孵化天数，并设有超高、低温报警系统，还能自动切断电源。

(4)孵化机技术指标：孵化机的技术指标的精度不应低于一定的标准。温度显示精度 0.1～0.01℃，控温精度 0.2～0.1℃，箱内温度场标准差 0.2～0.1℃，湿度显示精度 2%～1% RH，控湿精度 3%～2% RH。

(5)出雏器：与孵化机相同。如采用分批入孵，分批出雏制，一般出雏机的容蛋量按 1/4～1/3 与孵化机配套。

3. 挑选

养殖场和专业户在选购孵化器时，应考虑以下几个方面。

(1)孵化率的高低是衡量设备好坏的最主要指标，也是许多孵化场不惜重金更换先进孵化设备的主要原因。机内的温度场应该均匀，没有温度死角，否则会降低出雏率；控温精度，汉显智能要好于模糊电脑，模糊电脑要好于集成电路。

(2)机器使用成本，如电费及维修保养费用等。

(3)电路设计要合理，有完善的老化检测设备；另外，整机装完后应老化试验一段时间，检测后才能出厂使用。

(4)售后服务好。一是服务的速度快;二是服务的长期性。应尽可能选择规模较大、发展势头好、能提供长期服务的厂家。

(5)使用寿命长。使用寿命主要取决于材料的材质、用料的厚薄及电器元件的质量,选购时应详加比较。另外,产品型类也是选择孵化机时应特别注意的方面。

4. 孵化配套设备

(1)发电机:用于停电时的发电。

(2)水处理设备:孵化场用水量大,水质要求高,水中含矿物质等沉淀物易堵塞加湿器,须有过滤或软化水的设备。

(3)运输设备:用于孵化场内运输蛋箱、雏盒、蛋盘、种蛋和雏鸡。

(4)照蛋器:是用来检查种蛋受精与否及鸡胚发育进度的用具。目前生产的手持式照蛋器,采用轻便式的电吹风外壳改装而成。灯光照射方向与手把垂直,控制开关就在手把上。操作方便,能提高工作效率。

照蛋器的电源为220伏交流电(也可用低压交流电)。器内装有15瓦的小灯泡,灯光经反光罩和聚光罩形成集中的光束射出。光线充足,能透过棕色的蛋壳,清晰地照出鸡胚发育的蛋相来。照蛋器的散热性能应良好,连续工作而外壳不发烫;前端有1个橡皮垫圈,可防止照蛋时碰破蛋壳。使用时,应轻提轻放,不要猛烈震动,也不宜随意拆卸。

(5)冲洗消毒设备:一般采用高压水枪清洗地面、墙壁及设备。目前有多种型号的国产冲洗设备,如喷射式清洗机很适于孵化场的冲洗作业。它可转换成3种不同压力的水柱:“硬雾”用于冲洗地面、墙壁、出雏盘和架车式蛋盘车、出雏车及其他车辆;“中雾”用于冲洗孵化器外壳、出雏盘和孵化蛋盘;“软雾”冲洗入孵器和出雏器内部。

(6)鸡蛋孵化专用蛋盘和蛋车。

(7)其他设备：移盘设备；连续注射器；专用的雏鸡盒(可用雏鸡盒代替)等。

二、养殖所需设备

1. 养鸡笼

采用笼养方式的鸡笼主要有两种类型。一种是育雏用的立体式层笼，另一种是饲养脱温后肉用鸡、后备鸡、种鸡笼，并多数采用阶梯式或半阶梯式。

(1)雏鸡笼：笼养育雏，一般采用3～4层重叠式笼养。笼体总高1.7米左右，笼架脚高10～15厘米，每个单笼的笼长为70～100厘米，笼高30～40厘米，笼深40～50厘米。网孔一般为长方形或正方形，底网孔径为1.25厘米×1.25厘米，侧网与顶网的孔径为2.5厘米×2.5厘米。笼门设在前面，笼门间隙可调范围为2～3厘米，每笼可容雏鸡30只左右。

(2)育成鸡笼：组合形式多采用三层重叠式，总体宽度为1.6～1.7米，高度为1.7～1.8米。单笼长80厘米，高40厘米，深42厘米。笼底网孔4厘米×2厘米，其余网孔均为2.5厘米×2.5厘米。笼门尺寸为14厘米×15厘米，每个单笼可容育成鸡7～15只。

(3)种鸡笼：组合形式常见的有阶梯式、半阶梯式和重叠式，每个单笼长40厘米，深45厘米，前高45厘米，后高38厘米，笼底坡度为6°～8°。伸出笼外的集蛋槽为12～16厘米。笼门前开，宽21～24厘米；高40厘米，下缘距底网留出4.5厘米左右的滚蛋空隙。笼底网孔径间距2.2厘米，纬间距6厘米。顶、侧、后网的孔径范围变化较大，一般网孔经间距10～20厘米，纬间距2.5～3厘米，每个单笼可养 3～4 只鸡。

2. 网床

采用平养方式的要设置网床，网上育雏即在离地面 50～60 厘米高处，架上丝网，把雏鸡饲养在网上。网床由底网、围网和床架组成。网床的大小可以根据育雏舍的面积及网床的安排来设计，一般长为 1.5～2 米，宽 0.5～0.8 米，床距地面的高度为 50～60 厘米。床架可用三角铁、木、竹等制成，床底网可采用 1.25 厘米×1.25 厘米规格网目，在育 0～21 日龄的幼雏时在底网上铺一层 0.5 厘米×0.5 厘米网目的塑料网即可。网床的四周应加高度为 40～50 厘米（底网以上的高度）的围网，以防雏鸡掉下网床。

3. 垫料

采用落地散养的垫料选择应根据当地具体条件而定，原则是不霉，不呈粉末状。

鸡舍内铺设垫料，能保持鸡群健康，有助于种蛋的清洁。小片状的木刨花是理想的垫料，它有良好的吸水性能，并有弹性，不易造成垫料板结。此外，切短的稻草也是良好的垫料，因其两端吸水。为提高稻草作为垫料的利用率，应将其切成 1～2 厘米长为好。其他很多植物产品，只要具备良好的吸水性，均可选作养鸡垫料，例如，稻谷壳、麦秕、锯木屑、碎玉米、穗芯等。

垫料的使用量应视气温而变，雏鸡群于寒冷气温下饲养，垫料应铺放厚些（5 厘米上）；较暖和季节则垫料厚度可酌减。垫料形态的选用也很重要，特别是雏鸡，过于干燥又呈粉末状的垫料，其尘埃常导致机械性刺激，是引发呼吸道疾病的原因之一，使用此类垫料时，除应适当增高室内湿度（短时间）外，还应在垫料上适量喷些水。但垫料过于潮湿，同样也不利于鸡的饲养，有可能增加雏鸡球虫病或霉菌病发生的危险。故垫料的物理性质及几何形态也是养鸡、特别是育雏成败的关键之一，应予必要的重视。

4. 供暖设备

供暖方式多种多样，各地可以根据本地区的特点选择使用。农村用电热供暖，一是成本太高，二是常有停电之虑，难以保证育雏所需的适宜温度。煤气供暖虽然卫生、稳定，但成本较高。比较普遍的是用煤给雏鸡供暖，煤比较便宜，但使用方法不当，会给生产带来很大损失。

农户育雏比较理想的方法是使用地炕、火墙或地面烟道，因砖吸热比较多，散热比较稳，所以舍内温度相对来讲比较稳定，一般将燃煤口砌在墙外。用土暖气给雏鸡供暖也是个好方法，可能成本稍大些。此外，比较理想的供暖是舍内局部供暖法，即用保温伞或塑料布制成的小罩棚等等，使热源的主要部分在棚伞之内，让棚伞之内的温度能稳定在33～35℃左右，舍内的其他地方温度能维持在24℃以上即可。雏鸡在伞内休息，在伞外采食饮水和运动。这与把整个育雏舍温度都加热到33～35℃相比，能节省很多加热费用，且有利于提高雏鸡对温度变化的适应力。

(1)烟道供暖：烟道供温有地上水平烟道和地下烟道两种。地上水平烟道是在育雏室墙外建一个炉灶，根据育雏室面积的大小在室内用砖砌成一个或两个烟道，一端与炉灶相通。烟道排列形式因房舍而定。烟道另一端穿出对侧墙后，沿墙外侧建一个较高的烟囱，烟囱应高出鸡舍1米左右，通过烟道对地面和育雏室空间加温。地下烟道与地上烟道相比差异不大，只不过室内烟道建在地下，与地面齐平。烟道供温应注意烟道不能漏气，以防煤气中毒。烟道供温时室内空气新鲜，粪便干燥，可减少疾病感染，适用于广大农户养鸡和中小型鸡场，对平养和笼养均适宜。

(2)火墙供暖：火墙育雏是在育雏室的隔断墙内做烟道，炉灶设在墙外。火墙比火炕升温快，但雏鸡活动的地面往往温度不高，因而用网上育雏为宜。

(3)煤炉供暖:煤炉由炉灶和铁皮烟筒组成。使用时先将煤炉加煤升温后放进育雏室内,炉上加铁皮烟筒,烟筒伸出室外,烟筒的接口处必须密封,以防煤烟漏出致使雏鸡发生煤气中毒死亡。此方法适用于较小规模的养鸡户使用,方便简单。

(4)保温伞供暖:保温伞有折叠式和不折叠式两种。不折叠式又分方形、长方形及圆形等,采用自动调节温度装置。折叠式保温伞适用于网上育雏和地面育雏。伞内用陶瓷远红外线加热。伞上装有自动控温装置,省电,育雏效率高。不折叠式方形保温伞,长宽各为 1～1.1 米,高 70 厘米,向上倾斜呈 45°角,一般可用于 250～300 只雏鸡的保温。一般在保温伞的外围还要加围栏,以防止雏鸡远离热源而受冷,热源离围栏 75～90 厘米。雏鸡 3 日龄后围栏逐渐向外扩大,10 日龄后撤离。

(5)红外线灯泡育雏:在室内直接使用红外线灯泡加热。常用的红外线灯每只 250～500 瓦,悬挂在距离地面 40～60 厘米高处,并可根据育雏需要的实际温度来调节灯泡的悬挂高度。一般每只红外线灯可保温雏鸡 100～150 只。红外灯发热量高,不仅可以取暖,还可杀菌。加温时温度稳定,室内垫料干燥,管理方便,不利之处是耗电量大,灯泡易损坏,成本较高,供电不稳定地区不宜使用。

(6)远红外线加热供温:远红外线加热器是由一块电阻丝组成的加热板,板的一面涂有远红外涂层(黑褐色),通过电阻丝激发红外涂层发射一种见不到的红外光发热,使室内加温。安装时将远红外线加热器的黑褐色涂层向下,离地 2 米高,用铁丝或圆钢、角钢之类固定。8 块 500 瓦远红外线板可供 50 平方米育雏室加热。最好是在远红外线板之间安上一个小风扇,使室内温度均匀,这种加热法耗电量较大,但育雏效果较好。

(7)普通白炽照明灯:普通白炽照明灯也可用来供雏鸡保温,尤其是饲养量较少的情况下,用普通照明灯泡取暖育雏既经济又实用。用木材或纸箱制成长 100 厘米、宽 50 厘米、高 50 厘米的简易育雏箱，在箱的上部开2个通气孔，在箱的顶部悬挂两盏60瓦的灯泡供热。

除上述方法外，各地可根据各自情况酌情选择适宜的加温方式。

5. 喂料器具

大型的机械化程度较高的养鸡场都具有较完善的供料系统。供料系统实际上就是一整套机械化喂饲设备。包括贮料塔、输料机、计重器、喂饲机和饲槽等组成。它适应于机械化程度高的大型商品化养鸡场。在此仅介绍适应于中小型鸡场的价格低而实用的饲喂器具。

(1)料盘：主要用于开食，其长40厘米，宽40厘米，边缘高4～5厘米，每个料盘可养雏鸡30～40只。适用于家庭小群饲养，具有使用方便、成本低的特点，但饲料受鸡只践踏及受粪便污染，易引起消化道疾病的传播。同时鸡只易将饲料扒出盘外，造成浪费。

(2)饲槽：饲槽的类型依鸡种、年龄、饲养方式、给料方法等的不同而异，多由镀锌铁皮制造。从饲槽的横切面来说，主要有矩形、半圆型、倒三角型、倒梯形等。其中，上下同宽的形式多用于机械化送料。而上宽下窄的形式便于鸡吃完槽内的所有饲料，且易于清洁。从槽的长度上分，有长槽和短槽两种。长槽用于大型鸡舍，主要用于笼养和网上平养；短槽长度约1米至数米，多用于平养或多层笼养。平养时在饲槽上设立铁丝网罩或安置一条能滚动的圆棒，防止鸡进入槽内弄脏和浪费饲料。从宽度来说，半圆形和倒三角形的饲槽槽口宽度可在10～20厘米。倒梯形饲槽用于雏鸡时，底宽可为8厘米左右。用于成鸡时可为10～15厘米，槽口约比槽底宽8厘米。上下同宽的饲槽，其宽度可为12厘米左右。长槽一般安装在鸡笼前面，其高度以槽的上缘与鸡背同高为宜。

短槽可放在地面上，也可离地面一定高度，视鸡只的大小而定。一般食槽的上缘与鸡的背部应在同一条水平线上，方便鸡采食，每只鸡占有槽位是：0～6 周龄 4～5 厘米；7～20 周龄 5～7 厘米；20 周龄以后 8～10 厘米。

(3)饲料桶：由金属或硬塑料两种。分两部分组成，即上面的圆筒和下面的浅盘。圆筒呈圆柱状，无底，其侧壁下缘与浅盘的底之间有 3～4 厘米的缝。浅盘的直径比圆筒大，其中间设有一圆锥体，使圆筒内的饲料能随着浅盘中饲料的减少而自动从缝中流出，使浅盘中的饲料不会过多，也不会过少。为了避免饲料在鸡挑食时溅出，在下部浅盘饲槽上面加一塑料网盖。饲料桶可放在地面上，也可悬吊在空间，其高度随鸡只的大小而定。这种饲料桶适用于肉鸡或种鸡的室内平养。这种饲料桶结构简单，可以自己制造，具有成本低、使用方便、减少饲料浪费的优点。饲料桶需每 100 羽鸡需 3 个悬吊式料桶。

6. 饮水器

有水槽、真空饮水器、钟形饮水器、乳头式饮水器、水盆等，大多由塑料制成，水槽也可用木、竹等材料制成。

(1)槽式饮水器：这种饮水器使用很普遍，主要适用于笼养、网上或棚上平养鸡舍。通常多采用“V”或“U”两种形式，深度为 50～60 毫米，上口宽 50 毫米。水槽用镀锌铁板、硬塑料或高标水泥制成。有长槽和短槽两种。长槽多用于较大鸡群的笼养或网上平养，挂在鸡笼或围网的外侧。从水源流向另一端要有万分之六的斜度。长槽的供水方式常采用自来水，以调节进水龙头的水流大小来控制其流量。水槽末端设出水管和溢流水塞，当供水量超过溢流口位置时，水从溢流口流出，使槽内始终保持一定的水位。当清洗水槽时，将溢流塞拔出，即可放水。长槽饮水器的优点是取材和制造简单，稳定可靠。缺点是如发生鸡病，容易通过饮水传染。短水槽多用于小规模的笼养。每只小笼设一条小槽，长度视笼的长度而定，水槽两端封闭，通过人工加水，水槽高度可以根据鸡只的大小调整。每只鸡所占的水槽长度，一般中雏 1～1.6 厘米，种鸡 3.6 厘米。

(2)真空自动饮水器：它由硬塑料制成。分上下两部分。上部和下部可以分开。用时先将上部贮水器装满水，然后罩上下部圆盘，通过其特殊结构将上部与下部圆盘吻合固定，然后将整个饮水器翻转过来即可供饮。当流出的水的高度超过出水孔时，封闭了出水孔，由于空气压力的作用，水也就不再从贮水器流出。当圆盘内的水被鸡饮少时，空气进入贮水器，贮水器的水再流出到原来的高度。这种饮水器有大小两种规格。小鸡用小的，大鸡用大的。放置的高度可自由调节。真空饮水器使用方便、轻便实用、外形美观、易于清洁，因此应用广泛，适用于各类型的平养鸡舍，尤其是地面平养鸡舍。自动饮水槽供水，每羽鸡应占饮水位置为 2 厘米。

(3)吊塔式饮水器：饮水器通过拉簧和绳索悬吊在鸡舍内，另由软管将水引进圆盘的槽内。加水时，水在盘槽里升高 1/3 左右，由于水的重量把弹簧拉长，压紧软管停水。当饮水消耗到一定程度，水盘重量减轻，弹簧收缩，松开软管，水又流进盘槽。如此重复进行，保持圆盘内一定量的水。这种饮水器通过自来水自动供水，省工省事，适用于机械化程度较高的养鸡场。但要求水质良好，否则，因杂质的沉积使弹簧等损坏，会导致调节失灵而漏水。

(4)乳头式饮水器：系用钢或不锈钢制造，由带螺纹的钢(铜)管和顶针开关阀组成，可直接装在水管上，利用重力和毛细管作用控制水滴，使顶针端部经常悬着一滴水。鸡需水时，触动顶针，水即流出；饮毕，顶针阀又将水路封住，不再外流。这种饮水器安装在鸡头上方处，让鸡抬头喝水。安装时要随鸡的大小改变高度。乳头式饮水器每个饮水器可供 10～20 只雏鸡或 3～5 只成鸡饮水。

除上述饮水器外，还有杯式饮水器、连通式饮水器等。此外，专业户或家庭养鸡还可以用竹、木板、瓷器等作简易的盛水器。这些饮水器成本低，构造简单，只要勤添水，加强卫生管理，同样可取得良好的饲养效果。

7. 产蛋箱

产蛋箱是饲养落地散养或网上平养三黄肉鸡必备的设备。产蛋箱的结构、放置及配置的数量，对于种蛋的清洁度、破损率及集蛋所需的劳动量都有很大的影响。产蛋箱的一般要求是集蛋方便，母鸡进出容易，晚上可关闭，结构简单，易于清洁，坚固耐用。产蛋箱规格与鸡的体型大小有关，一般其宽度在 30 厘米、高度 30 厘米、深度 35 厘米为宜。其结构形式多样。产蛋箱的配备数量应占产蛋母鸡的 25%，即每 100 只产蛋母鸡要有 25 只皮蛋箱。产蛋箱应放置在干燥、清洁的地方。此外，产蛋箱离地面和鸡活动的地方应有一定距离，一般在 40～50 厘米之间。

8. 通风换气设备

冬季，为了保持良好的空气；夏季，为了防暑降温及排除湿气，一般均采用机械设备进行通风。通常，空气由前窗户进入鸡舍，由后墙窗户排出，造成空气对流，以达到通风换气的目的。在冬季窗户关闭，或夏季无风，空气对流缓慢时，舍内空气污浊，则需另外装置通风设施，目前常采用风扇通风。可在鸡舍后墙装上风扇，使经前窗进入的空气由风扇排出。良好的通风应是进入鸡舍的空气量与排出鸡舍的空气量相等。而排出的空气量又视鸡舍内鸡只数量与体重及气温高低而定。鸡舍的进出风量稍大于进入的风量(负压通风)，以达到最佳的换气效果。气流的流动，带走了周围的热量，达到了降温的效果；但是在使用机械通风时，要避免进入鸡舍的气流直接吹向鸡群。

9. 清粪设备

活着的鸡只每天都排放出一定量的粪便。鸡的粪便放置时间过长或积聚过多，在一定的条件下，容易放出异味和对鸡、人有害的气体，且容易使疾病传播。故对鸡粪便必须及时处理。处理鸡粪的方法有自然干燥、机械或人工清粪等。

人工清粪劳动量较大，但工具简单，绝大多数的商品肉鸡场和专业户鸡场都采用人工清粪。

机械化清粪主要用于机械化程度较高的大型鸡场，它具有清除干净、减轻劳动强度、提高工作效率的特点。

地面刮板式除粪机主要由电动机、减速器、卷筒、转角轮、刮板和钢丝绳等组成。刮粪板的形式多种多样，但其原理基本一致。开动电动机作正转和反转各一次，使刮粪板作一次来回移动。它只有向一方向移动时才能刮粪，反向移动为空行。如果鸡舍较长，常采用分节多刮板清粪。

此外，还有利用水的冲力来清粪的。通过积聚大量的水，突然放闸，巨大的水冲力把鸡粪冲出舍外。这种方法比较简单而且干净，但需较多量的水，且冲出舍外的鸡粪不便于作有机肥料使用，易造成对环境的污染。

10. 断喙用具

一般采用专门断喙机断喙。农村养鸡，可用剪刀剪断加电烙铁烙烫止血断喙。专用电动断喙器有大、小两个孔，可以根据雏鸡大小区别使用。一般用右手握住鸡，大拇指按住鸡头，使鸡颈伸长，将喙插入孔内踏动开关切烙。没有断喙器时，可将100～500瓦的电烙铁或普通烙铁的头部磨成刀形，操作时可左手握鸡，右手持通电的电烙铁或烧红的烙铁按要求长度进行切烙。养殖数量不太多者也可用剪刀断喙。

11. 光照设施

市场上出售的照明用具有灯泡、日光灯、节能灯、调光灯、定时器和光照自动控制仪。每20平方米安装一个带灯罩的灯头，每个灯头准备40瓦和15瓦的灯泡各一个。1～6日龄用40瓦灯泡，7日龄后用15瓦灯泡。用日光灯和节能灯可节约用电量50%以上。

12. 饲料加工设备

现代化、高效益的养殖生产，大多采用配合饲料。因此，各养鸡场必须备有饲料加工设备，对不同饲料原料，在喂饲之前进行一定的粉碎、混合。

（1）饲料粉碎机：一般饲料在加工全价配合料之前，都应粉碎。粉碎的目的，主要是提高鸡对饲料的消化吸收率，同时也便于将各种饲料混合均匀和加工成多种饲料（如粉状等）。在选择粉碎机时，要求机器通用性好（能粉碎多种原料），成品粒度均匀，结构简单，使用、维修方便，作业时噪声和粉尘应符合规定标准。

目前生产中应用最普遍的多为锤片式粉碎机，这种粉碎机主要是利用高速旋转的锤片来击碎饲料。工作时，物料从喂料斗进入粉碎室，受到高速旋转的锤片打击和齿板撞击，使物料逐渐粉碎成小碎粒，通过筛孔的饲料细粒经吸料管吸入风机，转而送入集料筒。

（2）饲料混合机：一般配合饲料厂或大型养殖场的饲料加工车间，饲料混合机是不可缺少的重要设备之一。混合按工序大致可分为批量混合和连续混合两种。批量混合设备常用的是立式混合机或卧式混合机，连续混合设备常用的是桨叶式连续混合机。生产实践表明，立式混合机动力消耗较少，装卸方便；但生产效率较低，搅拌时间较长，适用于小型饲料加工厂。卧式混合机的优点是混合效率高，质量好，卸料迅速；其缺点是动力消耗大，一般适用于大型饲料厂。桨叶式连续混合机结构简单,造价较低,适用于较大规模的专业户养鸡场使用。

13. 其他用具

(1)围网:选取的场地四周进行围网圈定,围网的面积可以根据鸡只的多少和区域情况确定。围网方式可采取多种方式,如塑料网、尼龙网、木栏等,设置的网眼大小和网的高度,以既能阻挡鸡只钻出或飞出又能防止野兽的侵入为宜。围栏每隔 2～3 米打一根桩柱,将尼龙网捆在桩柱上,靠地面的网边用泥土压实。所圈围场地的面积,以鸡舍为中心半径距离一般不要超过 80～100 米。

(2)捕捉网:捉鸡网是用铁丝制成一个圆圈,上面用线绳结成一个浅网,后面连接上一个木柄,适于捕捉鸡只。

(3)护板:用木板、厚纸或席子制成。保温伞周围护板用于防止雏鸡远离热源而受凉。护板高 45～50 厘米,与保温伞边缘距离 70～90 厘米,随日龄的增加可逐渐拆除。

(4)网板:多用于网上育雏,网板用铁丝或竹板制成,网眼大小为 1.25 厘米×1.25 厘米,若分群则可另设 50 厘米高的活动隔网。

(5)幼雏转运箱:可用纸箱或塑料筐代替,一般高度不低于 25 厘米,如果一个箱的面积较大,可分隔成若干小方块。也可以用木板自己制作,一般长 40 厘米,宽 30 厘米,高 25 厘米。在转运箱的四周钻上通风孔,以增加箱内的空气流通。

(6)运输设备:孵化场应配备一些平板四轮或两轮手推车,运送雏鸡盒、蛋箱及种蛋。

(7)集蛋用具:蛋箱、蛋盒或蛋筐。

另外,还要配置注射器、称重器、铁锹、扫帚、粪车、屠宰加工设备、秤、喂料器、喂料车、普通温度计、干湿球温度计等。

第三章　三黄鸡的营养与饲料

饲料是养鸡的基础，鸡要生长、发育都要从饲料中获取各种营养素。鸡采食饲料后，经过消化道消化吸收将以上营养素转化成鸡体的各组织，还有一部分形成骨骼、羽毛、肌肉、脂肪。

第一节　三黄鸡的营养需求

三黄鸡同其他禽类一样，同样需要能量、蛋白质、维生素和矿物质、水等营养物质。

1. 能量

维持鸡的生命活动，产蛋和长肉均需能量。能量不足，鸡生长缓慢，长肉和产蛋量下降，而且影响健康，甚至死亡。能量主要来源于日粮中的碳水化合物和脂肪，当蛋白质多余而能量不足时，能分解蛋白质产生能量。

(1)碳水化合物：淀粉、糖在谷物、薯类中含量较高；纤维在糠、麸类和青料中较多，是鸡的主要能量来源。当供给过多时，一部分碳水化合物在鸡体内转化成脂肪。鸡对纤维的消化能力较低，但纤维过少易发生便秘和啄肛等。

(2)脂肪：脂肪的能量含量是碳水化合物的 2.25 倍。机体各部和蛋内都含有脂肪，一定数量的脂肪对鸡的生长发育、成鸡的产蛋和饲料利用率均有良好的作用。日粮中的脂肪过多，使鸡过肥，会影响产蛋。脂肪中的亚油酸必须由饲料供给，玉米中通常含有足够的亚油酸。

2. 蛋白质

蛋白质是饲料中含氮物质的总称，包括纯蛋白质和氨化物。氨化物在植物生长旺盛时期和发酵饲料中含量较多(占含氮量的30%～60%)，成熟籽实含量很少(占含氮量的3%～10%)。氨化物主要包括未结合成蛋白质分子的个别氨基酸、植物体内由无机氮(硝酸盐和氨)合成蛋白质的中间产物和植物蛋白质经酶类和细菌分解后的产物。

各种饲料中粗蛋白质的含量和品质差别很大。就其含量而言，动物性饲料中最高(40%～80%)，油饼类次之(30%～40%)，糠麸及禾本科籽实类较低(7%～13%)。就其质量而言，动物性饲料、豆科及油饼类饲料中蛋白质品质较好。一般来说，饲料中蛋白质含量愈多，其营养价值就愈高。蛋白质品质的优劣是通过氨基酸的数量与比例来衡量的，在纯蛋白质中大约有20多种氨基酸，这些氨基酸可分为两大类:一类是必需氨基酸，另一类是非必需氨基酸。所谓必需氨基酸是指在鸡体内不能合成或合成的速度很慢，不能满足鸡的生长和产蛋需要，必须由饲料供给的氨基酸。鸡的必需氨基酸包括13种:蛋氨酸、赖氨酸、胱氨酸、色氨酸、精氨酸、亮氨酸、异亮氨酸、苯丙氨酸、酪氨酸、苏氨酸、缬氨酸、组氨酸和甘氨酸。由于在鸡体内胱氨酸可由蛋氨酸合成，酪氨酸可由苯丙氨酸合成，因而胱氨酸和酪氨酸也叫半必需氨基酸。所谓非必需氨基酸是指鸡体内需要量少且能够合成的氨基酸，如丝氨酸、丙氨酸、天门冬氨酸、脯氨酸等。在鸡的必需氨基酸中，蛋氨酸、赖氨酸、色氨酸在一般谷物中含量较少，它们的缺乏往往会影响其他氨基酸的利用率，因此这三种氨基酸又称为限制性氨基酸。在鸡的日粮中，除了供给足够的蛋白质，保证各种必需氨基酸的含量外，还要注意各种氨基酸的比例搭配，这样才能满足鸡的营养需要。

在鸡的生命活动中，蛋白质具有重要的营养作用。它是形成鸡肉、鸡蛋、内脏、羽毛、血液等的主要成分，是维持鸡的生命、保证生长和产蛋的极其重要的营养素，而且蛋白质的作用不能用其他营养成分来代替。如果日粮中缺少蛋白质，雏鸡生长缓慢，蛋鸡的产蛋率下降、蛋重减少，严重时体重下降，甚至引起死亡。相反，日粮中蛋白质过多也是不利的，它不仅增加饲料价格，造成浪费，而且还会发生鸡代谢障碍。

鸡对蛋白质的需要量主要取决于产蛋水平、气温和体重 3 个因素。一般来说，鸡产蛋率(量)愈高，体重愈大，蛋白质需要量愈多；同一产蛋水平的母鸡，夏季对蛋白质需要量要高于冬季。此外，年龄、饲料组成对蛋白质利用亦有影响，尤其是饲粮中氨基酸不平衡，会降低蛋白质的利用率，此时蛋白质的需要量相对增加。实践证明，鸡饲粮中含粗蛋白质 14%～17%，大多数品系的产蛋鸡在整个产蛋期内，都能获得较多的产蛋量。

3. 维生素

维生素是一种特殊的营养物质。鸡对维生素的需要量虽然很少，但它是鸡体内辅酶或酶辅基的组成成分，对保持鸡体健康、促进其生长发育、提高产蛋率和饲料利用率的作用很大。维生素的种类很多，它们的性能和作用各不相同，但归纳起来可分为两大类：一类是脂溶性维生素，包括维生素 A、维生素 D、维生素 E、维生素 K 等；另一类是水溶性维生素，青饲料中含各种维生素的量较多，应经常补充饲料。使用时必须按说明书添加。

4. 矿物质

矿物质元素在鸡体内约占 4%，有些是构成骨骼、蛋壳的重要成分，有些分布于羽毛、肌肉、血液和其他软组织中，还有些是维生素、激素、酶的组成成分。矿物质元素虽不能供给鸡体能量，但它参与鸡体内新陈代谢、调节渗透压和维持酸碱平衡，是维持鸡体正常生理功能和生产所必需的。据研究，鸡需要的矿物质元素有 14 种，根据其在鸡体内含量多少，可分为常量元素和微量元素两大类。占体重 0.01%以上的元素称为常量元素，包括钙、磷、钠、钾、氯、镁、硫；占体重 0.01%以下的元素称为微量元素，包括铁、铜、钴、碘、锰、锌、硒。在配合饲粮时，要考虑添加这些矿物质元素。

5. 水

各种饲料与鸡体内均含有水分。但因饲料的种类不同，其含量差异很大，一般植物性饲料含水量为 5%～95%，禾本科籽实饲料含水量为 10%～15%。在同一种植物性饲料中，由于其收割期不同，水分含量也不尽相同，随其成熟而逐渐减少。

饲料中含水量的多少与其营养价值、贮存密切相关。含水量高的饲料，单位重量中含干物质较少，其中养分含量也相对减少，故其营养价值也低，且容易腐败变质，不利于贮存与运输。适宜贮存的饲料，要求含水量在 14%以下。

鸡体内含水量为 50%～60%，主要分布于体液（如血液、淋巴液）、肌肉等组织中。水是鸡生长、产蛋所必需的营养素，对鸡体内正常的物质代谢有着特殊的作用。它是各种营养物质的溶剂，鸡体内各种营养物质的消化、吸收，代谢废物的排出、血液循环、体温调节等离不开水。如果饮水不足，饲料消化率和鸡群产蛋率就会下降，严重时会影响鸡体健康，甚至引起死亡。试验证明，产蛋母鸡 24 小时饮不到水，可使产蛋率下降 30%，并且需要 25～30 天才能恢复正常；如果雏鸡 10～12 小时不饮水，会使其采食量减少，而且增重也会受到影响。

鸡对水分的需要比食物更为重要，在断绝食物后还可以活 10 天或更长一段时间，但缺水时间太长，其生命就会受到威胁。

鸡的饮水量依季节、年龄、产蛋水平而异，当气温高、产蛋率高时饮水量增加，当限制饲养时饮水量也增加。一般来说，成鸡的饮水量约为采食量的 1.6 倍，雏鸡的比例更大些。在环境因素中，温度对饮水量影响最大，当气温高于 20℃时，饮水量开始增加，35℃时饮水量约为 20℃时的 1.5 倍，0～20℃时饮水量变化不大。

第二节　鸡的饲料种类

饲料通常可以分为能量饲料、蛋白质饲料、青绿饲料、矿物质饲料及饲料添加剂等。了解各种饲料的营养特点与影响其品质的因素，对于合理调制和配合日粮，提高饲料的营养价值具有重要意义。

一、能量饲料

能量饲料主要是谷实类和茎块类饲料。这类饲料的特点是含淀粉丰富，少量的蛋白质和脂肪，易消化吸收，含其他营养物质很少。这类饲料是饲养三黄鸡的主要饲料，约占配合饲料的 70%左右。

1. 谷实类

主要有玉米、麦类、稻米、高粱等。

(1)玉米：含能量高，纤维少，适口性强，而且产量高，价格便宜，为鸡的优良饲料。黄玉米的胡萝卜素和叶黄素多，有利于鸡的生长、产蛋，蛋黄及皮肤颜色也鲜黄。喂量可占日粮的 35%～65%。玉米与其他谷类比较，钙、磷及 B 族维生素含量较低。

(2)高粱:高粱中的能量含量与玉米相近,但含有较多的单宁(鞣酸),使味道发涩,适口性差,饲喂过量还会引起便秘。在饲粮中用量不超过10%～15%。

(3)粟:俗称谷子(去壳后称小米)。小米含能量与玉米相近,粗蛋白质含量为10%左右,高于玉米;维生素B_2(核黄素)含量高(1.8毫克/千克),适口性好。在饲粮中用量占15%～20%。

(4)碎米:碎米含能量、粗蛋白质、蛋氨酸、赖氨酸等与玉米相近,适口性好,是鸡良好的能量饲料,一般在饲粮中用量可占30%～50%或更多一些。

(5)大麦:大麦是一种主要的饲料品种,粗蛋白质含量12%,比燕麦略高,可以消化的营养成分多一些。大麦的粗蛋白质的食用价值比玉米佳。氨基酸和玉米差不多,粗脂肪比玉米少,钙、磷的含量比玉米高。喂时必需粉碎,否则不容易消化。由于外皮较厚,配制饲料只能相当玉米用量的85%左右。其效果不如玉米好。用于育雏的鸡饲料配方中所占的比例,应在10%左右为宜。

(6)燕麦:燕麦是一种很有价值的饲料作物,粗蛋白质、脂肪含量比小麦高1倍以上。燕麦含有较多的粗纤维,能量较少,营养价值比玉米低。以玉米为主时,加入燕麦,饲料发生的软质黏结,有利于雏鸡生长发育,促进鸡羽毛的生长,其配制饲料的含量可占40%。

2. 糠麸类

用于鸡的糠麸类饲料主要是米糠、玉米糠、麸皮、黄面粉(又称次粉)等。这类饲料主要是谷实颗粒的外皮和胚芽等,蛋白质含量比胚乳(核心)部分高,淀粉少,粗纤维多,矿物质含量相应增加。是一类低能量的饲料,但含有丰富的B族维生素。鸡对这一类饲料的利用率低,在配合饲料中含量很少,除利用其营养物质外,主要利用其粗纤维的作用。

(1)玉米糠:是玉米加工时的副产品,含粗蛋白16.8%,粗纤维5.7%,粗脂肪8.7%,粗灰分4.4%,但钙的含量很低,与磷含量的比例相差很大。

(2)米糠:米糠是指糙米加工成白米时分离出种皮、糊粉层和胚的混合物,而不是农村加工大米时分离出包括谷壳粉在内的米糠,米糠中含有较多的脂肪和蛋白质,含有15.2%的粗蛋白质和约7%的粗脂肪。米糠的营养价值视大米加工程度的不同而异。米糠经压榨提取油脂后的产品称为糠饼,除脂肪含量和能量下降外,其他营养物质和米糠基本相同。

(3)麸皮:麸皮是小麦的种皮、糊粉层和胚的混合物。麸皮的营养价值和米糠一样视加工程度而异。麸皮的饲料价值,除作为营养来源以外,主要利用其轻松、体积大的物理性质,作配合饲料的成分,可改善大量精细饲料的沉重性质,刺激鸡的胃肠蠕动,帮助饲料的消化吸收、排泄粪便。较常用于三黄种鸡的育成和开产鸡饲料中,但比例不大。

(4)黄面粉:俗称黄粉,又称次粉,是面粉加工的副产品,含能量较高,粗蛋白质占13%~14%,无氮浸出物占70%,是糠麸类中营养价值较高的一种,但其黏性较大,如配合成粉料,适口性较差。

3. 块根和瓜类

马铃薯、甜菜、南瓜、甘薯等含碳水化合物多,适口性强,产量高,易贮藏,也是养鸡的优良饲料,喂饲时注意矿物质的平衡。马铃薯、甘薯煮熟以后喂消化率高。发芽的马铃薯含有毒质,宜去芽后再喂,清洗和煮沸马铃薯的水要倒掉,以免中毒。木薯、芋头的淀粉含量高,习惯蒸煮后拌于其他饲料中喂给,也可制成干粉或打浆后与糠麸混拌晒干贮存。木薯须除皮浸水去毒后喂饲。

4. 糟渣类

主要包括粉渣、糖渣、玉米淀粉渣、酒糟、醋糟、豆腐渣、酱油渣等。这些糟渣类经风干和适当加工也可作为养鸡的饲料，如豆腐渣、玉米淀粉渣，粉渣中含有较多的能量和蛋白质，且品质较好；酒糟、醋糟、糖渣、酱油渣中含 B 族维生素较多，还含有未知促生长因子。试验证明，用以上糟渣类饲料加入鸡饲料中，不仅可以代替部分能量和蛋白质饲料，而且可以促进鸡的生长和健康，喂量可占饲粮的 5%～10%。

二、蛋白质饲料

蛋白质饲料一般指饲料干物质中粗蛋白质含量在 20%以上，粗纤维含量在 18%以下的饲料。蛋白质饲料主要包括植物性蛋白质饲料和动物性蛋白质饲料及酵母。

1. 植物性蛋白质饲料

主要有豆饼(粕)、花生饼、葵花饼、芝麻饼、菜籽饼、棉籽饼等。

(1)豆饼(粕)：大豆因榨油方法不同，其副产物可分为豆饼和豆粕两种类型。用压榨法加工的副产品叫豆饼，用浸提法加工的副产品叫豆粕。豆饼(粕)中含粗蛋白质 40%～45%，矿物质、维生素的营养水平与谷实类大致相似，且适口好，经加热处理的豆饼(粕)是鸡最好的植物性蛋白质饲料，一般在饲粮中用量可占 15%～25%。虽然豆饼中赖氨酸含量比较高，但缺乏蛋氨酸，故与其他饼粕类或鱼粉配合使用，或在以豆饼为主要蛋白质饲料的无鱼粉饲粮中加入一定量合成氨基酸，饲养效果更好。

大豆中含有抗胰蛋白酶、红细胞凝集素和皂角素等，抗胰蛋白酶阻碍蛋白质的消化吸收，红细胞凝集素和皂角素是有害物质。大豆榨油前，其豆胚经 130～150℃蒸汽加热，可将有害酶类破坏，除去毒性。用生豆饼(用生榨压成的豆饼)喂鸡是十分有害的，生产中应加以避免。

(2)花生饼:花生饼中粗蛋白质含量略高于豆饼,为42%~48%,精氨酸含量高,赖氨酸含量低,其他营养成分与豆饼相差不大,但适口性好于豆饼,与豆饼配合使用效果较好,一般在饲粮中用量可占15%~20%。

生花生仁和生大豆一样,含有抗胰蛋白酶,不宜生喂,用浸提法制成的花生饼(生花生饼)应进行加热处理。此外,花生饼脂肪含量高,不耐贮藏,易染上黄曲霉菌而产生黄曲霉毒素,这种毒素对鸡危害严重。因此,生长黄曲霉的花生饼不能喂鸡。

(3)葵花籽饼(粕):葵花籽饼的营养价值随含壳量多少而定。优质的脱壳葵花籽饼粗蛋白质含量可达40%以上,蛋氨酸含量比豆饼多2倍,粗纤维含量在10%以下,粗脂肪含量在5%以下,钙、磷含量比同类饲料高,B族维生素含量也比豆饼丰富,且容易消化。但目前完全脱壳的葵花籽饼很少,绝大部分含一定量的籽壳,从而使其粗纤维含量较高,消化率降低。目前常见的葵花籽饼的干物质中粗蛋白质平均含量为22%,粗纤维含量为18.6%;葵花籽粕含粗蛋白质24.5%,含粗纤维19.9%,按国际饲料分类原则应属于粗饲料。因此,含籽壳较多的葵花籽饼(粕)在饲粮中用量不宜过多,一般占5%~15%。

(4)芝麻饼:芝麻饼是芝麻榨油后的副产物,含粗蛋白质40%左右,蛋氨酸含量高,适当与豆饼搭配喂鸡,能提高蛋白质的利用率。一般在饲粮中用量可占5%~10%。由于芝麻饼含脂肪多而不宜久贮,最好现粉碎现喂。

(5)菜籽饼:菜籽饼粗蛋白质含量高(占38%左右),营养成分含量也比较全面,与其他油饼类饲料相比突出的优点是:含有较多的钙、磷和一定量的硒,B族维生素(尤其维生素B_2)的含量比豆饼含量丰富,但其蛋白质生物学价值不如豆饼,尤其是含有芥子毒素,有辣味,适口性差,生产中需加热处理去毒才能作为鸡的饲料,一般在饲粮中含量占5%左右。

(6)棉籽饼：机榨脱壳棉籽饼含粗蛋白质33%左右，其蛋白质品质不如豆饼和花生饼；粗纤维含量18%左右，且含有棉酚。如喂量过多不仅影响蛋的品质，而且还降低种蛋受精率和孵化率。一般来说，棉籽饼不宜单独作为鸡的蛋白质饲料，经去毒后(加入0.5%～1%的硫酸亚铁)，添加氨基酸或与豆饼、花生饼配合使用效果较好，但在饲粮中量不宜过多，一般不超过4%。

(7)亚麻仁饼：亚麻仁饼含粗蛋白质37%以上，钙含量高，适口性好，易于消化，但含有亚麻毒素(氢氰酸)，所以使用时需进行脱毒处理(用凉水浸泡后高温蒸煮1～2小时)，且用量不宜过大，一般在饲粮中用量不超过5%。

2. 动物性蛋白质饲料

主要有鱼粉、肉骨粉、蚕蛹粉、血粉、羽毛粉等。

(1)鱼粉：鱼粉中不仅蛋白质含量高(45%～65%)，而且氨基酸含量丰富、完善，其蛋白质生物学价值居动物性蛋白质饲料之首。鱼粉中维生素A、维生素D、维生素E及B族维生素含量丰富，矿物质含量也较全面，不仅钙、磷含量高，而且比例适当；锰、铁、锌、碘、硒的含量也是其他任何饲料所不及的。进口鱼粉颜色棕黄，粗蛋白质含量在60%以上，含盐量少，一般可占饲粮的5%～15%；国产鱼粉呈灰褐色，含粗蛋白质35%～55%，盐含量高，一般可占饲粮的5%～7%，否则易造成食盐中毒。

(2)肉骨粉：肉骨粉是由肉联厂的下脚料(如内脏、骨骼等)及病畜体的废弃肉经高温处理而制成的，其营养物质含量随原料中骨、肉、血、内脏比例不同而异，一般蛋白质含量为40%～65%，脂肪含量为8%～15%。使用时，最好与植物性蛋白质饲料配合，用量可占饲粮的5%左右。

(3)血粉：血粉中粗蛋白质含量高达80%左右，富含赖氨酸，但蛋氨酸和胱氨酸含量较少，消化率比较低，生产中最好与其他动物性蛋白质饲料配合使用，用量不宜超过饲粮的3%。

(4)蚕蛹粉：蚕蛹粉含粗蛋白质50%～60%，各种氨基酸含量比较全面，特别是赖氨酸、蛋氨酸含量比较高，是鸡良好的动物性蛋白质饲料。由于蚕蛹粉中含脂量多，贮藏不好极易腐败变质发臭，而且还容易把臭味转移到鸡蛋中，因而蚕蛹粉要注意贮藏，使用时最好与其他动物性蛋白质饲料搭配，用量可占饲粮的5%左右。

(5)羽毛粉：水解羽毛粉含粗蛋白质近80%，但蛋氨酸、赖氨酸、色氨酸和组氨酸含量低，使用时要注意氨基酸平衡问题，应与其他动物性饲料配合使用，一般在饲粮中用量可占2%～3%。

三、青绿饲料

青饲料是指水分含量为60%以上的青绿饲料、树叶类及非淀粉质的块根、块茎、瓜果类。青饲料富含胡萝卜素和B族维生素，并含有一些微量元素，适口性好，对鸡的生长、产蛋及维持健康均有良好作用。

常见的青饲料有白菜、甘蓝、野菜(如苦荬菜、鹅食菜、蒲公英等)、苜蓿草、洋槐叶、胡萝卜、牧草等。芹菜是一种良好的喂鸡饲料，每周喂芹菜3次，每次50克左右。用南瓜作辅料喂母鸡，产蛋量可显著增加，且蛋大、孵化率高。

四、粗饲料

各类叶粉含有一定量的蛋白质和较高的维生素，尤其是胡萝卜素含量很高，对鸡的生长有明显的促进作用，并能增强鸡的抗病力，提高饲料的利用率。据报道，叶粉可直接饲喂或添加到混合饲料中喂鸡，能提高蛋黄的色泽，产蛋率可提高13.8%；并能提高雏鸡的成活率，每只鸡在整个生长期内节省饲料 1.25 千克。饲喂时应周期性地饲用，连续饲喂 15～20 天，然后间断 7～10 天。

1. 榆树叶粉

榆树叶粉中粗蛋白质含量达 15%以上，还含有丰富的胡萝卜素和维生素 E。春、夏季节采集榆树叶，于阴凉通风处晾晒干之后磨成粉状，即可饲用。

2. 紫穗槐叶粉

紫穗槐叶含粗蛋白质约 20%～25%，还含有丰富的胡萝卜素和维生素。一般在 6～9 月份采集紫穗槐叶，晾晒干后粉碎备用。

3. 洋槐叶粉

洋槐叶含粗蛋白质 20%以上，并含有多种维生素，是鸡良好的蛋白质和维生素饲料。春、夏季节采集洋槐叶，于阴凉通风处晾晒干，磨成粉状即可饲用。但洋槐叶味较苦，如添加量过大，反而会影响鸡的采食量。

4. 桑叶粉

桑叶粉中蛋白质含量达 20%以上，可作为鸡的蛋白质补充饲料。将夏季养完春蚕后的多余桑叶或养完秋蚕后的桑叶，采集后自然干燥，加工成粉状，即可饲用。

5. 松针叶粉

松针叶粉含有多种维生素、胡萝卜素、生长激素、粗蛋白质、粗脂肪和植物抗生素，是理想的鸡饲料添加剂。采集幼嫩松针枝叶，摊在竹帘或苇帘上，厚度 5 厘米，在阴凉处自然干燥后加工成粉状。加工好的叶粉须用有色塑料袋包装，阴凉保存。松针粉中含有松脂气味和挥发性物质，在鸡饲料中的添加量不宜过高。在产三黄鸡和种鸡饲粮中用量可占 1%～3%，在育成鸡饲粮中用量可占 2%～4%。在雏鸡日粮中添加 2%松针叶粉，可提高抗病力和成活率；在三黄鸡日粮中添加 5%，可明显提高产蛋量，还可以节约饲料。

6. 苜蓿草粉

含粗蛋白质 15%～20%，用量可占 2%～5%。

五、矿物质饲料

矿物质是指饲料的干物质燃烧后所剩余的灰分，它们都是无机物质。矿物质占鸡体体重的比例仅为 4%左右，却在三黄鸡生长和生产中发挥重要作用。饲料中钙磷含量不足，就会使骨骼发育不良，出现佝偻，种鸡产薄蛋壳或软壳蛋等。矿物质的某些元素如锰、锌、铜等是酶、激素、维生素的组成部分。在三黄鸡放养条件下，它会自己从土壤中采食到其生长发育所需的矿物质，一般不会缺乏。但现在饲养三黄鸡，常采用笼养、栏养等方式，鸡只无法自己觅食，饲料中的矿物质量又不足，所以配合饲料要添加矿物质补充物。

1. 食盐

氯和钠的作用主要维持体液和组织细胞的渗透压，调节机体含水量。另外，钠与钾的相互作用参与神经组织冲动的传递过程。如果鸡日粮中缺乏氯化钠，会引起食欲下降，消化障碍，雏鸡生长发育迟缓，出现啄癖，种鸡产蛋下降，蛋重减轻。生产中，主要提供食盐来满足三黄鸡对氯和钠的需要。鸡的日粮中食盐的含量通常为 0.35%～0.5%，但食盐过量会引起食盐中毒。

2. 骨粉

骨粉是动物骨骼经过高温、高压、脱脂、脱胶粉碎而制成的。

它不仅钙、磷含量丰富(含钙 36%,磷 16%),而且比例适当,是鸡很好的钙、磷补充饲料。但由于骨粉价格较高,生产中添加骨粉主要是由于饲料中含磷量不足,在饲粮中用量可占 1%～3%。

自制骨粉可将带残肉的动物骨头(羊骨除外)用高压锅高压焖煮 1～1.5 小时,使生硬的骨头变脆变软,晒干后用锤敲碎或磨成粉即可喂鸡。

3. 贝壳粉

贝壳粉是由湖、海产螺蚌等外壳加工粉碎而成,含钙量在30%以上,且容易被消化道消化吸收,是鸡最好钙质矿物质饲料。贝壳粉在饲粮中用量:雏鸡和育成鸡占 1%～2%,产蛋鸡占 4%～8%。贝壳作为矿物质饲料既可加工成粒状,也可制成粉状。粒状贝壳粉既能补充钙,又能起到“牙齿”的作用,有利于饲料的消化,落地散养时可单独放在饲槽里让鸡自由采食;粉状贝壳粉容易消化吸收,通常拌在饲料中喂给。

4. 蛋壳粉

蛋壳粉是由食品厂、孵化厂废弃的蛋壳,经清洗消毒、烘干、粉碎制成,也是较好的钙质饲料,与贝壳粉、石粉配合使用效果较好。

5. 木炭粉

能吸收鸡肠道中的一些有害物质。一般鸡腹泻时在日粮中添加 2%的量饲喂,恢复正常后停喂。

6. 磷酸氢钙

白色无味无臭单斜结晶或粉末,微溶于水,溶于稀盐酸。含钙、磷的比例是 3∶2,接近肉仔鸡需要的平衡比例,用在配合饲料中可同时起到补磷又补钙的作用。

六、饲料添加剂

饲料添加剂的作用主要是完善饲料营养价值,提高饲料利用率,促进三黄鸡的生长和疾病防治,减少饲料在贮存期间的营养物质的损失,提高适口性,增加食欲,改进产品质量等,目前饲料添加剂的品种比较多,按使用性质可分为营养性和非营养性两类。

1. 营养性添加剂

营养性饲料添加剂是指动物营养上必需的那些具有生物活性的微量添加成分,主要用于平衡或强化日粮营养,包括有氨基酸添加剂、维生素添加剂和微量元素添加剂等。使用时应根据使用对象及具体情况,按产品说明书添加。

2. 非营养性添加剂

这类添加剂虽不含有鸡所需要的营养物质,但添加后对促进鸡的生长发育、提高产蛋率、增强抗病能力及饲料贮藏等大有益处。其种类包括抗生素添加剂、驱虫保健添加剂、抗氧化剂、防霉剂、中草药添加剂及激素、酶类制剂等。

(1)抗生素添加剂:抗生素具有抑菌作用,一些抗生素作为添加剂加入饲粮后,可抑制鸡肠道内有害菌的活动,具有抗多种呼吸、消化系统疾病、提高饲料利用率、促进增重和产蛋的作用,尤其在鸡处于逆境时效果更为明显。常用的抗生素添加剂有青霉素、土霉素、金霉素、新霉素、泰乐霉素等,其添加量和作用见表3-1。

在使用抗生素添加剂时,要注意几种抗生素交替作用,以免鸡肠道内有害微生物产生抗药性,降低防治效果。为避免抗药性和产品残留量过高,应间隔使用,并严格控制添加量,少用或慎用人畜共用的抗生素。

表 3-1　鸡饲粮抗生素添加剂用量及其作用

种类	用量(克/吨)	作　用
青霉素	25～100	促进生长,提高饲料利用率
土霉素	5～200	促进生长,提高产蛋率和饲料利用率,防治慢性呼吸道病、传染性肝炎、霍乱、球虫病、鸡白痢等
金霉素	10～500	促进生长,提高饲料利用率
新霉素	70～140	促进生长,提高饲料利用率,防治细菌性肠炎
红霉素	4.5～18.5	促进生长,提高产蛋率和饲料利用率
制菌霉素	50～100	防治霉菌性腹泻
林可霉素	2～4	促进生长,提高饲料利用率
泰乐霉素	4～1000	促进生长,提高饲料利用率,防治慢性呼吸道病
杆菌肽锌	40～500	促进生长,提高产蛋率和饲料利用率,防治慢性呼吸道病、鼻窦炎、非特异性肺炎

(2)驱虫保健添加剂:在鸡的寄生虫病中,球虫病发病率高,危害大,要特别注意预防。常用的抗球虫药有呋喃唑酮、氨丙啉、盐霉素、莫能霉素、氯苯胍等,使用时也应交替使用,以免产生抗药性。各种抗球虫的使用剂量及方法见表 3-2。

表 3-2　抗球虫药的预防使用剂量及方法

药物	使用剂量及方法
呋喃唑酮(痢特灵)	按 0.012%混料或 0.005%混水预防
磺胺二甲氧嘧啶	混水浓度为 125 毫克/千克预防
盐霉素	从 10 日龄开始,用 60～100 毫克/千克混料,连续用至 8～10 周龄,然后减半用量,再用 2 周预防
莫能菌素	用量、用法与盐霉素相同预防
土霉素	按 0.1%混料,连用 10～15 天预防

续表

药物	使用剂量及方法
氯苯胍	按33毫克/千克浓度混料预防
球痢灵	按0.125%混料用于治疗时，按0.025%混料，连用3～5天预防
克球粉	按0.025%混料，从2周龄连续用至8～10周龄，然后减量渐停预防
溴氯常山酮	按0.05%混料预防

(3)抗氧化剂：在饲料贮藏过程中，加入抗氧化剂可以减少维生素、脂肪等营养物质的氧化损失，如每吨饲料中添加200克山道喹，贮藏1年，胡萝卜素损失30%，而未添加抗氧化剂的损失70%；在富含脂肪的鱼粉中添加抗氧化剂，可维持原来粗蛋白质的消化率，各种氨基酸消化吸收及利用效率不受影响。常用的抗氧化剂有山道喹、丁基化羟基甲苯、丁基化羟基氧苯等，一般添加量为100～150毫克/千克。

3. 中草药添加剂

中草药添加剂是取自自然界中的药用植物、矿物及其他副产品，具有多种营养成分和生物活性，兼有营养物质和药物的双重作用，既可防治疾病，又能够提高生产性能，不但能直接抑菌、杀菌，而且能调节机体的免疫功能，具有非特异性的免疫抗菌作用。有些中草药是畜禽的天然饲料，适口性好，可起增加食欲、补充营养物质及促进生长等作用，从而提高饲料利用率。

(1)艾叶：艾叶含有丰富的蛋白质、多种维生素、氨基酸和抗生素物质。一般鸡饲粮中可添加2%～5%的艾叶粉。

(2)苍术粉：在鸡饲粮中添加2%～5%苍术粉可以防治鸡传染性支气管炎、鸡痘、传染性鼻炎等疾病。

(3)黄芪:黄芪富含糖类、胆碱和多种氨基酸,还含有微量元素硒。能助阳气壮筋骨,长肉补血,抑菌消炎,对痢疾杆菌、炭疽杆菌、白喉杆菌等和葡萄球菌、链球菌、肺炎双球菌均有抗菌能力。雏鸡日粮中可添加 0.2 克黄芪粉。

(4)大蒜:大蒜含有大蒜素,既有抗菌作用,又有驱虫功效。一般加入 0.2%～1%大蒜粉于鸡饲粮中。

(5)青蒿:青蒿富含维生素 A、青蒿素、苦味素等,可抗原虫和真菌。在鸡饲粮中添加 5%青蒿粉,可有效防治球虫病,提高雏鸡成活率。

(6)松针粉:含多种氨基酸和丰富的维生素 A、维生素 B、维生素 C、维生素 D、维生素 E,尤其以维生素 C、B 族维生素及胡萝卜素含量最高,还含有多种微量元素和植物杀菌素。一般鸡饲粮中可添加 5%的松叶粉。

(7)刺五加:在每千克鸡饲料中添加 0.15 克五加皮粉,产蛋率可提高 5%,并能防治鸡产蛋疲劳症和病毒性关节炎等疾病。

(8)桉叶:在鸡饲料中加入 2%～3%桉叶粉,可预防鸡喉支气管炎、硬嗉囊、嗉囊下垂等疾病,还可增强鸡体抵抗力。

(9)陈皮:在鸡饲粮中加入 3%～5%陈皮粉,可增进鸡的食欲,促进生长和提高抗病力。

(10)甘草:在鸡饲料中添加 3%的甘草粉,对防治咽炎、支气管炎、山鸡白痢、佝偻病等有良好效果。

(11)蒲公英:在鸡饲料中添加 2%～3%的蒲公英干粉能健胃,增加食欲,促进鸡生长,产蛋率也可提高 12%。

4. 使用饲料添加剂的注意事项

(1)正确选择:目前饲料添加剂的种类很多,每种添加剂都有各自的用途和特点。因此,目前应充分了解它们的性能,然后结合饲养目的、饲养条件、鸡的品种及健康状况等,选择使用。

(2)用量适当:用量少,达不到目的;用量多既增加饲养成本,还会引起中毒。用量多少应严格遵照生产厂家在包装上的使用说明。

(3)搅拌均匀程度与效果直接相关:饲粮中混合添加剂时,要必须搅拌均匀,否则即使是按规定的量饲用,也往往起不到作用,甚至会出现中毒现象。若采用手工拌料,可采用三层次分级拌和法。具体做法是先确定用量,将所需添加剂加入少量的饲料中,拌和均匀,即为第一层次预混料;然后再把第一层次预混料掺到一定量(饲料总量的 1/5～1/3)饲料上,再充分搅拌均匀,即为第二层次预混料;最后再把二层次预混料掺到剩余的饲料上,拌均即可。这种方法称为饲料三层次分级拌合法。由于添加剂的用量很少,只有多层次分级搅拌才能混均。

(4)混于干粉料中:饲料添加剂只能混于干饲料(粉料)中,短时间贮存待用才能发挥它的作用。不能混于加水的饲料和发酵的饲料中,更不能与饲料一起加工或煮沸使用。

(5)贮存时间不宜过长:大部分添加剂不宜久放,特别是营养添加剂、特效添加剂,久放后容易受潮发霉变质或氧化还原而失去作用,如维生素添加剂、抗生素添加剂等。

第三节　饲料的加工调制

饲养三黄鸡饲料有粉料、颗粒料和碎粒料三种。粉料,是喂幼雏的常见饲料,而颗粒料则需经过机械加工、采用饲料颗粒机的挤压成不同规格的粒料。把粒再磨碎,则成碎粒料。三黄鸡在 1～3 周内多采用粉料、碎粒料。到 4 周龄以后以颗粒料为主。喂颗粒料的优点是方便小鸡采食,吃料较快,节省采食时间,由于颗粒碎加工工艺采用高温蒸汽的处理，对饲料起到灭菌、灭虫卵和提高饲料消化吸收的作用；还减少鸡舍内粉尘飞扬影响环境卫生；增加饲养密度等等。但经过加工的饲料，会增加饲料成本。

1. 能量饲料的加工

能量饲料的营养价值和消化率一般都比较高，但是能量饲料籽实的种皮、壳、内部淀粉粒的结构等，都能影响其消化吸收，所以能量饲料也需经过一定的加工，以便充分发挥其营养物质的作用。常用的方法是粉碎，但粉碎不能太细，一般加工成直径 2～3 毫米的小颗粒为宜。

能量饲料粉碎后，与外界接触面积增大，容易吸潮和氧化，尤其是含脂肪较多的饲料，容易变质发苦，不宜长久保存。因此，能量饲料一次粉碎数量不宜太多。

2. 蛋白质饲料的加工

这类副产品能量低，包括棉籽壳、菜籽饼、豆饼、花生饼粕、花生饼、亚麻仁等。这类副产品由于粗纤维含量高，作为鸡饲料营养价值低，适口性差，需要进行处理。

(1)棉籽饼去毒法，主要可通过以下几种方法去毒。

①硫酸亚铁石灰水混合液去毒：100 千克清水中放入新鲜生石灰 2 千克，充分搅匀，去除石灰残渣，在石灰浸出液中加入硫酸亚铁(绿矾)200 克，然后投入经粉碎的棉籽饼 100 千克，浸泡 3～4 小时。

②硫酸亚铁去毒：可在粉碎的棉籽饼中直接混入硫酸亚铁干粉，也可配成硫酸亚铁水溶液浸泡棉籽饼。取 100 千克棉籽饼粉碎，用 300 千克 1%的硫酸亚铁水溶液浸泡，约 24 小时后，水分完全浸入棉籽饼中，便可用于喂鸡。

③尿素或碳酸氢铵去毒：以 1%尿素水溶液或 2%的碳酸氢铵水溶液与棉籽饼混拌后堆沤。一般是将粉碎过的 100 千克棉籽饼

与 100 千克尿素溶液或碳酸氢铵溶液放在大缸内充分拌匀，然后倒在地上摊成 20～30 厘米厚的堆，地面先铺好薄膜，堆周用塑料膜严密覆盖。堆放 24 小时后，扒堆摊晒，晒干即可。

④加热去毒：将粉碎过的棉籽饼放入锅内加水煮沸 2～3 小时，可部分去毒。此法去毒不彻底，故在畜禽日粮中混入量不宜太多，以占日粮的 5%～8%为佳。

⑤碱法去毒：将 2.5%的氢氧化钠水溶液，与粉碎的棉籽饼按 1∶1 重量混合，加热至 70～75℃，搅拌 30 分钟，再按湿料重的 15%加入浓度为 30%的盐酸，继续控温在 75～80℃，30 分钟后取出干燥。此法去毒彻底，一般不含棉酚。

⑥小苏打去毒：以 2%的小苏打水溶液在缸内浸泡粉碎后的棉籽饼 24 小时，取出后用清水冲洗 2 次，即可达到无毒目的。

(2)菜籽饼去毒法：主要有土埋法、硫酸亚铁法、硫酸钠法、浸泡煮沸法。

①土埋法：挖 1 立方米容积的坑(地势要求干燥、向阳)，铺上草席，把粉碎的菜籽饼加水(饼水比为 1∶1)浸泡后装入坑内，2 个月后即可饲用。

②硫酸亚铁法：按粉碎饼重的 1%称取硫酸亚铁，加水拌入菜籽饼中，然后在 100℃下蒸 30 分钟，再放至鼓风干燥箱内烘干或晒干后饲用。

③硫酸钠法：将菜籽饼掰成小块，放入 0.5%的硫酸钠水溶液中煮沸 2 小时左右，并不时翻动，熄火后添加清水冷却，滤去处理液，再用清水冲洗几遍即可。

④浸泡煮沸法：将菜籽饼粉碎，把粉碎后的菜籽饼放入温水中浸泡 10～14 小时，倒掉浸泡液，添水煮沸 1～2 小时即可。

(3)豆饼(粕)去毒法：一般采用加热法。将豆饼(粕)在温度 110℃下热处理 3 分钟即可。

(4)花生饼(粕)去毒法：一般采用加热法。在 120℃左右，热处理 3 分钟即可。

(5)亚麻仁饼去毒法:一般采用加热法。将亚麻仁饼用凉水浸泡后高温蒸煮 1～2 小时即可。

(6)鱼粉的加工:鱼粉加工有干法、湿法、土法 3 种。

干法生产是原料经过蒸干、压榨、粉碎、成品包装去毒的过程。湿法生产是原料经过蒸煮、压榨、干燥、粉碎包装去毒的过程。干、湿法生产的鱼粉质量好,适用于大规模生产,但投资费用大。

土法生产有晒干法、烘干法、水煮法 3 种。晒干法是原料经盐渍、晒干、磨粉去毒的方法。生产的是咸鱼粉,未经高温消毒,不卫生。含盐量一般在 25%左右。烘干法是原料经烘干、磨碎而去毒的方法。原料里可不加盐,成品鱼粉含盐量较低,质量比前一种略好。水煮法是原料经水煮、晒干或烘干、磨粉过程去毒的方法。此法因原料经过高温消毒,质量较好。

3. 青绿饲料的加工

(1)切碎法:切碎法是青绿饲料最简单的加工方法,常用于养鸡少的农户。青绿饲料切碎后,有利于鸡吞咽和消化。

(2)干燥法:干燥的牧草及树叶经粉碎加工后,可供作配合鸡饲粮的原料,以补充饲粮中的粗纤维、维生素等营养。

青绿饲料收割期为禾本科由抽穗至开花,豆科从初花至盛花,树叶类在秋季,其干燥方法可分为自然干燥和人工干燥。

自然干燥是将收割后的牧草在原地暴晒 5～7 小时,当水分含量降至 30%～40%时,再移至避光处风干,待水分降至 16%～17%时,就可以上垛或打包贮存备用。堆放时,在堆垛中间要留有通气孔。我国北方地区,干草含水量可在 17%限度内贮存,南方地区应不超过 14%。树叶类青绿饲料的自然干燥,应放在通风好的地方阴干,要经常翻动,防止发热和日晒,以免影响产品质量。待含水量降到 12%以下时,即可进行粉碎。粉碎后最好用尼龙袋或塑料袋密封包装贮藏。

人工干燥的方法有高温干燥法和低温干燥法两种。高温干燥法在 800～1100℃下经过 3～5 秒钟，使青绿饲料的含水量由 60%～85%降至 10%～12%；低温干燥法以 45～50℃处理，经数小时使青绿饲料干燥。

青绿饲料的人工干燥，可以保证青绿饲料随时收割、随时干燥、随时加工成草粉，可减少霉烂，制成优质的干草或干草粉，能保存青绿饲料养分的 90%～95%。而自然干燥只能保持青绿饲料养分的 40%，且胡萝卜素损失殆尽。但人工干燥工艺要求高，技术性强，且需一定的机械设备及费用等。

第四节 配合饲料

鸡的身体组成需要各种各样的营养素，所以，单纯一二种饲料喂鸡是不可能满足其生理需要，所以要讲科学养鸡，就是根据三黄鸡生活、生长过程，对营养物质的需求来选择若干饲料，换句话说就是根据饲养标准配制出来具有不同营养素比例的饲料，这种饲料各营养成分与比例都适宜三黄鸡生理需要的，叫配合饲料。

一、日粮的配合原则

日粮就是每只鸡每天采食的饲料种类和数量。日粮中必须包含三黄鸡维持自身生命和满足生长、满足繁殖的能量、粗蛋白质、维生素和各种矿物质的营养需要量。一般来说，三黄鸡的日粮是根据该品种在不同年龄、不同生理状态的营养需要（或饲养标准），考虑多方面的因素后配制的。合理地配制日粮，既可达到满足三黄鸡对各种营养素的需要，保证正常生长、发育、生产的目的，又可节省饲料及生产成本。饲料成本通常占饲养三黄鸡总成本的60%～70%，在保证日粮营养满足的前提下，降低日粮的成本费用对生产经营具有重大的经济意义，所以日粮配合是饲养三黄鸡中一个生产技术关键。

配合三黄鸡的日粮一般应遵循如下原则。

1. 要注意饲料种类

配合日粮要参考饲养标准和根据实践经验总结，使日粮达到相应的蛋白质、代谢能含量和蛋白与能量的比例，以及各种必需氨基酸和矿物质元素的含量，但任何一种饲料都不能完全符合饲养标准。能量饲料含代谢能高，含蛋白质低，蛋白质饲料含蛋白质高，糠麸类饲料含维生素丰富。因此，需要选用多种饲料，才能各取所长，使各种氨基酸更趋平衡，提高蛋白质生物学价值，保证各种营养素的完善，提高各种饲料的利用率。配合三黄鸡日粮时各类饲料的比例大致是谷物饲料占45%～70%，糠麸类占5%，植物性蛋白饲料占15%～25%，动物性蛋白质饲料占3%～7%，矿物质饲料占3%左右，干草粉占2%～5%，微量元素和维生素等添加剂占1%。

2. 考虑饲料的来源

配合日粮要考虑饲料的来源，因地制宜，易于采购、运输和加工，保证满足生产的需要。

3. 注意饲料品质和适口性

变质的饲料对三黄鸡的危害性很大，鸡对毒素等有害物质的易感性大，耐受力低。另一方面，如果饲料质量差，配合日粮时又没有进行化验分析，配成的日粮就很可能达不到营养要求。配制粉料日粮的适口性对采食量影响较大。如黄面粉黏性大，适口性就比较差。

4. 日粮的配合要相对稳定

日粮的营养成分对三黄鸡的生长发育有着直接的关系，经常变换饲料种类和配方，日粮中各种营养成分的含量和比例也会随之改变，影响三黄鸡的采食量和生长速度，所以要改变日粮时，就应逐步过渡，使鸡只逐步适应，特别是从高蛋白日粮向低蛋白日粮转变时更应注意。

5. 日粮的配合要有利于降低饲料成本

在保持不降低日粮的营养水平的条件下，尽可能选择价格便宜的饲料，筛选最优和最廉价的配方，降低日粮成本，每千克饲料降低几分钱，对一定规模的鸡场来说，其经济利益是不小的。因为饲料成本占总成本的60%～70%，且耗用数量大。

二、饲料的配制方法

喂鸡饲料可以从以下三个方面来解决。

1. 购买饲料

可以从信誉较好的厂家购买所需的小雏鸡料、中鸡（青年鸡）料和育肥鸡料。

2. 自混饲料

从饲料公司门市部购买浓缩饲料，也叫料精。其余原料用自家的玉米粉、豆饼粉、麦麸皮等，料精的添加比例按说明书添加，经过5～6次混合搅拌，即成全价配合饲料，料精包装都注明使用对象、用量、生产日期等。

3. 自家来配制饲料

按鸡饲养标准和营养专家提供的各种饲料配方来进行，自配饲料时可参考以下配方。

(1)育雏期鸡饲料参考配方

配方1:玉米粉62%,麸皮10%,豆饼17%,国产鱼粉9%,骨粉2%。

配方2:玉米粉55.5%,麸皮12%,米糠饼5%,豆饼20.7%,槐叶粉2%,骨粉1.5%,石粉1%,添加剂2%,食盐0.3%。

配方3:玉米粉43.2%,小麦20%,麸皮7%,大豆饼20%,鱼粉7%,贝壳粉1%,骨粉1%,食盐0.3%,维生素、微量元素添加剂0.5%。

配方4:玉米粉64.3%,麸皮6%,豆饼22.4%,胡麻籽饼3%,鱼粉3%,骨粉1.1%,食盐0.2%。

配方5:玉米粉61%,麸皮5.4%,豆饼24%,槐叶粉2%,血粉4%,骨粉2.5%,沙粒0.5%,其他添加剂0.2%,食盐0.4%。

(2)育成期鸡饲料参考配方

配方1:玉米粉31%,碎米30%,豆饼25%,鱼粉10%,骨粉1.5%,贝壳粉0.5%,油脂1.8%,食盐0.2%。

配方2:玉米粉60%,小麦10%,麸皮6%,豆饼14%,鱼粉2%,蚕蛹粉4.5%,石灰石粉3.48%,维力康、土霉素碱粉0.02%。

配方3:玉米粉20%,碎米15%,大麦22%,统糠10.5%,豆饼5%,棉籽粕2.5%,菜籽粕8%,鱼粉15%,贝壳粉1.2%,其他添加剂0.5%,食盐0.3%。

配方4:玉米粉67%,棉籽粕16%,菜籽粕5%,鱼粉10%,碳酸钙1%,磷酸氢钙0.7%,食盐0.3%。

配方5:玉米粉63.5%,豆饼16%,葵花饼2%,进口鱼粉6%,酶解蛋白粉5.5%,小麦麸2%,稻糠1.5%,羽毛粉1%,骨粉1.5%,食盐0.3%,复合添加剂0.7%。

(3)育肥期鸡饲料参考配方

配方 1:玉米粉 56.5%,麸皮 4%,豆饼 18%,菜籽饼 4%,棉籽饼 4%,鱼粉 12%,骨粉 0.5%,贝壳粉 1%。

配方 2:玉米粉 55.5%,麸皮 10%,豆饼 27%,鱼粉 5%,贝壳粉 0.5%,骨粉 1.5%,食盐 0.5%。

配方 3:玉米粉 59.5%,麸皮 7%,豆饼 14%,菜籽饼 4%,棉籽饼 4%,鱼粉 10%,骨粉 0.5%,贝壳粉 1%。

配方 4:玉米粉 54.5%,杂粮 10%,鱼粉 2%,贝壳粉 0.5%,骨粉 1.5%,食盐 0.5%。

(4)种鸡饲料参考配方

①育成期种鸡饲料配方

配方 1:玉米粉 55.4%,麸皮 16%,米糠 7%,豆饼 15%,鱼粉 3%,血粉 1%,骨粉 1%,贝粉 1%,无机盐添加剂 0.2%,食盐 0.4%。

配方 2:玉米粉 70%,麸皮 5.8%,花生饼 14%,苜蓿草粉 2%,鱼粉 6%,骨粉 1%,石粉 1%,食盐 0.2%。

配方 3:玉米粉 69.5%,麸皮 6.25%,豆饼 5%,棉籽饼 5%,花生饼 5%,苜蓿草粉 6.5%,骨粉 0.5%,磷酸氢钙 1.9%,食盐 0.35%。

配方 4:玉米粉 55.1%,麸皮 21.0%,豆饼 19.0%,血粉 0.8%,骨粉 2.5%,虾粉 1.0%,无机盐添加剂 0.2%,食盐 0.4%。

配方 5:玉米粉 66%,豆饼 18.3%,葵花仁饼 10.9%,鱼粉 3%,骨粉 1.5%,食盐 0.3%。

②产蛋期种鸡饲料参考配方

配方 1:玉米粉 64.8%,高粱 1%,豆饼 18.5%,槐叶粉 0.5%,鱼粉 4%,骨粉 1.5%,石粉 7.3%,蛋氨酸 0.1%,其他添加剂 2%,食盐 0.3%。

配方 2:玉米粉 52%,麸皮 20%,豆饼 15%,葵花籽饼 5%,鱼粉 2%,贝壳粉 5.7%,食盐 0.3%。

配方 3：玉米粉 60％，麸皮 15％，豆饼 14％，鱼粉 5％，贝壳粉 6％。

配方 4：玉米粉 52％，麸皮 20％，豆饼 15％，葵花籽饼 5％，鱼粉 2％，贝壳粉 5.7％，食盐 0.3％。

配方 5：玉米粉 50％，麸皮 21％，豆饼 15％，鱼粉 8％，贝壳粉 6％。

配方 6：玉米粉 62.7％，豆饼 20％，花生饼 5％，鱼粉 3％，骨粉 1.6％，石粉 7.4％，食盐 0.3％。

配方 7：玉米粉 60.1％，麸皮 10％，豆饼 10％，叶粉 2％，鱼粉 10％，贝壳粉 7.2％，磷酸氢钙 0.4％，食盐 0.3％。

配方 8：玉米粉 51.7％，高粱 5％，大麦 9％，豆饼 15％，槐叶粉 5％，鱼粉 5.5％，骨粉 2％，蛎粉 6.5％，食盐 0.3％。

配方 9：玉米粉 59.9％，麸皮 11.2％，豆饼 15％，蚕蛹 3％，血粉 2％，虾糠 1.5％，骨粉 1.5％，贝壳粉 5.5％，其他添加剂 0.2％，食盐 0.2％。

配方 10：玉米粉 58％，麸皮 7.5％，豆饼 7％，棉籽饼 5％，花生饼 5％，小麻饼 4％，肉骨粉 4.5％，石粉 7.5％，添加剂 1.5％。

第五节　饲料的贮藏

1. 玉米贮藏

玉米主要是散装贮藏，一般立筒仓都是散装。立筒仓虽然贮藏时间不长，但因玉米厚度高达几十米，水分应控制在 14％以下，以防发热。不是立即使用的玉米，可以入低温库贮藏或通风贮藏。若是玉米粉，因其空隙小，透气性差，导热性不良，不易贮藏。如水分含量稍高，则易结块、发霉、变苦。因此，刚粉碎的玉米应立即通风降温，装袋码垛不宜过高，最好码成井字垛，便于散热，及时检查，及时翻垛，一般应采用玉米籽实贮藏，需配料时再粉碎。

其他籽实类饲料贮藏与玉米相仿。

2. 饼粕贮藏

饼粕类由于本身缺乏细胞膜的保护作用，营养物质外露，很容易感染虫、菌。因此，保管时要特别注意防虫、防潮和防霉。入库前可使用磷化铝熏蒸，用敌百虫、林丹粉灭虫消毒。仓底铺垫也要彻底做好，最好用砻糠作垫底材料。垫糠要干燥压实，厚度不少于20 厘米，同时要严格控制水分，最好控制在 5%左右。

3. 麦麸贮藏

麦麸破碎疏松，孔隙度较面粉大，吸潮性强，含脂量多（多达5%），因而很容易酸败、霉变和生虫，特别是夏季高温潮湿季节更易霉变。贮藏麦麸在 4 个月以上，酸败就会加快。新磨出的麦麸应把温度降至 10～15℃再入库贮藏，在贮藏期要勤检查，防止结露、吸潮、生霉和生虫。一般贮藏期不宜超过 3 个月。

4. 米糠贮藏

米糠脂肪含量高，导热不良，吸湿性强，极易发热酸败，贮藏时应避免踩压，入库时米糠要勤检查、勤翻、勤倒，注意通风降温。米糠贮藏稳定性比麦麸还差，不宜长期贮藏，要及时推陈贮新，避免损失。

5. 叶粉的贮存

叶粉要用塑料袋或麻袋包装，防止阳光中紫外线对叶绿素和维生素的破坏。另外，贮存场所应保持清洁、干燥、通风，以防吸湿结块。在良好的贮存条件下，针叶粉可保存 2～6 个月。

6. 配合饲料的贮藏

配合饲料的种类很多，包括全价饲料、预混饲料、浓缩饲料等。这些饲料因内容物不一致，贮藏特性也各不相同；因料型不同，贮藏性也有差异。

全价颗粒饲料，因经蒸汽加压处理，能杀死绝大部分微生物和害虫，而且孔隙度大，含水量较少，淀粉膨化后把维生素包裹，因而贮藏性能极好，短期内只要防潮，贮藏不易霉变，也不易因受光的影响而使维生素破坏。

全价粉状配合料大部分是由谷类籽实粉组成，表面积大，孔隙度小，导热性差，容易吸潮发霉。其中维生素因高温、光照等因素而造成损失。因此，全价粉状配合料一般不宜久放，贮藏时间最好不要超过 2 周。

浓缩饲料，蛋白质含量丰富，含各种维生素及微量元素。这种粉状饲料导热性差，易吸潮，有利于微生物和害虫繁殖，也易导致维生素变热、氧化而失效。因此，浓缩饲料宜加入适量抗氧化剂，且不宜长时期贮藏，要不断推陈贮新。

添加剂预混料主要是由维生素和微量元素组成，有的添加了一些氨基酸、药物或一些载体。这类物质容易受光、热、水、气影响，要注意存放在低温、遮光、干燥的地方，最好加入一些抗氧化剂，贮藏期也不宜过久。维生素添加剂也要用小袋遮光密闭包装，在使用时，以维生素作添加剂再与微量元素混合，效价影响不会太大。

第四章　三黄鸡的繁育技术

在养殖生产中繁殖是最关键的环节之一，繁殖是一个后代产生，使种族延续的过程。繁殖的成功，对保护物种的遗传多样性有重要意义，同时也意味着种群数量的增长，繁殖数量越多，经济效益会越大。如果不能正常繁殖，种群的数量不增或增加很少，会导致经济效益低或亏损。因此，饲养者应充分重视三黄鸡繁殖这一环节。

第一节　引　种

优良的品种是饲养优质肉鸡的基础，应根据当地的饲养习惯及市场消费需求，选择当地优良名鸡。养殖时要从专业养殖场购买雏鸡和种蛋，在购买过程中要和孵化场或种鸡场签订雏鸡订购合同，保证雏鸡的数量和质量，同时确定大致接雏日期。在接雏前1周内要确定具体的接雏日期，以便育雏舍提前预热和其他准备工作的进行。

一、雏鸡的引进

（一）选购雏鸡

雏鸡选得好与差，和养鸡生产是否进行顺利关系很大，在饲养管理条件和技术水平同等优越的情况下，质量好的鸡苗，4周龄死亡率在5%以下，质量差的鸡苗，4周龄死亡率达10%以上。故在购买鸡苗时，如何选择健壮的雏鸡，直接关系到三黄鸡生产的经济效益。

由于种用三黄鸡的健康、营养和遗传等先天因素的影响，以及孵化、长途运输与出壳时间过长等后天因素的影响，初生雏中常出现有弱雏、畸形雏和残雏等，对此需要淘汰。因此，选择健康雏鸡是育雏成功的首要工作。

雏鸡选择应从以下几个方面进行。

1. 外观

具有“三黄”特征，即黄羽、黄喙、黄脚。头大，脖短，腿粗。

2. 选健雏

健雏表现活泼好动，无畸形和伤残，反应灵敏，叫声响亮，眼睛圆睁。而伏地不动，没有反应，腹部过大过小，脐部有血痂或有血线者则为弱雏。

3. 绒毛

健雏绒毛丰满，有光泽，干净无污染。绒毛有黏着的则为弱雏。

4. 手握感觉

健雏手握时，绒毛松软饱满，有挣扎力，触摸腹部大小适中、柔软有弹性。

5. 卵黄吸收和脐部愈合情况

健雏卵黄吸收良好，腹部不大、柔软，脐部愈合良好、干燥，上有绒毛覆盖。而弱雏表现脐孔大，有脐疔，卵黄囊外露，无绒毛覆盖。

6. 体重

初生雏平均体重在35克以上，同一品种大小均匀一致。

(二)雌雄鉴别

因为三黄鸡生产的需要，对初生雏鸡进行雌雄鉴别有非常重要的经济意义。首先可以节省饲料，其次可以节省鸡舍、设备、劳动力和各种饲养费用，同时可以提高母雏的成活率、均匀度。初生雏鸡雌雄鉴别的方法主要有肛门鉴别法、器械鉴别法、伴性遗传鉴别法、动作鉴别法等。

1. 肛门鉴别法

肛门鉴别法是利用翻开雏鸡肛门观察雏鸡生殖隆起的形态来鉴别雌雄的方法，这种方法的准确率可达到96%～100%，使用相当广泛。雏鸡出壳后12小时左右是鉴别的最佳时间，因为这时公母雏生殖突起形态相差最为显著，雏鸡腹部充实，容易开张肛门，此时雏鸡也最容易抓握；过晚实行翻肛鉴别，生殖突起常起变化，区别有一定难度，并且肛门也不易张开。鉴别时间最迟不要超过出壳后24小时。

运用肛门鉴别法进行鉴别雏鸡雌雄的操作手法是由抓握雏鸡、排粪翻肛、鉴别放雏三个步骤组成。

(1)抓雏、握雏：雏鸡抓握的手法有两种，即夹握法和团握法。

①夹握法：将雏鸡抓起，然后使雏鸡头部向左侧迅速移至左手；雏鸡背部贴掌心，肛门向上，使雏鸡颈部夹在中指与无名指之间，双翅夹在食指与中指之间，无名指与小拇指弯曲，将鸡两爪夹在掌面。

②团握法：左手朝鸡雏运动方向，掌心贴着雏鸡背部将其抓起，使雏鸡肛门朝上团握在手中。

(2)排粪、翻肛：在鉴别雏鸡之前，必须将粪便排出。用左手大拇指轻压雏鸡腹部左侧髋骨下缘，使粪便排进粪缸内。粪便排出后，左手拇指（左手握雏）从排粪时的位置移至雏鸡肛门的左侧，左手食指弯曲贴在雏鸡的背侧；同时将右手食指放在肛门右侧，右手拇指放在雏鸡脐带处；位置摆放好后，右手拇指沿直线往上方顶推，右手食指往下方拉，并往肛门处收拢，三个手指在肛门处形成一个小的三角形区域，三个手指凑拢一挤，雏鸡肛门即被翻开。

(3)鉴别：如果将雏鸡泄殖腔背襞纵向剖开，就可明显地看到雄雏具有1个比小米粒略小的、白色球状的生殖突起，该突起与两侧的皱襞构成明显的生殖隆起。雌雏无生殖突起，也无生殖隆起，而呈凹陷状。无论是雌雏还是雄雏，生殖隆起的形态是有差异的，尤其是作为生产上应用肛门鉴定法来鉴别雌雄时，仅仅是翻开肛门来观察这一构造，对这些差异的了解是十分重要的。

①雄雏鸡生殖隆起：雄雏鸡生殖隆起从形态结构上来看有正常型、小突起型、扁平型、肥厚型、纵型和分裂型。

正常形：生殖突起最发达，长0.5毫米以上，形状规则，充实似球形，富有弹性，外表有光泽，轮廓鲜明，位置端正，在肛门浅处；八状襞发达，但少有对称者。

小突起型：生殖突起特别小，长径在0.5毫米以下，八字状襞不明显，且稍不规则。

扁平型：生殖突起为扁平横生，如舌状；八字状襞均不规则，但很发达。

肥厚型：生殖突起与八字状襞相连，界限不明显，八字状襞特别发达，将生殖突起和八字状襞一起观看即为肥厚型。

纵型：生殖突起位置纵长，多呈纺锤形；八字状襞既不发达，又不规则。

分裂型：在生殖突起中央有一纵沟，将生殖突起分离，此型罕见。

②雌雏鸡生殖隆起：雌雏鸡生殖隆起的形态结构有正常型、小

突起型和大突起型。

正常型：生殖突起几乎完全退化，仅残存皱襞，且多为凹陷。

小突起型：生殖突起长0.5毫米以下，其形态为球形或近于球形；八字状襞明显退化。

大突起型：生殖突起的长径在0.5毫米以上；八字状襞也发达，与雄雏的生殖突起正常型相似。

③雌雄雏鸡生殖隆起的差异：在正确翻肛的前提下，鉴别的关键是能否准确地分辨雌雄生殖隆起的微小差异。然而雄雏正常型与雌雏大突起略相似；雄雏分裂型与雌雏正常型略相似；两者的小突起型略相似但若仔细观察还是能够相区别的（表4-1）。

表4-1 雌雄雏鸡生殖突起的区别

比较项目	雌雏鸡	雄雏鸡
外观感觉	轮廓不明显，不充实	轮廓明显，充实
光泽	柔软透明	表面紧张，具光泽
弹性	差，压迫或伸缩易变形	强，压迫或伸缩不易变形
突起尖端形态	尖	圆
充血程度	血管不发达	血管发达

④翻肛操作注意事项：鉴别动作轻捷，速度要快。动作粗鲁易造成损伤，影响雏鸡的发育，严重者会造成雏鸡的死亡。鉴别时间过长，雏鸡肛门易被排出的粪便或渗出物掩盖无法辨认生殖隆起的状态；为了不使雏鸡因鉴别而染病，在进行鉴别前，每个鉴别人员必须穿工作服和鞋；戴帽子和口罩，并用新洁尔灭消毒液洗手消毒；鉴别雌雄是在灯光下进行的一种细微结构形态的快速观察。灯采用具有反光罩的灯具，灯泡采用40～60瓦乳白灯泡；鉴别盒中放置雏鸡的位置要固定而一致。例如，规定左边的格内放雌雏，右边的格内放雄雏，中间的格子是放置未鉴别的混合雏鸡；鉴别人

员坐着的姿势要自然，使持续的鉴别不至疲劳；若遇到肛门有粪便或渗出物排出时，则可用左手拇指或右手食指抹去，再行观察；若遇到一时难以分辨的生殖隆起时，则可用二拇指或右手食指触摸，并观察其弹性和充血程度，切勿多次触摸；若遇到不能准确判断时，先看清生殖隆起的形态特征，然后再进行解剖观察，以总结经验；注意不同品种间正常型和异常型的比例及生殖隆起的形状差异。

翻肛后，立即进行鉴别。鉴别后，根据鉴别的结果，将雌雄雏鸡分别放进鉴别盒中。

2. 器械鉴别法

器械鉴别法是利用专门的雏鸡雌雄鉴别器来鉴别雏鸡的雌雄。这种工具的前端是一个玻璃曲管，插入雏鸡直肠，通过直接观察该雏鸡是否具有卵巢或睾丸来鉴别雌或雄。这种方法对于操作熟练者来说，其准确度可达 98%～100%。但是，这种方法鉴别速度较慢；且由于鉴别器的玻璃曲管需插入雏鸡直肠，使雏鸡易受伤害和容易传播疫病，因而使应用受到了限制。

3. 自别雌雄法

所谓自别雌雄是根据伴性交叉遗传的原理，采用固定的公母鸡配种组合（多数是品种间或品系间杂交），繁殖下来的雏鸡在初生阶段，有的是羽毛色泽，有的是生羽速度，有的在腿脚颜色方面，表现出明显的公母差异。肉眼极容易把它们分开，准确率 100%。这是一种很方便的雌雄鉴别法。

4. 羽毛鉴别法

主要根据翅、尾羽生长的快慢来鉴别，雏毛换生新羽毛，一般雌的比雄的早，在孵出的第 4 天左右，如果雏鸡的胸部和肩尖处已有新毛长出的是雌雏；若在出壳后 7 天以后才见其胸部和肩尖处有新毛的，则是雄雏。

5. 动作鉴别法

总的来说，雄性要比雌性活泼，活动力强，悍勇好斗；雌雏比较温驯懦弱。因此，一般强雏多雄，弱雏多雌；眼暴有光为雄，柔弱温文为雌；动作锐敏为雄，动作迟缓为雌；举步大为雄，步调小为雌；鸣声粗浊多为雄，鸣声细悦多为雌。

(三)了解相关信息和承诺

为顺利地培育好雏鸡，应尽可能向孵化厂了解一些情况：

①鸡种生产性能、生活力。

②出雏时间和存放环境，如出雏后存放时间过长、温度过低、通风不良，会严重影响雏鸡质量。

③雏鸡接种疫苗情况。

④此批种蛋的受精率、孵化率、健雏率，这些指标越高雏鸡质量越好。

⑤种鸡的日龄、群体大小、种鸡的产蛋率，种鸡盛产期的后代体质等。

⑥种鸡的免疫程序，可推测雏鸡母源抗体水平。

⑦鸡场经常使用什么药品。

⑧有可能的话，再了解一下种鸡群曾发生过什么疾病。

如果可能，在购买雏鸡时，应要求种鸡场有以下的承诺：

①保证鸡种无掺杂作假。

②保证马立克疫苗是有效的，对每只鸡的免疫是确实的。

③保证5日龄内因细菌感染引起的死亡率在2%以下。

④保证因为鉴别误差混入的公雏在5%以下。

⑤对日常的饲养管理、疫病预防等给予免费的咨询服务，还应得到种鸡场赠送的该品种的饲养管理手册。

(四)雏鸡的运输

现在三黄鸡生产已达到集约化商品生产水平,绝大部分饲养者都是依靠专业的种鸡场或孵化场提供雏鸡,雏鸡运输工作成为育雏管理的一个重实环节,特别是有些雏鸡需经长途运输才抵达饲养场地,如何避免运输途中的死亡,减少运输过程中对雏鸡的应激,缓解雏鸡体质的下降,已日益引起三黄鸡生产者的重视。

1. 运输方式

雏鸡的运输方式依季节和路程远近而定。汽车运输时间安排比较自由,又可直接送达养鸡场,中途不必倒车,是最方便的运输方式。火车也是常用的运输方式,适合于长距离运输和夏、冬季运输,安全快速,但不能直接到达目的地。

2. 携带证件

雏鸡运输的押运人员应携带检疫证、身份证、合格证和畜禽生产经营许可证以及有关的行车手续。

3. 运输要点

一般认为,雏鸡在出壳 48 小时内可以不饮水不采食,对雏鸡体质健康不会产生明显的影响,因为雏鸡出壳前吸收的卵黄,可以继续供给雏鸡营养,满足其约 48 小时内的营养和水分需要。但卵黄维持雏鸡营养和水分需要的时间长短和雏鸡代谢旺盛与否有密切关系,在气温暖和,天气不干燥时,维持时间可长一些,如气候高温又干燥,维持的时间不超过 36 小时。因此,雏鸡的长途运输如果中途无法停留喂食时,应尽力争取在 48 小时内完成运输过程,超出这个时间越长,对雏鸡健康危害越大。实际上,同一批雏鸡出壳时间有早有迟,相差约 12 小时左右,考虑运输时间时,应把这个因素考虑进去。如长途运输时间较长或气候干燥、炎热,可将绿豆芽切成米粒状，撒进箱内，雏鸡会啄食，可缓解脱水发生。

汽车运输时，车厢底板上面铺上消毒过的柔软垫草，每行雏箱之间，雏箱与车厢之间要留有空隙，最好用木条隔开，雏箱两层之间也要用木条(玉米秸、高粱秸均可)隔开，以便通气。

冬季，早春运输雏鸡要用棉被、棉毯遮住运雏箱，千万不能用塑料包盖，更不应将运雏箱放在汽车发动机附近，否则会将雏鸡闷死、热死。车内有足够的空间，保证运输箱周围空气流通良好。运输途中，要时时观察雏鸡动态，防止事故发生。

夏季运输雏鸡要携带雨布，千万不能让雏鸡着雨，着雨后雏鸡感冒，会大量死亡，影响成活率。夏季最好在早晚凉爽时运输雏鸡，以防雏鸡中暑。运输初生雏鸡时，行车要平稳，转弯、刹车时都不要过急，下坡时要减速，以免雏鸡堆压死亡。

运输雏鸡要有专用运雏箱，一般的运雏箱规格为 60 厘米×45 厘米×18 厘米的纸箱、木箱或塑料瓦楞箱。箱的上下左右均有若干 1 厘米洞孔，箱内分成 4 个格装鸡，如用其他纸箱应注意留通风孔，并注意分隔。每箱装雏鸡数量最多不超过 100 只为宜，防止挤压。车厢、雏箱使用前要消毒，为防疫起见，雏箱不能互相借用。

经长途或长时间运输的雏鸡，到达饲养地后，先要供给饮水，因为这时雏鸡都有不同程度的脱水，而且供给的饮水最好是带电解质的生理盐水，以利恢复雏鸡体内的液体，维持体液酸碱平衡。

二、种蛋的引进

种蛋品质的好坏与孵化率的高低、初生雏鸡的品质及其以后的健康、生存力和生产性能都有着密切的关系。因此，种蛋必须根据具体情况进行严格认真的挑选。

三黄鸡种鸡生产的管理工作目前还没有规范要求，许多种鸡场饲养的种鸡根本不是合格的种鸡。在某些地区，种蛋来源于千家万户的农户，有的种鸡群只有几十只，有的几千只，由经销商将它们收集销售，因此其种蛋品种混杂，甚至根本谈不上品种概念，种鸡管理混乱，无严格的免疫，种蛋成为传播疾病的重要来源。孵出的雏鸡体型毛色各异，生长参差不齐，给肉用鸡生产者带来重大的损失。因此对自己没有种鸡群，需采购种蛋生产鸡苗的孵化厂，选择种蛋的先决条件就是种蛋的来源，一定要选购品种符合条件、品种单一无混杂，生产性能稳定可靠、种鸡实行严格的免疫程序、母源抗体水平较高和管理完善的种鸡群所产的种蛋。

种鸡生产的鸡蛋并不全是合格种蛋，有一部分是不符合孵化要求的，很难孵出正常健康的雏鸡，须在入孵前剔除。种蛋的合格率是经常变化的，它受品种、种鸡日龄和生理状况、饲料营养、气候、饲养管理等诸多因素的影响。

种蛋的具体选择条件和方法如下：

1. 种蛋来源

了解种鸡场情况，包括种鸡状况、种鸡群体是否健康、种鸡营养水平等。凡是用来育雏的种蛋，都必须要求来源于饲养、管理正常的健康鸡群，以免出现病症。

2. 外观选择

种蛋的选择首先从外观上进行。

(1)清洁度：合格种蛋的蛋壳表面清洁，无粪便、破蛋液等污物，新鲜种蛋的表面光滑，带有光泽。被污染的蛋，微生物易侵入内部而导致腐败发臭，死胎增加，甚至污染正常的种蛋，造成孵化率下降，雏鸡品质下降，对少数轻度污染的种蛋，可轻轻擦拭和消毒后入孵。

(2)蛋重：种蛋的大小适中，符合品种的蛋重要求，一般不超过蛋重标准的±15%为宜，蛋重过大或过小，其孵化率都会降低，且雏鸡体重和大小不一。

(3)蛋形:以卵圆形为最好,过长、圆形、腰凸和橄榄形的蛋都须剔除。

(4)蛋壳厚度:种蛋的蛋壳厚度一般为 0.33～0.35 毫米左右,厚薄均匀,蛋壳过厚、太薄、沙壳蛋和皱纹蛋等都不宜留作种用。

(5)蛋壳颜色:三黄鸡种蛋蛋壳颜色一般为淡黄、淡褐或褐色。白壳蛋不宜留作种用。

(6)蛋壳无破损或裂缝:明显可见的蛋壳破裂易挑选。裂缝很小的种蛋将其相互轻碰时,发出低沉的"沙沙"破裂声。

3. 种蛋新鲜度

一般可从种蛋的外观判断种蛋的新鲜程度和是否合格,有必要时可进行照蛋透视,检查蛋壳、气室、蛋黄、血斑等肉眼看不见的项目。

(1)蛋壳:破损蛋可见裂纹,沙壳蛋可见一点一点的亮点。

(2)气室:根据气室的大小,判断种蛋产下的时间和保存好坏。并注意观察气室有无不正常现象。

(3)蛋黄:正常的新鲜种蛋,蛋黄颜色为暗红或暗黄,如蛋黄上浮,可能因运输时受震动系带断裂或种蛋贮存时间过长所致。蛋黄沉散,多因运输不当,细菌侵入,被细菌分解,引起蛋黄膜破裂所致,这些种蛋都不能入孵。

(4)血斑等:大多出现在蛋黄上,有白色点、黑点、暗红点,转蛋时随着转动。

种蛋选择时要小心仔细,防止意外破损,按照合格种蛋标准挑选,尽量避免将合格种蛋剔除,造成经济损失。

4. 种蛋运输

种蛋运输应包装完善,以免震荡而遭破损。常采用专用蛋箱装运,箱内放 2 列 5 层压膜蛋托,每枚蛋托装蛋 30 枚,每箱装蛋 300 枚或 360 枚。装蛋时,钝端向上,盖好防雨设备。

如无专用蛋箱,也可用硬纸箱、木箱或竹筐装运。用硬纸箱、木箱或竹筐装蛋时，先把箱底铺一层碎干草，然后一层蛋一层稻壳（或麦糠）分层摆放。摆放完毕后应轻摇一下箱，使蛋紧靠稻壳贴实，这样途中不容易破碎，然后加盖钉牢或用绳子捆紧。

装车时，箱外应标上品名、小心轻放和切勿倒置等字样。将蛋箱放在合适的地点，箱筐之间紧靠，周围不能潮湿、滴水或有严重气味。如用汽车、三轮车运输种蛋时先在车板上铺上厚厚的垫草或垫上泡沫塑料，有缓冲震荡的作用。

在运输过程中应尽量避免阳光照晒，阳光会使种蛋受温而促使胚胎不正常发育。由于胚胎不正常发育，蛋箱包装密闭，箱内空气不流动，很易使胚胎死亡，使孵化率下降。高温天气长途运输，也很易导致胚胎不正常发育死亡，特别是气温超过30℃时。但气温低于5℃时，种蛋的胚胎虽不发育，也很易致死。在运输过程中，还要注意防止雨淋受潮，种蛋被雨淋后，蛋壳膜受破坏，细菌易于侵入并且大量繁殖。要严防运输过分强烈震动，因为强烈震动可导致气室移位、蛋黄膜破裂、系带断裂等严重情况，造成孵化率下降。

种蛋运输到目的地后，应尽快开箱码盘，如有被破蛋液污染的，可用软布擦干净，随即进行消毒、入孵，不宜再保存。有资料表明，种蛋经运输后尽快入孵可避免孵化率的进一步下降。

第二节　鸡的生殖生理

一、鸡的生殖系统结构和机能

鸡的生殖系统分雌性生殖系统和雄性生殖系统。生殖系统功能是产生新个体，繁育后代，使种族延续。

1. 母鸡

母鸡生殖器官位于体躯左侧，包括一个卵巢和输卵管。

(1)卵巢：卵巢是母鸡的性腺，雌性配子(卵细胞)在这里生长和成熟，雏鸡孵出后，左侧卵巢成为很易辨认的平滑小叶状，一日龄雏的卵巢大小和重量是很小的，平均为0.003克，内含有大量卵母细胞，数量600～500 000个不等，每个卵母细胞构成卵泡，为其生长和构成卵黄提供必要的物质。由于卵黄物质积聚结果，卵母细胞的体积不断增加，卵巢的活跃活动开始于性成熟之前不久，卵巢呈一串葡萄状，包含大小不同的卵母细胞(重1～10克)，小的卵母细胞呈浅灰至白色，成熟后呈橙黄色。

卵巢的激素产物是雌激素、雄激素和孕酮，它们是从表层间质细胞和髓质中产生。可调节卵泡的生长、成熟和排卵，以及输卵管的活动。

(2)输卵管：输卵管从形态上可分为5个独立的组成部分。

①漏斗部：朝向卵巢，开口边缘薄，呈伞状形如漏斗，以接纳成熟的卵泡。

②膨大部：最长，弯弯曲曲，黏膜皱褶明显，乳白色卵白就是在这里产生的。

③峡部：短而细，黏膜较透明。主要形成卵壳膜。

④子宫部：扩大成囊状。壁较厚，灰红或淡灰色。卵在此处形成卵壳和卵壳色素。

⑤阴道部：短，弯曲成“S”形。

2. 公鸡

公鸡的生殖器由本身的生殖腺(睾丸)及副性腺(附睾)、输精管、精囊和生殖乳头组成。阴茎退化形成射精沟。

(1)睾丸：对称的位于脊柱的两边，靠近肾的前端，形状椭圆形，颜色乳黄色或深乳黄色。成年公鸡睾丸重量大约为其体重的

1%～2%。睾丸由大量的小曲管组成，小曲管间的空隙被血管和淋巴管以及间质细胞所充满。睾丸主要功能是生产精子，分泌雄性类固醇激素（睾酮）。

（2）附睾：被睾丸总囊所包围，呈长椭圆形位于睾丸的背侧面，色深黄，鸡的附睾发育较差，只有在睾丸活动期才明显扩大。

（3）输精管：为细的曲管，管的上部腹面上有输出的横静脉，而下部与输尿管平行，在性活动期，输精管以及精囊（输精管扩展的下部）被精子所充满，输精管开口于泄殖腔中，称为生殖突起不大的膨大部。

（4）精子生成过程：鸡精子生成基本与其他脊椎动物相同，都以初级胚细胞（精原细胞）分裂开始，以形成成熟的精子而结束。

二、配种方法

在实际生产中，鸡多行分群自然交配。母鸡经交配后，大部分精子贮存在输卵管内的子宫与阴道联合处，这里的许多皱褶俗称为“精子窝”。另外，还有少部分精子暂存在漏斗部的皱褶中（亦称“精子窝”）。当母鸡排卵时，精子便从“精子窝”释放出来转移到受精部位，所以鸡的精子能在输卵管中存活相当长的一段时间仍有受精能力，致使母鸡在交配后一个时期内有连续产受精蛋的可能。据报道，母鸡与公鸡交配后，12 天后仍有 60%的母鸡产受精蛋，30 天精子仍可保持一定的受精力，受精高峰是交配后的 1 周内。

据观察，自然交配的鸡群一天交配活动最频繁的时间，是在当天大部分母鸡产蛋以后，即下午 4～6 点之间，因而使公鸡交配活动时间过于集中，所以，必须有适宜的公母比例。同时，在鸡群中常常有一些“进攻型”公鸡干扰和阻碍其他公鸡的交配活动，只有在饲养密度稍小、公母鸡比例适宜的情况下，那些胆小的公鸡才能参与交配活动。公鸡过多会争夺与母鸡交配而发生斗殴，干扰交配，降低受精率；而公鸡过少，则会使母鸡得不到足够的交配次数而降低受精率。

公母鸡的正确比例与种鸡类型和体型大小有关，各种类型的三黄鸡的公母比例：地方优良品种 1∶(12～15)；优质型三黄鸡品种 1∶10 左右；快大型三黄鸡品种 1∶(8～10)。

第三节　鸡种蛋的保存与消毒

一、种蛋的保存

1. 蛋库

大型鸡场有专门保存种蛋的房舍，叫做蛋库；专业户饲养群鸡，也得有个放种蛋的地方。保存种蛋的房舍，应有天花板，四墙厚实，窗户不要太大，房子可以小一点，保持清洁、整齐，不能有灰尘，穿堂风，防止老鼠、麻雀出入。

2. 存放要求

为了保证种蛋的新鲜品质，以保存时间愈短愈好，一般不要超过 1 周。如果需要保存时间长一点，则应设法降低室温，提高空气的相对湿度。

保存种蛋标准温度的范围是 12～16℃，若保存时间在 1 周以内，以 15～16℃为宜；保存 2 周以内，则把温度调到 12～13℃；3 周以内应以 10～11℃为佳。

室内空间的相对湿度以 70%～80%为宜。湿度小则蛋内水分容易蒸发，但湿度也不能过高，以防蛋壳表面上发霉，霉菌侵入蛋内会造成蛋的霉败。种蛋保存3周时间，湿度可以提高到85%左右。

保存1周以内的种蛋，大端朝上或平放都可以，也不需要翻蛋；若保存时间超过1周以上，应把蛋的小端朝上，每天翻蛋1次。

二、种蛋的消毒

种蛋的存放期，应进行消毒。最方便的消毒方法是在一个15平方米的贮蛋室里放一盏40瓦紫外线灯，消毒时开灯照射10～15分钟；然后把蛋倒转1次，让蛋的下面转到上面来，使全部蛋面都照射到。

正式入孵时，种蛋还要进行1次消毒，这次消毒要彻底。种蛋孵前消毒的方法有许多种，除紫外线灯消毒外，还有熏蒸消毒法和液体消毒法。

1. 熏蒸消毒法

(1)福尔马林熏蒸消毒法：熏蒸消毒法适用于大批量立体孵化机的消毒。把种蛋摆进立体孵化机内，开启电源，使机内温度、湿度达到孵蛋要求，并稳定一段时间，这时种蛋的温度也升高了。按照已经测量的孵化机内的容积，准备甲醛、高锰酸钾的用药量(每1立方米容积用甲醛30毫升，高锰酸钾15克)；准备耐热的玻璃皿和搪瓷盘各1个。将玻璃皿摆在搪瓷盘里，再把两种药物先后倒进玻璃皿中，送进孵化机内，把机门和气孔都关严。这时玻璃皿中冒出刺鼻的气体，经20～30分钟后，打开机门和气孔。排除气体，接着进行孵化。

(2)过氧乙酸熏蒸消毒法：过氧乙酸也叫过醋酸，具有很强的杀菌力。按每立方米空间用药1克称量，放入陶瓷或搪瓷容器内。下面准备酒精灯一盏，把种蛋放入孵化机(暂不必开启电源加温)，关严气孔，保持机内 20～30℃，相对湿度为 70%以上。在密闭条件下，点燃酒精灯加热。这时开始冒出烟雾。把机门关严，熏蒸 15～20 分钟，还要开几次风扇，使内部空气均匀，注意酒精灯不要熄灭。消毒结束，打开机门和气孔，排除气体，取出消毒用具，最后开启电源进行正式孵化。

2. 液体消毒法

液体消毒法适于少量种蛋消毒。

(1)新洁尔灭消毒法：把种蛋平铺在板面上，用喷雾器把 0.1%的新洁尔灭溶液(用 5%浓度的新洁尔灭 1 份，加 50 倍水后均匀混合即可)喷洒在蛋的表面。或者用温度为 40～45℃的 0.1%新洁尔灭溶液，浸泡种蛋 3 分钟。新洁尔灭水溶液为碱性，不能与肥皂、碘、高锰酸钾和碱等配合使用。蛋面晾干后即可入孵。

(2)有机氯溶液消毒法：将蛋浸入含有 1.5%活性氯的漂白粉溶液内消毒 3 分钟(水温 43℃)后取出晾干。

(3)高锰酸钾消毒法：将种蛋浸泡在 0.2%～0.5%的高锰酸钾溶液中，溶液温度在 40℃左右，约经 1～2 分钟后，捞出沥干即可入孵。

(4)碘消毒法：将种蛋浸泡在 0.1%的碘溶液中进行浸泡消毒。即在 1 千克水中加入 10 克碘片和 15 克碘化钾，使之充分溶解，然后倒入 9 千克清水中，即成为 0.1%的碘溶液。浸泡 1 分钟后，将种蛋捞出沥干装盘。经过多次浸泡种蛋的碘液，浓度逐渐降低，应增加新液或延长浸泡时间，以达到消毒的目的。

(5)抗生素溶液浸泡消毒法：将蛋温提高到 38℃，保持 6～8 小时后，置于配好的万分之五的土霉素、链霉素或红霉素溶液(即 50 千克水中加 25 克土霉素、链霉素或红霉素拌均匀)中，浸 10～15 分钟即可。

(6)呋喃西林溶液消毒法：将呋喃西林碾成粉后配成0.02%浓度的水溶液浸泡种蛋3分钟洗净晾干即可。

(7)氢氧化钠溶液消毒法：将种蛋浸泡在0.5%氢氧化钠溶液中5分钟，能有效地杀灭蛋壳表面的鼠伤寒沙门菌。

3. 种蛋消毒的注意事项

(1)用药量一定要准确，不能多也不能少。

(2)在一批种蛋消毒时，只须选用一种消毒药物。

(3)液体浸泡消毒，消毒液的更换是很重要的，也就是说，一盆配制好的消毒液，只能消毒有限的种蛋，但究竟能消毒几批蛋，目前尚没有一定的标准，可适当更换新药液。

第四节　种蛋的孵化

多年来，我国研制的孵化器、出雏器均达到国际领先水平，实现了全自动化、电脑化和模糊控制等。电力不便的地方或偏远山区可选用火炕孵化、水孵化、缸孵化等传统方法。

一、种蛋孵化所需的外界条件

鸡胚胎母体外的发育，主要依靠外界条件，即温度、湿度、通风、转蛋等。

1. 温度

受精蛋发育成为一只雏鸡，除受精蛋的内部条件需满足胚胎发育需要外，外界的孵化条件也是不可缺少的，孵化条件中尤以温度最为关键。由于长期自然选择，鸡胚在较大温度范围内有一定的适应能力，但当外界温度低于 20℃时，鸡胚的发育停止。只有达到一定的温度条件，鸡胚发育才进行。温度过高或过低，短时间对胚胎影响不大，但鸡胚较长时间处于不正常温度时，极易死亡，特别是超过 40℃时，如孵化温度达到 42℃以上，胚胎经 2～3 小时死亡，如温度达到 47℃，5 天龄的胚胎，在 2 小时内全部死亡，16 天龄的胚胎，在半小时内全部死亡。

鸡胚发育所需的温度，在一定范围内是一个累积的过程，如果前期温度过高，可通过后期适当降温来保证鸡胚的正常发育，如前期温度过低，可适当提高后期的孵化温度，使鸡胚孵化正常，这就是孵化技术中“看胎施温”的基本原理，一般都应根据胚胎发育的不同状况调整孵化的温度。

“看胎施温”要求孵化工作人员逐日检查鸡胚的发育情况。主要是通过照蛋所观察到的形态特征来确定。对于大规模的孵化厂，逐日检查胚胎情况的情形较少。一般在整个孵化期内的三个时间检查胚胎发育的状态，调整孵化的温度。

(1)在鸡胚第 5 日龄，照蛋明显见到眼点，血管的范围已经占据蛋表面的 4/5，说明孵化温度适宜，如果第 5 天照蛋时，还看不太清楚鸡胚的眼点，血管范围仅占蛋表面的 3/4，说明温度偏低。如果胚胎眼点在第 4 天已明显可见，第 5 天血管几乎布满整个蛋表面，说明温度偏高。

(2)孵化 10～11 天时照蛋，尿囊血管布满了除气室外的整个蛋的表面和背面，即称为“合拢”，也是孵化给温正常的重要标志，温度偏高，第 9 天尿囊就合拢，若不采取降温措施，将缩短孵化期，可能在 19～20 天出雏，孵化率下降，弱雏增加。反之在第 12 天才合拢，说明温度偏低，后期需要适当增加温度。

(3)孵化至第 17 天，也是检查和预测孵化效果好坏的标志，正常发育时，由于鸡胚体增大，占据了蛋的小头位置，照蛋时看上去是不透亮的，俗称“封门”，如果第 16 天就已“封门”，应尽快将孵化温度降低，仍能保证正常出雏。如第 17 天还未“封门”，就需提高温度。

2. 湿度

孵化器内的相对湿度对三黄鸡胚胎发育很重要，虽然鸡胚发育对环境相对湿度的适应范围要比温度的适应范围广，但保持孵化器内最适宜的相对湿度，才能保证孵化率的正常和雏鸡品质的健壮。否则，长期湿度过低，蛋内水分蒸发过快，容易引起胚胎和壳膜粘连，雏鸡个体小于正常；若湿度过大，蛋内水分蒸发过慢，影响胚胎的羊水、尿囊液的排泄，雏鸡的个体比正常大。无论相对湿度低于或高于最适宜范围，都会对胚胎的发育造成不良影响。孵化初期，适宜的环境湿度使胚胎受热良好，孵化后期有利于胚胎的散热，利于出壳，因为空气中的水分与二氧化碳作用，使蛋壳的碳酸钙变成碳酸氢钙，壳变脆。所以，出雏时，保持适当的湿度是十分重要的。

整批入孵在同一孵化器时，孵化初期的最适宜相对湿度为 60％～65％，孵化第 10～18 天，胚胎要排泄羊水和尿囊液，湿度应降低，调整为 50％～55％，出雏期间，相对湿度在出雏高峰之前应达到 70％～75％，如出雏时湿度过低，出壳的雏鸡会黏有蛋污或蛋壳，或绒毛胶粘连在一起，并发生一定程度的脱水，但是湿度过高，会出现脐部收缩不良，特别是出雏时高温高湿，很易造成胚胎的大量死亡。

如果分批入孵，同一孵化器内有不同胚龄的种蛋，湿度可控制在 50％～60％，出雏期间为 60％～70％。

孵化期间温度和湿度有一定的影响，温度高则要求湿度低，而温度低则要求湿度高，在孵化的最后两天，要求降低温度，增加湿度，才能保证孵化率和健雏率。

3. 通风

通风换气好坏直接影响孵化效果。孵化过程也是雏鸡胚胎代谢过程。胚胎发育需要充足的氧气，同时也要排出大量的二氧化碳。

若通风换气不良，二氧化碳过多，常导致胚胎死亡增多，或引起胚胎畸形及胎位不正等异常现象，降低孵化率和雏鸡质量。要提高孵化率和雏鸡的质量，孵化过程中必须注意通风。据测定，1个鸡蛋孵化成雏鸡，胚胎共吸入氧气4000～4500立方厘米，排出二氧化碳为3000～5000立方厘米。通风量大小根据胚胎发育阶段而定。孵化初期，胚胎需要的氧气不多，利用卵黄中的氧气就能满足，通风量可以少些，此时机器通气孔少打开点即可。一般孵化的头7天，每天换气2次，每次3小时。孵化中后期，胚胎逐渐长大，代谢旺盛，需要氧气和排出的二氧化碳增多，通风量应加大。一般入孵7天以后，或者连续孵化，机内有各期胚胎，应打开进出气孔进行不停地通风换气，尤其当机内有破壳出雏的情况下，更应持续换气，否则，易使小鸡闷死。孵化室内也要注意通风。

4. 翻蛋

据观察，抱窝鸡24小时用爪、喙翻动胚蛋达96次之多，这是生物本能。从生理上讲，蛋黄含脂肪多，比重较轻，胚胎浮于上面，如果长时间不翻蛋，胚胎容易粘连。转蛋的主要目的在于改变胚胎方位，防止粘连，促进羊膜运动。孵化器中的转蛋装置是模仿抱窝鸡翻蛋而设计的。但转蛋次数比抱窝鸡大大减少，因抱窝鸡的转蛋目的还在于调节内外胚蛋的温度。

(1)转蛋的次数和时间：一般每天转蛋6～8次。实践中常结合记录温湿度，每2小时转蛋1次。也有人主张每天不少于10次，第一至第二周转蛋更为重要，尤其是第一周。有关试验的结果：孵化期间(1～18天)不转蛋，孵化率仅29%；第1～7天转蛋，孵化率为78%；第1～14天转蛋，孵化率95%；第1～18天转蛋，孵化率为92%。在孵化第16天停止转蛋并移盘是可行的。这是因为孵化第12天以后，鸡胚自温调节能力已很强，同时孵化第14天以后，胚胎全身已覆盖绒毛，不转蛋也不至于引起胚胎贴壳粘连。

(2)转蛋角度：鸡蛋转蛋角度以水平位置前俯后仰各45°为宜。

5. 凉蛋

凉蛋的目的是散热、调节温度。特别是在胚胎发育后期，代谢旺盛、产热多，必须向外及时排出过剩的热量，以防胚胎“自烧”引起死亡。凉蛋还能提高胚胎的生活力，增强雏鸡的耐寒性、适应性，提高健雏率。一般鸡蛋入孵7天后开始凉蛋，凉蛋的方法根据孵化的方式而定。机器孵化时，一般采用关断电源、开气门鼓风凉蛋，天热时可开启机门，以加速凉蛋的过程。采取其他方式孵化，可利用增减覆盖物或结合翻蛋进行凉蛋。凉蛋时间的长短应根据孵化日期及季节而定。早期胚胎及寒冷季节不宜多凉，以防胚胎受凉；后期胚胎及热天应多凉。一般冬天每天凉蛋1次，春、秋每天2次，每次5～15分钟；夏季每天2～3次，每次15～30分钟。凉蛋时间长短还应根据蛋温来决定。一般可用眼皮来试温，即以蛋贴眼皮，感到微凉(约30～33℃)就应停止凉蛋。

二、鸡蛋的胚胎发育

正常的三黄鸡孵化期为20.5～21天(鸡胚胎日龄的计算应以种蛋达到正常孵化温度时为开始)，在整个孵化期内给予适当的温度、湿度、通风和翻蛋等孵化条件，雏鸡应在20～21天内破壳而出，在这个时间内出壳的小鸡，健雏率高，育雏期成活率高，孵化期延长或缩短都会对孵化率和雏鸡造成不良影响。孵化温度高，胚胎发育过快，则孵化期缩短，孵出的雏鸡呈脱水状态，1 周龄内死亡率很高。孵化温度低，则孵化期延长，雏鸡的卵黄吸收不良，“大肚脐”雏鸡比例高，对雏鸡的健壮也不利。因此，需要了解三黄鸡胚胎发育不同时期的主要特征，按照胚胎发育的状况给予相应的孵化条件，使胚胎的孵化期在 20.5～21 天之间。

三黄鸡胚胎发育（彩图 28）的主要特征如下：

第 1 天：受精的卵细胞，在产出的过程中，在输卵管内停留了约 24 小时，胚胎已经开始发育，卵细胞已进行了多次分裂。至种蛋产出体外时，鸡胚已发育为内、外胚层的原肠期，剖视受精蛋，肉眼可见形似圆盘状的胚盘。经第 1 天的孵化，胚盘直径约 0.7 厘米，在胚盘的边缘出现许多红点，称“血岛”。

第 2 天：胚盘直径 1.0 厘米，卵黄囊、羊膜、绒毛膜开始形成，胚胎的头部从胚盘分离出来，血岛合并形成血管。入孵 25 小时后，心脏开始形成，30～42 小时，心脏已经跳动，可见到卵黄囊血管区，形似樱桃，俗称“樱桃珠”。

第 3 天：胚长 0.55 厘米，尿囊开始长出，胚的位置与蛋的长轴成垂直，开始形成前后肢芽，眼的色素开始沉着，照蛋可见胚和伸展的卵黄囊血管，形似一只蚊子，俗称“蚊虫珠”。

第 4 天：胚和血管迅速发育，卵黄囊血管包围达 1/3，胚胎的头部明显增大，肉眼可见尿囊、羊膜腔的形成，照蛋时蛋黄不容易转动，胚胎和卵黄囊血管形似一只蜘蛛，俗称“小蜘蛛”。

第 5 天：胚胎进一步增大，胚长约 1.0 厘米，眼有大量的色素沉着，照蛋可见明显的黑色眼点，俗称“单珠”或“黑眼”。

第 6 天：可见胚胎有规律地运动，蛋黄增大，卵黄囊分布在蛋黄表面的 1/2 以上，由于躯干部增大和头部形似两个小珠，俗称“双珠”。

第 7 天：胚胎已形成鸡的特征，尿囊液大量增加，胚胎自身已有体温。照蛋时由于胚在羊水中，不易看清，血管布满半个蛋表面。

第 8 天：胚长已达 1.5 厘米，颈、背、四肢出现羽毛乳头，照蛋时见胚在羊水中浮动，背面蛋的两边蛋黄不易晃动，俗称“边口发硬”。

第 9 天：剖检已可见心、肝、胃、肾、肠等器官发育良好，尿囊几乎包围整个胚胎，照蛋时见卵黄两边易晃动，尿囊血管伸展越过卵黄囊，俗称“串筋”。

第 10 天：胚已长达 2.1 厘米，尿囊血管已伸展到蛋的小头，并且合拢，整个蛋布满血管，称“合拢”。

第 11 天：胚进一步增大，尿囊液达到最大量，背部出现绒毛，血管变粗。

第 12 天：胚长已达 3.5 厘米，身躯长出绒毛，胃、肠、肾等已有功能作用，开始用嘴吞食蛋白。

第 13 天：鸡胚的绒毛、蹠趾角质等皮肤系统发育进一步完善，照蛋时蛋的小头发亮部分已逐步减少。

第 14 天：胚胎全身覆有绒毛，头向气室，胚胎改变与蛋的长轴垂直的位置，改为与蛋的长轴相一致。

第 15 天：胚胎已发育形成了鸡体内外的器官。

第 16 天：胚长约 6 厘米，明显可见冠和肉髯，大部分蛋白进入了羊膜腔。

第 17 天：羊水、尿囊液开始减少，躯干增大，脚、翅、颈变长，眼、头相应显得较小，两腿紧抱头部，喙向气室，蛋白全部进入羊膜腔，照蛋在小头看不见发亮的部分，俗称“封门”。

第 18 天：羊水、尿囊液进一步减少，头弯曲在右翼下，眼开始睁开，肺脏血管几乎形成，但还未进行肺呼吸，胚胎转身，喙朝气室，照蛋见气室倾斜，俗称“斜口”。

第 19 天：卵黄囊收缩将大部分蛋黄吸入腹腔，喙进入气室开始肺呼吸，颈、翅突入气室，头埋右翼下，两腿弯曲朝头部，呈抱物姿态，以便于破壳时撑张，发育较早的鸡胚先破壳，可闻雏鸡鸣叫声。19 天又 18 小时后，大批雏鸡已啄壳。

第 20～21 天：尿囊完全枯干，将全部蛋黄吸入腹腔，雏鸡啄壳后，沿着蛋的横径逆时针方向间隙破壳，直至横径 2/3 周长的裂缝时，头和双脚用力蹬挣，破壳而出。

三、常用的孵化方法

无论采取何种孵化方法，其孵化原理都是相同的，都要保证供给适宜的孵化温度、湿度，定期翻蛋、通风、凉蛋和照蛋。但是不同的孵化方法与孵化工艺，其工作量、劳动效率和孵化效果却不尽相同。自然孵化效率低，只适合少量生产使用。人工孵化中的温室孵化、火炕孵化、塑料热水袋孵化法、桶孵法、温水孵化法等孵化方式，虽然成本较低，但劳动量大，效率较低，不能满足规模化生产的要求。使用孵化器孵化鸡蛋，需要投入的资金成本较高，自动化程度也高，工作效率高，孵化率也相对较高，还节省了大量的劳动力资源。

养殖户可根据所具备的条件，选择一种适合自己的孵化方法。主要应考虑的因素有以下几个方面，如养殖的规模、场地空间的大小、物质条件、经济实力和人员的素质等，进行综合分析。一般来说，养殖规模较大的养殖场，经济实力较强，供电条件好的，应首先考虑用机械孵化器来孵化。因为先进的孵化器可以实现温度、湿度的自动控制、自动翻蛋、自动通风与自动报警，准确可靠，既可节省劳动力，孵化率也会更高。而规模较小、经济条件有限或供电条件不好的，可以采用其他的孵化方式。这些方法虽成本低，但消耗的劳动力资源会多一些，且需要一定的经验，总结摸索出孵化规律。

(一)自然孵化法

自然孵化法是我国广大农村家庭养鸡一直延用的方法，这种方法的优点是设备简单、管理方便、孵化效果好，雏鸡由于有母鸡抚育，成活率比较高。但缺点是孵量少、孵化时间不能按计划安排，因此，只限于饲养量不大的情况下使用。

1. 抱窝鸡的选择

三黄鸡的抱性强，因此选择时要选择鸡体健康无病、大小适中的三黄鸡。为了进一步试探母鸡的抱性，最好先在窝里放 2 枚蛋，试抱 3～5 天，如果母鸡不经常出窝，就是抱性强的表现。

2. 孵化前的准备

(1)选择种蛋：种蛋在入孵前应按种蛋的标准进行筛选，不合格的种蛋不要入孵。

(2)准备巢窝：一只中等体型的母鸡，一般孵蛋 18～20 枚，以鸡体抱住蛋不外露为原则。鸡窝用木箱、竹筐、硬纸箱等均可，里面应放入干燥、柔软的絮草。鸡窝最好放在安静、凉爽、比较暗的地方。入孵时，为使母鸡安静孵化，最好选择晚上将孵蛋母鸡放入孵化巢内，并要防止猫、鼠等的侵害。

(3)消毒入孵：将选好的种蛋用 0.5%的高锰酸钾溶液浸泡 2 分钟消毒。

3. 孵化期管理

(1)就巢母鸡的饲养管理：首先对抱窝鸡进行驱虱，可用除虱灵抹在鸡翅下。以后每天中午或晚上提出母鸡喂食、饮水、排粪，每次 20 分钟。到 21 天小鸡出壳。

(2)照蛋：孵化过程中分别于第 7 天和第 18 天各验蛋一次，将无精蛋、死胚蛋及时取出。

(3)出雏:出壳后应加强管理将出壳的雏鸡和壳随时取走。为使母鸡安静,雏鸡应放置在离母鸡较远的保暖地方,待出雏完毕、雏鸡绒毛干后接种疫苗,然后将雏鸡放到母鸡腹下让母鸡带领。

(4)清扫:出雏结束立即清扫、消毒窝巢。

(二)人工孵化法

1. 电褥子孵化法

目前使用电褥子孵鸡较为普遍,效果较好。

(1)孵化设备及用具:用双人电褥子(规格为 95 厘米×150 厘米)两条、垫草、火炕、棉被、温度计等。

(2)孵化操作方法:双人电褥子一条铺在火炕上(停电时可烧炕供温),火炕与电褥子之间铺设 2～3 厘米厚的垫草,电褥子上面铺一层薄棉被,接通电源,预热到 40℃。然后将种蛋大头向上码放在电褥子上边,四周用保温物围好,上边盖棉被,在蛋之间放 1 支温度计,即可开始孵化。另一条电褥子放在铺有垫草的摊床上备用。

孵化室的温度要求在 27～30℃。蛋的温度要求:入孵 1～3 天 38.5～40℃,4～10 天 38～39℃,11～19 天 37.5～38.5℃,20～21 天 38～39℃。

孵蛋的温度用开闭电褥子电源的方法来控制,每半小时检查 1 次。湿度用往地面洒水或在电褥上放小水盆等方法来调节。一般相对湿度为 60%～75%。用两个电褥子可连续孵化,第 1 批孵化到 11 天时移到摊床上的电褥子进行孵化,炕上的电褥子可以继续入孵新蛋。摊床上雏鸡出壳后,第二批蛋再移到摊床上的电褥子进行孵化。如此反复循环,每批可孵化 400～500 个蛋。

在孵化过程中,每 3～4 小时翻蛋 1 次,同时对调边蛋和心蛋的位置。凉蛋从第 13 天开始,每天凉蛋 1～2 次,17 天时加强通风凉蛋，第 20 天时停止翻蛋、凉蛋等待出雏。

2. 火炕孵化法

火炕孵化是农村传统的孵化方法之一。为了增加孵化量，提高房间的利用率，在一般住房内两侧砌造火炕，中间留有走道，炕上设两层出雏层。在房外设炉灶，火烟通过火炕底道由另一端烟筒排出，使炕面温度达到均匀平衡。炕上放麦秸、铺苇席。出雏层用木头作支架吊在房梁上，将秫秸平摊，上面铺棉絮，四面不靠墙。

(1)孵化设备及用具：主要包括孵化室、火炕、摊床、蛋盘等。

①孵化室：如果专门建造孵化室要规格化；顶棚距地面 3.6 米以上，以便于在炕上设摊床。

孵化室的大小视孵化规模而定，一般火炕面积为 30 平方米。1 个孵化室里有两个火炕和摊床，每隔 7 天可上 1 批蛋；有 3 个火炕及摊床，可每隔 5 天入孵 1 批种蛋。孵化室保温性能要好，要有天窗、天棚。如果小规模孵化，可用普通住房代替。普通住房一间，用泥砂抹好，室内、棚顶糊严，挂上门帘，以防透风。整个孵化室只留一个小窗，以便调节室内空气。

②火炕：火炕是整个孵化过程中的热源。火炕用砖砌成，高 0.5～0.6 米，宽度应能对放两个蛋盘，四周再留出 0.2 米宽的空间，以便盖被，长度根据生产规模而定。炕面四周用单砖砌成 0.34 米高的围子，以利保温和作为上摊操作的踏板。炕必须好烧，不漏烟、不冒烟。孵化量大应搭两铺炕，南炕为热炕，北炕为温炕。

③摊床：摊床又叫棚架，设在炕的上方，约距炕上方 1 米左右，可根据情况设一层或二层，两层间隔 0.6～1 米。先在炕上方用木杆搭个棚架，其高度以孵化人员来往不碰头为宜，宽度比炕面窄些，长度根据孵化量而定。床面用秫秸铺平，再铺上稻草和棉被保温。也可用秫秸作床底，然后糊上纸，再铺上棉被和麻袋片。为防

止种蛋或鸡雏滑落在地上，床面四周用秫秸秆或木板围成高 10 厘米的围子，摊床架要牢固，防止摇动。

④蛋盘：可用木板做成长方形盘，盘底钉上方孔铁丝网或纱布，孵化时，将种蛋平摆于蛋盘内，每盘装 50～100 只蛋，每次可孵化 5000～1 0000 只蛋。

此外，还要准备好灯、棉被、被单、火炉、温度计、手电、照蛋器等孵化用具。

(2)孵化操作方法

①试温：在入孵的前 3～4 天应烧炕试温，使室温达到 25℃左右，用温度计测试一下火炕各处的温度是否均匀，并做好标记。对温度高的地方要铺干沙和土进行调整，直到各处温度基本均衡为止。在试温时，要注意火炕达到所需要的温度时使用的燃料量，积累一些经验。一般炕温在停火后 2 小时达到高峰。因此，烧炕时切不可一直烧到所需的温度，否则，2 小时以后要超温，影响孵化效果。

②入孵：按次序一盘一盘地将蛋盘平放在炕面上，上用棉被盖好。装蛋之前，先用铁丝筛盛蛋，放入 42～45℃的热水中洗烫 7～8 分钟，进行消毒预温。

1～2 天温度为 41.5～41℃，3～5 天温度为 39.5℃，6～11 天温度为 39℃，12 天温度为 38℃，13～14 天温度为 37.5℃，15～16 天温度为 38℃，17～21 天温度为 37.5℃。

室内的湿度靠炉火上的水壶溢气调节，相对湿度保持在 60%～65%。入孵开始几个小时内，蛋面温度不宜升得太快，入孵后 12 小时达到标准温度为宜。为了使炕温保持稳定，每隔 4 小时烧 1 次炕，定量加入燃料，以防炕温忽高忽低。入孵后每 15～20 分钟检查 1 次温度(测量蛋温的温度计放在蛋中间，炕的不同位置都要放温度计)。每天打开小窗通风 2～3 次。为了不影响孵化温度，通风前要适当提高室内温度。

若两个炕流水作业，按先后时间，分别控制不同温床，先批入孵的炕温为38～39℃，转移到另一炕上，温度保持在37.5℃。初学孵化时，要靠温度表掌握温度，温度表分别放在炕面和种蛋上，有经验以后，可以不用温度计，靠感觉或把蛋置于眼皮上的感觉估量，可以相当准确。

整个孵期验蛋二次，入孵后第6～7天验蛋一次，可以准确地捡出无精蛋，入孵后第18天，进行第二次验蛋，捡出死胎蛋，并把正常发育的种蛋移到出雏摊上去准备出雏。正常情况下21天出雏，出雏时每2小时捡一次雏，放在事先准备好的雏鸡筐或雏鸡盒内。

③倒盘与翻蛋：种蛋上炕入孵后每小时倒1次盘，即上下、前后、左右各层蛋盘互换位置。在整个孵化期间，每天要揭开棉被翻蛋6～8次，翻蛋时把盘中间的蛋移到两边，把两边的移到中间。由于手工翻蛋时间较长，也就等于凉蛋了。

④照蛋：火炕孵化共照蛋两次。第1次在入孵后的第5天进行。照蛋前应稍升高炕温和室温(0.5～1℃)。第2次照蛋在11天进行。然后上摊。

⑤上摊孵化：炕孵12天后，转入摊床孵化，上摊前将孵化室内温度升高到28～29℃，将蛋盘中的胚蛋取出放到摊床上，开始时可堆放2～3层，盖好棉被，待蛋温达到标准温度后，逐渐减少堆放层数。上摊后每15～20分钟检查1次蛋温，每2小时翻蛋1次。第18天后将种蛋大头向上立起，单层摆放，等待出雏。

(3)注意事项：火炕孵鸡成功与否，关键在于控制好温度。控制温度，一是通过烧炕；二是通过增减覆盖物。刚入孵，外界气温低时，炕应多烧一点，用棉被把种蛋盖严；入孵中后期，或外界气温高时，应少烧，同时减少覆盖物。在烧炕时，当炕温高了或继续升高时，应立即停火，并除掉灶内余火，同时掀起棉被。切记炕温不能超过60℃。

3. 温水缸孵化法

温水缸孵化又叫水孵法，就是利用水缸中的水温使座在缸口盆内的种蛋受温而孵出鸡雏的方法。这种方法简单，孵化率较高。

(1)入孵前的准备

①选择孵化室：选用保温好的房舍，如室温能保持在18℃以上，则不必加温。也可利用住屋做孵化室。

②缸盆的选择：缸盆的大小要根据孵化数量而定。但缸盆要合套、口径一致，盆座在缸口时，盆与缸口间要吻合。

③安置孵化缸：先在放缸的地面上垫块厚木板或麦秸、稻草、木屑等保温填充物，也可直接放在炕面上。如果用多个缸孵化，把孵化缸排成数行，各行之间距离为50～60厘米，在缸行间以及缸与窗户、墙壁之间用草秸、碎草、树叶等保温物塞严，并使垫草略高于缸口。如果一缸一盆，也可用棉被、棉帘裹严保温。

④种蛋及缸盆预温：将选好的种蛋装铁筐中，放入45～50℃温水中烫5分钟左右，使蛋温提高到35℃左右。孵化前1～2天，盆内种蛋的温度为37.5～38.5℃，孵化室温度要达到18℃以上，盆温要达到39℃左右，缸内水温为60～70℃；室内相对湿度为55%～65%。蛋盆内的热源来自缸内高温的热气。

(2)入孵及管理

①入孵：盆内垫好棉花，将蛋的小头向下摆放，摆完第1层后，摆其他各层，一般放2～6层，方法同第1层。摆好后盖棉被。盛一担水的缸，上面的盆可装150～200个蛋；两担水的缸，上面的盆可装250～300个蛋；3担水的缸或口径更大的缸，上面的盆可装400个蛋以上。每盆插入底层蛋1支温度计，每盆蛋表面放1支温度计。也可用塑料丝小网兜装种蛋，每兜5～10个，放在盆内。此法可简化翻蛋手续。

②调温：入孵数小时，手伸入盆内感到蛋面微温，且在许多蛋

面凝有小水珠。若底层蛋温上升到 39℃,应及时翻蛋。开始时,盆中心、盆边及盆底蛋的温差较大,经几次翻蛋后(约需 12～15 小时),蛋温即能达到均匀。随后每隔 2～4 小时观察 1 次温度,4～6 小时翻 1 次蛋。并利用向缸内加入冷水或热水、适时翻蛋或增减覆盖物等方法来调节盆温和蛋温。

盆内蛋温一般应保持在 38.5℃。1～5 天 39.5℃,6～7 天 38.5～39℃,8～10 天 38.5℃。入孵的第 1 天,种蛋需要升温吸热,缸内水温应高些,随着入孵日期的增加和胚蛋自温的升高,缸内水温应逐渐下降。水温由入孵时的 60～70℃逐渐下降到第 10 天的 40℃左右,此时符合蛋温要求,可不必换水。在入孵的第 10～13 天间换水的次数应根据室温和保温情况来决定,一般每天换 1 次水。如室温高,保温条件好,也可 2 天换一次水,每次每缸只需换进 0.5～1 桶热水。换水后 2～4 小时内,应特别注意盆内升温情况,防止温度偏高。换水时可从缸口直接加入,也可用橡皮管或其他导管应用虹吸的原理换水。

鸡蛋入孵到 11 天左右,自温显著增高,可移到摊床上继续孵化,以其自温保持上摊孵化所需要的温度 37～38℃,一直孵到出雏。上摊前种蛋应增温至 39℃左右,以免上摊后温度下降过快而影响孵化效果。在摊上主要用增减棉被、换盖被单和翻蛋等方法来调节蛋温。上摊后,如果外界气温低,不能保温,应放回原缸加温,到上摊能保温为止。上摊后,待蛋温升到 39.5℃时,应进行“抢滩”,即把边缘和中心的蛋对调,以使温度均匀。抢摊后再进行增温。摊上温度一般保持在 37～38℃。刚上摊 1～2 天,如果外界气温低,可不必抢摊。

③出雏:在正常情况下,鸡蛋经过 21 天孵化,雏鸡都能自行啄壳而出。出雏时,蛋温应保持在 39℃左右,室温 27～29℃,相对湿度 70%左右,雏鸡羽毛干后及时拣入出雏箱内。

4. 塑料薄膜热水袋孵化法

塑料薄膜热水袋孵鸡蛋是近年来兴起的一种孵鸡法。这种方法温度容易调节，孵化效果好，成本低，简单易行。

(1)孵化设备及用具：普通火炕，根据孵化量制作1～2个长方形木框(长165厘米、宽82.5厘米、高16.5厘米)，棉被、棉毯、被单数条，温度计数个，塑料薄膜水袋(用无毒塑料薄膜制作，应长于长方形木框，其宽与木框相同)等。

(2)孵化法：把木框平放在炕上(炕要平、不漏烟、各处散热均匀)，框底铺两层软纸，将塑料水袋平放在框内，框内四周与塑料薄膜热水袋之间塞上棉花及软布保温，然后往塑料薄膜热水袋中注入40℃温水(以后加的水始终要比蛋温高0.5～1℃)，使水袋鼓起13厘米高。把种蛋平放在塑料薄膜热水袋上面，每个蛋盘装300～500个种蛋。温度计分别放在蛋面上和插入种蛋之间，用棉被把种蛋盖严。种蛋的温度主要靠往水袋里加冷、热水来调节。整个孵化期内只注入1～2次热水即可。在必要情况下，也可以在开始入孵时，把炕烧温，这样能延长水袋中的水保温时间。每次注入热水前，先放出等量的水，使水袋中水始终保持恒温。火炕可不必烧得太热。

从入孵到第14天，蛋面温度要保持在38～39℃(第1周为39～38.5℃，第2周为38.5～38℃)，不得超过40℃。第15天到出雏前2天，蛋面温度应保持在38～37.5℃，在临出雏前3～5天，用木棒把棉被支起来，使蛋面与棉被之间有个空隙，以便通风换气。整个孵化期间，室内温度要保持在24℃左右，室内湿度以人不觉干燥为宜，若太干燥，可往地面洒水。

入孵1～15天，每昼夜翻蛋3～4次；第16～19天，每昼夜翻蛋4～6次。翻蛋时应注意互换位置，在孵化量大、蛋床多时，要把第1床种蛋逐个拣到第2床，第2床拣到第3床，第3床拣到第1

床上。孵化量小时，可用双手将种蛋有次序地从水袋一端向另一端轻轻推去，使种蛋就地翻动一下。胚蛋发育到中、后期，自身热量逐渐增大，同时产生大量污浊气体，通过凉蛋和翻蛋可散发多余热量，排除污浊气体。胚蛋在低温刺激下，能促进胚胎发育，增强雏鸡适应外界环境的能力。前期凉蛋可结合翻蛋进行，每次约 10 分钟，后期每次 15～20 分钟。第 19 天时，将蛋大头向上摆放，等待出雏。

5. 机器孵化法

(1)孵化前的准备工作

①准备好所有用品：入孵前一周应把一切用品准备好，包括照蛋器、干湿温度计、消毒药品、马立克疫苗、装雏箱、注射器、清洗机、易损电器元件、电动机、皮带、各种记录表格、保暖或降温设备等。

②温度校正与试机：新孵化机安装后，或旧孵化机停用一段时间，再重新启动，都要认真校正检验各机件的性能，尽量将隐患消灭在入孵前。

(2)种蛋的预热：入孵前把种蛋放到不低于 22～25℃的环境下 4～9 小时或 12～18 小时预热，能使胚胎发育从静止状态中逐渐苏醒过来，减少孵化器温度下降的幅度，除去蛋表凝水，可提高孵化率。在整机入孵时，温度从室温升至孵化规定温度需 8～12 小时，就等于预热了，不必再另外预热。

(3)码盘：码盘即种蛋的装盘，即把种蛋一枚一枚放到孵化器蛋盘上再入机器内孵化。人工码盘的方法是挑选合格的种蛋大头向上，小头向下一枚一枚的放在蛋盘上。若分批入孵，新装入的蛋与已孵化的蛋交错摆放，这样可相互调温，温度较均匀。为了避免差错，同批种蛋用相同的颜色标记，或在孵化盘贴上胶布注明。种蛋码好后要对孵化机、出雏机、出雏盘及车间空间进行全面消毒。

(4)入孵：入孵的时间应在下午 4～5 时，这样可在白天大量出雏，方便进行雏鸡的分级、性别鉴定、疫苗接种和装箱等工作。

(5)孵化管理

①温度、湿度调节：入孵前要根据不同的季节和前几次的孵化经验设定合理的孵化温度、湿度，设定好以后，旋钮不能随意扭动。刚入孵时，开门上蛋会引起热量散失，同时种蛋和孵化盘也要吸收热量，这样会造成孵化器温度暂时降低，经 3～6 个小时即可恢复正常。孵化开始后，要对机显温度和湿度、门表温度和湿度进行观察记录。一般要求每隔半个小时观察 1 次，每隔 2 个小时记录 1 次，以便及时发现问题，尽快处理。有经验的孵化人员，要经常用手触摸胚蛋或将胚蛋放在眼皮上测温，实行"看胚施温"。正常温度情况下，眼皮感温要求微温，温而不凉。

②通风换气：在不影响温度、湿度的情况下，通风换气越通畅越好。在恒温孵化时，孵化机的通气孔要打开一半以上，落盘后全部打开。变温孵化时，随胚胎日龄的增加，需要的氧气量逐渐增多，所以要逐渐开大排气孔，尤其是孵化第 14～15 天以后，更要注意换气、散热。

③翻蛋：入孵后 12 个小时开始翻蛋，每 2 个小时翻蛋 1 次，1 昼夜翻蛋 12 次。在出雏前 3 天移入出雏盘后停止翻蛋。孵化初期适当增加翻蛋次数，有利于种蛋受热均匀和胚胎正常发育。每次翻蛋的时间间隔要求相等，翻蛋角度以水平位置前俯后仰各 45°为宜，翻蛋时动作要轻、稳、慢。

④照蛋：一个孵化期中，生产单位一般进行 2～3 次照蛋。3 次照蛋的时间是：头照 5～6 天；二照 10～11 天；三照 17～18 天。

第一次照蛋：在入孵后 5～6 天进行，以及时剔出无精蛋、死胚蛋、弱胚蛋和破蛋。

活胚蛋可见明显的血管网，气室界限明显，胚胎活动，蛋转动胚胎也随着转动，剖检时可见到胚胎黑色的眼睛。受精蛋孵到第

5天，若尚未出现“单珠”，说明早期施温不够；若提早半天或1天出现“单珠”，说明早期施温过高。若查出温度不够或过高，都应做适当调整。正常的发育情况是，在照蛋器透视下，胚蛋内明显地见到鲜红的血管网，以及1个活动的位于血管网中心的胚胎，头部有黑色素沉积的眼珠。若系发育缓慢一点的弱胚，其血管网显得微弱而清淡。

没有受精的蛋，仍和鲜蛋一样，蛋黄悬在中间，蛋体透明，旋转种蛋时，可见扁形的蛋黄悠荡飘转，转速快。

弱胚蛋胚体小，黑色眼点不明显，血管纤细，有的看不到胚体和黑眼点，仅仅看到气室下缘有一定数量的纤细血管。

死胚蛋可见不规则的血环或几种血管贴在蛋壳上，形成血圈、血弧、血点或断裂的血管残痕，无放射形的血管。

第二次照蛋：一般在入孵后第10～11天进行，主要观察胚胎的发育程度，检出死胚。种蛋的小头有血管网，说明胚胎发育速度正好。死胚蛋的特点是气室界限模糊，胚胎黑团状，有时可见气室和蛋身下部发亮，无血管，或有残余的血丝或死亡的胚胎阴影。活胚则呈黑红色，可见到粗大的血管及胚胎活动。

第三次照蛋：三照在17～18天进行，目的是查明后期胚胎的发育情况。发育好的胚胎，体形更大，蛋内为胎儿所充满，但仍能见到血管。颈部和翅部突入气室。气室大而倾斜，边缘成为波浪状，毛边（俗称“闪毛”）；在照蛋器透视下，可以观察到胎儿的活动。死胎则血管模糊不清，靠近气室的部分颜色发黄，与气室界线不十分明显。

⑤落盘：孵化到第18～19天时，将入孵蛋移至出雏箱，等候出雏，这个过程称落盘。要防止在孵化蛋盘上出雏，以免被风扇打死或落入水盘溺死。

⑥出雏和捡雏：孵满20天便开始出雏。出雏时雏鸡呼吸旺盛，要特别注意换气。

捡雏分3次进行:第一次在出雏30%～40%时进行;第二次在出雏60%～70%时进行;第3次全部出雏完时进行。出雏末期,对少数难于出壳的雏鸡,如尿囊血管已经枯萎者,可人工助产破壳。正常情况下,种蛋孵满21天,出雏即全部结束。每次捡出的雏鸡放在分隔的雏箱或雏篮内,然后置于22～25℃的暗室中,让雏鸡充分休息。

⑦清扫消毒:为保持孵化器的清洁卫生,必须在每次出雏结束后,对孵化器进行彻底清扫和消毒。在消毒前,先将孵化用具用水浸润,用刷子除掉脏物,再用消毒液消毒,最后用清水冲洗干净,沥干后备用。孵化器的消毒,可用3%来苏儿喷洒或用甲醛熏蒸(同种蛋)消毒。

⑧雏鸡出壳前后管理

雏鸡出壳前:落盘时手工将种蛋从孵化蛋盘移到出雏盘内,操作中室温要保持25℃左右,动作要快,在30～40分钟内完成每台孵化机的出蛋,时间太长不利胚胎发育。适当降低出雏盘的温度,温度控制在37℃左右。适当提高湿度,湿度控制在70%～80%。

雏鸡出壳后:鸡孵化到20天大批破壳出雏,整批孵化的只要捡二次雏即可清盘;分批入孵的种蛋,由于出雏不齐则每隔4～6小时捡一次。操作时应将脐带吸收不好、绒毛不干的雏鸡暂留出雏机内。提高出雏机的温度0.5～1℃,鸡到21.5天后再出雏作为弱雏处理。鸡苗出壳24小时内做马立克疫苗免疫并在最短时间内将雏鸡运到育雏舍。

(6)孵化过程中停电的处理:要根据停电季节,停电时间长短,是规律性的停电还是偶尔停电,孵化机内鸡蛋的胚龄等具体情况,采取相应的措施。

①早春,气温低,室内若没有加取暖设备,室温度仅5～10℃,这时孵化机的进、出气孔一般全是闭着的。如果停电时间在4小时之内,可以不必采取什么措施。如停电时间较长,就应在室内增

加取暖设备,迅速将室温提高到32℃。如果有临出壳的胚蛋,但数量不多,处理办法与上述同。如果出雏箱内蛋数多,则要注意防止中心部位和顶上几层胚蛋超温,发觉蛋温烫眼时,可以调一调蛋盘。

②电孵机内的气温超过25℃,鸡蛋胚龄在10天以内的,停电时可不必采取什么措施,胚龄超过13天时,应先打开门,将机内温度降低一些,估计将顶上几层蛋温下降2～3℃(视胚龄大小而定)后,再将门关上,每经2小时检查1次顶上几层蛋温,保持不超温就行了,如果是出雏箱内开门降温时间要延长,待其下降3℃以上后再将门关上,每经1小时检查1次顶上几层蛋温,发现有超温趋向时,调一下盘,特别注意防止中心部位的蛋温超高。

③室内气温超过30℃停电时,机内如果是早期的蛋,可以不采取措施,若是中、后期的蛋,一定要打开门(出、进气孔原先就已敞开),将机内温度降到35℃以下,然后酌情将门关起来(中期的蛋)或者门不关紧,尚留一条缝(后期的蛋),每小时检查1次顶上几层的蛋温。若停电时间较长,或者是停电时间不长,但几乎每天都有规律地暂短停电(如2～3小时),就得酌情每天或每2天调盘1次。

为了弥补由于停电所造成的温度偏低(特别是停电较多的地区),平时的孵化温度应比正常所用的温度标准高0.28℃左右。这样,尽管每天短期停电,也能保证鸡胚在第21天出雏。

(7)提高种蛋孵化率的关键

①运输管理:种蛋进行孵化时,需要长途运输,这对孵化率的影响非常大,如果措施不到位,常会增加破损,引起种蛋系带松弛、气室破裂等,从而导致种蛋孵化率降低。

种蛋运输应有专用种蛋箱,装箱时箱的四壁和上下都要放置泡沫隔板,以减少运输途中的振荡。每箱一般可装3层托盘,每层托盘间也应有纸板或泡沫隔板,以降低托盘之间的相互碰撞。

种蛋运输过程中应避免日晒雨淋，夏春季节应采用空调车，运蛋车应做到快速平稳行驶，严防强烈振动，种蛋装卸也应轻拿轻放，防止振荡导致卵黄膜破裂。种蛋长途运输应采用专用车，避免与其他货物混装。

②加强种蛋储存管理：种蛋产下时的温度高于40℃，而胚胎发育的最佳温度为37～38℃，种蛋储存最好在“生理零度”的温度之下。

研究表明，种蛋保存的理想环境温度是13～16℃，高温对种蛋孵化率的影响很大，当储存温度高于23℃时，胚胎即开始缓慢发育，会导致出苗日期提前，胚胎死亡增多，影响孵化率，当储存温度低于0℃时，种蛋会因受冻而丧失孵化能力。保存湿度以接近蛋的湿度为宜，种蛋保存的相对湿度应控制在75%～80%。如果湿度过高，蛋的表面回潮，种蛋会很快发霉变质；湿度过低，种蛋会因水分蒸发而影响孵化率。

种蛋储存应有专用的储存室，要求室内保温隔热性能好，配备专用的空调和通风设备。并且应定期消毒和清洗，保存储存室可以提供最佳的种蛋储存条件。种蛋储存时间不能太长，夏季一般3天以内，其他季节5天以内，最多不超过7天。

③不要忽视装蛋环节：孵化前装蛋应再次挑蛋，在装蛋时一边装一边仔细挑选，把不合格的种蛋挑选出来。种蛋应清洁无污染；蛋形正常，呈椭圆型，过长过圆等都不适宜使用；蛋的颜色和大小应符合品种要求，过小过大都不应入孵；蛋壳表面致密、均匀、光滑、厚薄适中，钢皮蛋、沙壳蛋、畸形蛋、破壳蛋和裂蛋等都要及时剔除。装蛋时应轻拿轻放，大头朝上。种蛋装上蛋架车后，不要立即推入孵化机中，应在20～25℃环境中预热4～5小时，以避免温度突然升高给胚胎造成应激，降低孵化率。

为避免污染和疾病传播，种蛋装上蛋架车后，应用新洁尔或百毒杀溶液进行喷雾消毒。

④控制好孵化的条件

温度:鸡胚对温度非常敏感,温度必须控制在一个非常窄的范围内。胚胎发育的最佳温度37～38℃,若温度过高,胚胎代谢过于旺盛,产生的水分和热量过多,种蛋失去的水分过多,可导致死胚增多,孵化率和健苗率降低;温度过低,胚胎发育迟缓,延长孵化时间使胚胎不能正常发育,也会使孵化率和健苗率降低。

胚胎的发育环境是在蛋壳中,温度必须通过蛋壳传递给胚胎,而且胚胎在发育中会产生热量,当孵化开始时产热量为零,但在孵化后期,产热量则明显升高。因此,孵化温度的设定采取"前高、中平、后低"的方式。

湿度:胚胎发育初期,主要形成羊水和尿囊液,然后利用羊水和尿囊液进行发育。孵化初期,孵化机内的相对湿度应偏高,一般设定为60%～65%,孵化中期孵化机内的相对湿度应偏低,一般设定为50%～55%。

通风换气:孵化机采用风扇进行通风换气,一方面利用空气流动促进热传递,保持孵化机内的温度和湿度均匀一致;另一方面供给鸡胚发育所需要的氧气和排出二氧化碳及多余的热量。孵化机内的氧气浓度与空气中的氧气浓度达到一致时,孵化效果最理想。研究表明,氧气浓度若下降1%,则孵化率降低5%。

翻蛋:翻蛋可使种蛋受热均匀,防止内容物粘连蛋壳和促进鸡胚发育。在孵化阶段(0～18天)通常翻蛋频率以2小时1次为宜。对于孵化机的自动翻蛋系统,应经常检查其工作是否正常,发现问题要及时解决。

出雏:通常情况下,种蛋孵化到第18天时,应从孵化机中移出,进行照蛋,挑出全部坏蛋和死胚蛋,把活胚蛋装入出雏箱,置于车架上推入出雏机直到第21天。出雏阶段的温度控制在36～37℃;湿度控制在70%～75%,因为这样的湿度既可防止绒毛黏壳,又有助于空气中二氧化碳在较大的湿度下使蛋壳中的碳酸钙变成碳酸氢钙，使蛋壳变脆，利于雏鸡破壳；同时，保持良好的通风，也可以保证出雏机内有足够的氧气。在第21天大批雏鸡捡出后，少量尚未出壳的胚蛋应合并后重新装入出雏机内，适当延长其发育时间。出雏阶段的管理工作非常重要，温度、湿度、通风等一旦出现问题，即使时间较短，也会引起雏鸡的大批死亡。

(8)孵化场的卫生管理

①孵化厅卫生标准：孵化室更衣室、淋浴间、办公室、走廊地面清洁无垃圾，墙壁及天花板无蜘蛛网、无灰尘绒毛，地面保持火碱溶液或其他消毒剂的新鲜度。顶棚无凝集水滴，地面清洁，无蛋壳等垃圾，无积水存在，值班组人员每次交班之前10分钟用消毒剂拖地一遍，接班人员监督检查。

出雏室地面无绒毛、蛋壳等垃圾存在，无积水存在，墙壁干净整洁，无蜘蛛网灰尘。

孵化室、出雏室地沟、下水道内清洁，无蛋壳及绒毛存留，每周2次用2%火碱溶液消毒。

拣雏室内地面无蛋壳、绒毛存在，冲刷间干净整洁，浸泡池内无垃圾。发雏厅及接雏厅每次发放完雏鸡后，无蛋壳、鸡毛等垃圾存在，并用2%火碱溶液彻底消毒。

孵化间、出雏间、缓冲间内物品摆放整齐有序，地面无垃圾，每周至少消毒2次。纸箱库内物品分类摆放，整齐有序，地面干净整洁。

夏季使用湿帘或水冷空调降温时，及时更换循环用水，保持水的清洁卫生，必要时加入消毒剂。

室内环境细菌检测达合格标准。

②孵化器、出雏器卫生标准：孵化器内外、机顶干净整洁，无灰尘，无绒毛。壁板及器件光洁无污染。底板无蛋壳、蛋黄、绒毛及灰尘。加湿盘内无铁锈、蛋壳等垃圾，加湿滚筒清洁无污物。风扇内无灰尘，风扇叶无灰尘、无绒毛，温湿度探头上无灰尘、无绒毛。

控制柜内清洁卫生，无绒毛、灰尘、杂物。电机（风扇电机、翻蛋电机、风门电机、冷却电机、加湿电机）上无灰尘、无绒毛、无油污。入孵前细菌检测为合格标准。

③孵化场区隔离生产管理办法：未经允许，任何外人严禁进入孵化室。允许进入孵化室的人员，必须经过洗澡更衣，换鞋，有专人引导，并且按照一定的行走路线入内。

孵化室人员，除平时休班外，严禁外出，休班回场必须洗澡消毒更衣换鞋。维修人员进入孵化室，须洗澡更衣换鞋后方可进入。严禁携带其他动物、禽鸟及其产品进入孵化室。

接雏车辆需经喷雾消毒、过火碱油后才能进入孵化场。接雏人员只能在接雏厅停留，严禁进入其他区域，由雏鸡发放员监督。

运送种蛋的车辆需经彻底的消毒后再进入孵化场。每次雏鸡发放结束后，全面打扫存放间，发雏室、接雏厅、客户接雏道路用2%的火碱溶液全面喷洒消毒。

及时处理照蛋、毛蛋及蛋壳，不得在孵化厅室存放过夜。

进入孵化厅的物品须经有效的消毒处理后方可带进。孵化室备用工作服在每次使用后立即消毒清洗。

外来人员离开孵化室后，其所经过的区域，用2%的火碱溶液喷雾消毒。定期清理孵化场周围的垃圾等杂物，每月消毒1次。定期投放鼠药，减少鼠类对孵化场设备、种蛋的损害。

（三）孵化不良原因的分析

孵化不良的原因有先天性和后天性的两大类。每一类中，尚存在许多具体的因素。

1. 影响种蛋受精率的因素

种蛋受精率，高的应在90%以上，一般应在80%以上。若不足80%，应该及时检查原因，以便改进和提高。影响种蛋受精率的主要原因有种鸡群的营养不良，特别是饲料中缺少维生素 A 的供给；公、母鸡配种比例失调，鸡群中种公鸡太少；气温过高或过低，导致种公鸡性活动能力的降低；公鸡或有腿病，或步态不正，影响与母鸡交配；公、母鸡体重悬殊太大，特别是公鸡很大而母鸡太小，常造成失配等。

2. 孵化期胚胎死亡的原因

鸡蛋在孵化期常出现胚胎死亡现象，给养殖户造成损失。引起胚胎死亡的原因是多方面的。

(1)孵化前期(1～5 天)

①种蛋被病菌污染：病菌主要是大肠杆菌、沙门杆菌等，或经母体侵入种蛋，或检蛋时未妥善处理，被病菌直接感染，造成胚胎死亡。因此种蛋在产后 1 小时内和孵化前都要严格消毒，方法为 1∶1000 新洁尔灭溶液喷于种蛋表面，或按每立方米空间 30 毫升福尔马林加 15 克高锰酸钾熏蒸 20～30 分钟，并保持温度为25～27℃，湿度 75%～80%。

②种蛋保存期过长：陈蛋胚胎在孵化开始的 2～3 天内死亡，剖检时可见胚盘表面有泡沫出现、气室大、系膜松弛，因此种蛋应在产后 7 天内孵化为宜。

③剧烈震动：运输中种蛋受到剧烈震动，致使系膜松弛、断裂、气室流动，造成胚胎死亡。因此，种蛋在转移时要做到轻、快、稳，运输过程中做好防震工作。

④种蛋缺乏维生素 A：胚胎缺乏必需的营养成分导致死亡，在种鸡饲养时应保证日粮营养丰富、全面。

(2)孵化中期(6～13 天)：胚胎中期死亡主要表现为胚位异常或畸形。主要是种蛋缺乏维生素 D、维生素 B_2 所致。应加强种鸡的饲养。

(3)孵化后期(14～16 天)

①通风不良，缺氧窒息死亡：剖检可见脏器充血或淤血，羊水中有血液。因此，必须保持孵化室内通风良好，空气清新，氧气达到21%，二氧化碳低于0.04%，不得含有害气体。

②温度过高或过低：温度过低，胚胎发育迟缓；温度过高，脏器大量充血，出现血肿现象。孵化期温度控制的原则是前高、中平、后低，即前中期为38℃，后期为37～38℃。

③湿度过大或过小：湿度过大，胚胎出现"水肿"现象，胃肠充满液体；湿度过小，胚胎"木乃伊"化，外壳膜、绒毛干燥。湿度控制原则是两头高、中间低，即前期湿度为65%～70%，中期为50%～55%，后期为65%～75%。

(4)出雏(17～18天)：出雏死亡表现为未啄壳或虽啄壳但未能出壳而致死亡。原因是种蛋缺乏钙、磷；喙部畸形。

综合以上原因可知，前期鸡胚胎死亡主要是因为种蛋不好，或因内源性感染，中期主要是营养不良，后期主要是孵化条件不良所致。养殖户应对症下药，加强管理，积极预防，以取得最大的经济效益。

四、雏鸡的分级与存放

1. 强弱分级

雏鸡品质的健壮与否，对三黄鸡饲养效益关系重大。健康良好的雏鸡是培育优良的后备种鸡、肉鸡成活率高和增重快的前提条件，许多饲养户都非常重视雏鸡的选择。

雏鸡经性别鉴定后(鉴别方法见前述)，即可按体质强弱进行分级。

挑选雏鸡健雏与弱雏的方法主要通过看、摸、听。从羽毛、外貌、腹部、脐部、雏鸡活力与鸣叫声、体重等方面进行综合评判。

健雏羽毛整齐清洁，富有光泽，毛色符合本品种或品系的要求，脚呈金黄色，无青脚或黑脚，脚粗壮有力，丰润有光泽，外貌无畸形或缺陷。腹部宽阔平坦、大小适中，柔软，卵黄吸收良好。脐部没有出血痕迹，愈合良好，紧而干燥，上有绒毛覆盖，脐带已基本脱落。雏鸡活泼好动，眼大有神，内外突出，站立有力，走动奔跑平稳，反应敏捷。用手抓握，感到饱满有膘，温暖而有弹性，挣扎有力，鸣叫声响亮。雏鸡大小一致，符合该品种标准。

弱雏常见绒毛蓬乱，被蛋白胶或蛋壳黏污或绒毛紧贴，缺乏光泽，有时绒毛极短或缺少绒毛。如果孵化温度过高，雏鸡脚干瘦，无光泽。腹部膨大，突出，松弛，卵黄吸收不良。脐部突出，有出血痕迹或可见脐带，愈合不好，周围潮湿有黏液，无绒毛覆盖，明显外露。弱雏的活力差，精神不良甚至委靡不振，缩头闭目，站立无力不稳，反应迟钝，怕冷且常挤成一团。用手抓握，感觉雏鸡瘦弱，松软，无温暖感、挣扎无力，弱雏鸡叫声不洪亮或尖叫不停，雏鸡大小体重不一，达不到该品种的标准。除弱雏外，还有一些特别残弱的雏鸡，或者毛色不符合要求、体型外貌畸形的雏鸡也应剔除。

被选择出来的称为弱雏，如果弱雏也要饲养时，应把好次分群饲养，千万不要把强雏和弱雏混合饲养。因为混群饲养时，强欺弱，次鸡会因饮食不能满足而得病死亡。

2. 雏鸡存放

雏鸡存放室的温度较温暖，一般要求 24～28℃，通风良好并且无穿堂风。雏鸡盒的码放高度不能太高，一般不超过 10 层，并且盒之间有缝隙，以利于空气流通。不要把雏鸡盒放在靠暖气、窗户处，更不能日晒、风吹、雨淋。雏鸡应当尽快运到鸡场，越早运到饲养场，饲养效果越好。

第五章　三黄鸡的饲养管理

为了根据三黄鸡的生长发育规律及饲养管理特点饲喂相适应的饲料，搞好日常管理工作，可将三黄鸡的生长大致划分为育雏期、育成期、育肥期和种用期。但在实际生产中，这种划分为几个阶段的具体周龄又受气候条件、鸡的生长发育、品种特性等因素的影响。例如在寒冷季节，育雏期往往延长至7周龄后，三黄鸡羽毛生长比较丰满，抗寒能力较强时才脱温。对于地方品种来说，育成期生长期较长。而快大型三黄鸡育肥期较长，以便达到较大的出栏体重。生产者还要根据鸡的生长发育状况及市场价格行情调整大鸡的生长期长短，以达到最佳时机上市。

第一节　育雏阶段的饲养管理

雏鸡饲养(0～6周龄)是三黄鸡生产的关键阶段，但有些专业户在三黄鸡育雏养殖这一环节上技术措施处理不够细致，从而影响到整个鸡群生长阶段的发育，造成总成活率降低，养殖效益受损。许多养殖户成功的实践证明，育雏是养殖三黄鸡成功与否的关键所在，育雏期较高的成活率和较高的均匀度是整体养殖成功的关键因素。育雏的好坏，不但直接影响雏鸡的成活率，还关系着鸡的整个生长过程。因此，养好三黄鸡必须从育雏抓起，掌握好科学的育雏技术是提高三黄鸡雏鸡成活率的关键。

一、雏鸡的生理特点

1. 代谢旺盛,生长迅速

雏鸡 1 周龄时体重约为初生重的 2 倍,至 6 周龄时约为初生重的 15 倍,其前期生长发育迅速,在营养上要充分满足其需要。由于生长迅速,雏鸡的代谢很旺盛,单位体重的耗氧量是成年鸡的 3 倍,在管理上必须满足其对新鲜空气的需要。

2. 雏鸡体温低,调节机能较弱

雏鸡出壳后,其体温调节机能尚未完善,不能随着外界气温的变化来调节体温。通常雏鸡的体温比成年鸡的低 3℃,而且雏鸡出壳后,仅有绒毛,防寒能力较差,以后随着羽毛的生长和脱换,体温调节机能才逐步完善。所以,育雏开始时必须给予较高的温度,以后逐步降低。

3. 雏鸡的消化器官容积小,消化能力差

在幼雏阶段,不易消化吸收粗纤维过高的食物。但雏鸡生长快,新陈代谢旺盛,需要较高的饲料营养水平。因此,对于雏鸡,要选择易消化,能量、蛋白质、维生素含量较高的饲料,在饲养上应注意少喂多餐。

4. 抗逆能力差

雏鸡由于个体小,机体的防疫系统尚未发育成熟,对环境条件、病原微生物的抵抗能力弱。故要加强管理,做好环境的卫生、消毒、防疫工作,保证栏舍干燥卫生、通风、安静和稳定。

5. 免疫力弱

雏鸡抵抗力弱,很容易受到各种有害微生物的侵袭而感染疾

病。雏鸡免疫系统功能低下，对各种传染病的易感性较强，生产中要严格执行免疫接种程序和预防性投药，增加雏鸡的抗病力，以防患未然。

6. 合群性强

雏鸡模仿性强，喜欢大群生活，一块儿进行采食、饮水、活动和休息。因此，雏鸡适合大群高密度饲养，有利于保温。但是，雏鸡对啄斗也具有模仿性，密度不能太大，以防止啄癖的发生。

7. 初期易脱水

刚出壳的雏鸡含水率在75%以上，如果在干燥的环境中存放时间过长，则很容易在呼吸过程中失去很多水分，造成脱水。育雏初期干燥的环境也会使雏鸡因呼吸失水过多而增加饮水量，影响消化机能。因此，鸡在出雏之后的存放期间、运输途中及育雏初期必须注意湿度问题以提高育雏的成活率。

二、育雏方式

人工育雏按占用地面和空间的不同，分为平面育雏和立体育雏。

1. 平面育雏

平面育雏按舍内地面类型又可分为更换垫料育雏、厚垫料育雏和网上育雏三种。

(1)更换垫料育雏：一般把雏鸡育在铺有垫料的地面上，垫料厚3～5厘米，经常更换。此育雏方式有以下几种。

①伞形育雏器育雏：伞形育雏器的热源可由电热丝、煤油等来提供。容鸡只数根据育雏器的热源面积而定，约300～1000只。其优点是可养育较多幼雏，雏鸡可自由在伞下进出选择适温带，换

气良好。缺点是必须有保温良好的育雏舍，垫料易脏及成本较高等。特别是电热伞形育雏器余热很少，在冬季育雏常需另加火炉或热水管以提高室温。

②红外线灯育雏：利用红外线灯散发的热量育雏，灯泡规格为250瓦。使用时成组连在一起，悬挂于离地面45厘米高处，室温低时可降低至33～35厘米。从第二周起每周将灯提高7～8厘米，直至60厘米。另外，舍内应有升温设备。最初几天要用围栏将初生雏限制在灯泡下1.2米直径的范围，以后逐渐扩大。料槽和饮水器不能放在灯下。每盏灯的保暖雏鸡数与室温有关。

用红外线灯育雏，因保温稳定，室内干净，垫料干燥，雏鸡可自由选择合适的温度，育雏效果良好，但耗电量大，灯泡易损，要特别注意在使用时，不要摆动和滴冷水。

③烟道式育雏：有地上水平烟道和地下烟道两种。其原理都是烧煤或利用当地其他燃料，使热气通过烟道而升高室温。二者比较，地下烟道埋在地下，管理时便于操作；因散热慢，保温时间久，耗燃料少；热从地面上升，适合于雏鸡伏卧地面休息的习性；地面和垫料暖和干燥，球虫病等发病率低。烟道式育雏舍要求房舍结构比较高，不仅墙壁的保温性能要好，而且应加天花板，使室内的保温空间小一些。天花板的高度一般以离地面1.7米为宜。

④热水管式育雏：大型鸡场的育雏舍，采用地面平养时，每室育雏数达5000～25 000只，多用热水管式育雏。在育雏舍中央部分装设锅炉，用热水管或蒸汽管通往两侧的育雏室，热水管道上覆盖护板保存温度。管的高度距地面30厘米，雏鸡在水管下活动取暖，随着雏鸡日龄渐大，护板应逐渐升高。有的将热水管装于地面之下，管理更为方便，适用于固定式育雏舍。这种方式在寒冷地区多用。

(2)厚垫料育雏：用厚垫料育雏，可省去经常更换垫料的繁重劳动。育雏舍打扫清洁后，首先撒一层熟石灰(每平方米撒布 1 千克)，然后再铺上 5～6 厘米厚的垫料，育雏约 2 周后，开始增铺新垫料，至厚度达 15～20 厘米为止。垫料于育雏结束后一次清除。

(3)网上育雏：网上育雏即在离地面 50～60 厘米的高处，架上丝网，把雏鸡饲养在网上。网上平养是鸡育雏最成功的方式，由于鸡的排泄物可以直接落入网下，雏鸡基本不同粪便接触，从而减少与病原接触，减少再感染的机会，尤其是对防止球虫病和肠胃病有明显的效果；网上平养不用垫料，减轻了劳动量，减少了对雏鸡的干扰，从而减少雏鸡发生应激的可能，提高雏鸡的成活率，但网上平养造价相对较高。工厂化鸡场常用大群全舍网上平养幼雏或大群围栏网上平养幼雏，但小型鸡场及农村养殖户，可采用小床网育。

2. 立体育雏

立体育雏适合规模饲养户采用，可以增加饲养密度节省建筑面积和土地面积，便于实行机械化和自动化管理，管理定额高，提高了雏鸡的成活率和饲料效率。

(1)立体育雏笼：一般 4 层立体育雏笼 140 厘米宽，420 厘米长，每层高度 20～30 厘米，两层笼间设置承粪板，间隙 5～7 厘米。使用这种育雏笼时，要注意上下的温差，尤其是在冬季，一般先用上面二层育雏，待雏鸡稍大以后，再将体重大的逐渐移至下面二层。

(2)小笼或立体小笼育雏：采取每群在 50～100 只之内的小群体育雏，能取得较好的效果。育雏笼的宽度不超过 70 厘米，每笼长度不超过 140 厘米。这种方式便于观察，便于抓鸡做免疫，也便于对鸡群消毒。雏鸡生长快，发育整齐。

三、进雏前的准备

雏鸡入舍前的准备工作是育雏的一项重要技术措施，它关系到雏鸡育雏期的成活率、健康状况和生长速度。准备工作的任务是创造一个清洁干净、没有病源、温暖舒适、采食饮水方便的生活环境。

1. 拟定育雏计划

根据本场的具体条件，制定育雏计划，每批进雏只数应与育雏鸡舍、成鸡舍的容量大体一致。一般育雏舍和育成舍的比例为 1：2，进雏只数一般决定于当年新鸡的需要量，在这个基础上再加上育成期间死亡的淘汰数。

(1)育雏季节的选择：季节与育雏的效果有密切关系，因此育雏应选择适合的季节，并应根据不同地区和环境条件进行选择。在自然环境条件下，一般以春季育雏最好，初夏与秋冬次之，盛夏最差。

①春雏：指 2～5 月份孵出的鸡雏，尤其是 3 月份孵出的早春雏。春季气温适中，空气干燥，日照时间长，便于雏鸡活动，鸡的体质好，生长发育快，成活率高。同时，室外气温逐渐上升，天气较干燥，有利于雏鸡群降温、脱温，适合雏鸡的生长发育。特别是这一时期育的雏，在 7～8 月份已经长成大雏，能有效抵御夏季的潮湿气候。更重要的是，在正常的饲养管理条件下，春雏到了 9～10 月份可全部开产，一直产到第二年夏季，第一个产蛋年度时间长，产蛋量高，蛋重大。在南方，种鸡的产蛋高峰期可避开夏、秋季炎热，种用价值和生产力最高，但在北方，其产量高峰期处于最寒冷的季节，如鸡舍无保温设施，将严重影响种鸡的产蛋能力和受精率，曾发现种鸡受精率低于 10%的现象，应引起生产者的高度重视。

②夏雏：指6～8月份出壳的小鸡雏。夏季育雏保温容易，光照时间长，但气温高，雨水多，湿度大，雏鸡易患病，成活率低。如饲养管理条件差，鸡生长发育受阻，体质差，当年不开产，产蛋持续期短，产蛋少。

③秋雏：指9～11月份孵出的雏鸡，这个时期气候温和，空气干燥，是育雏比较有利的季节，光照时间较短，性成熟较迟，育成阶段要注意调节控制种鸡的性成熟日龄，适时开产。秋雏应在次年气温达到最高的日期之前出现产蛋高峰期。

④冬雏：指12～2月份(次年)孵出的雏鸡，这时天气寒冷，保温时间长，缺乏阳光和充足运动，生长发育受到一定的影响，雏鸡育成期长，生产成本高，雏鸡育成率低，当种鸡群的产蛋出现高峰时正遇上高温气候，在南方省份会严重影响产蛋能力，在当年秋季又常会换羽，造成产蛋率的进一步下降。所以一般不选择冬季育雏。

(2)房舍、设备条件：如果利用旧房舍和原有设备改造后使用的，主要计算改造后房舍设备的每批育雏量有多少。如果是标准房舍和新购设备，则计算平均每育成一只雏鸡的房舍建筑费及设备购置费，再根据可能用于房舍设备的资金额，确定每批育雏的只数及房舍设备的规模。育雏室应该保温良好，便于通风、清扫、消毒及饲喂操作。用前需经修缮，堵塞鼠洞。

(3)可靠的饲料来源：根据育雏的饲料配方、耗料量标准以及能够提供的各种优质饲料的数量(特别要注意蛋白质饲料及各种添加剂的满足供给)，算出可养育的只数及购买这些饲料所需的费用。

(4)资金预计：将房舍及饲料费用合计，并加上适当的周转资金，算出所需的总投资额，再看实际筹措的资金与此是否相符。

(5)其他因素：要考虑必须依赖的其他物质条件及社会因素如何，如水源是否充足，水质有无问题，特别是电力和燃料的来源是否有保证，育雏必需的产前、产后服务（如饲料、疫苗、常用物资等的供应渠道及产品销售渠道）的通畅程度与可靠性。

首先将这几个方面的因素综合分析，确定每一批育雏的只数规模，这个规模大小应建立在可靠的基础上，也就是要求上述几个因素应该都有充分保证，同时应该结合市场的需求，收购价格和利润率的大小来确定。每一批的育雏只数规模确定后，再根据一年宜于养几批，决定全年育雏的总量。

其次，需要选择适宜的育雏季节和育雏方式，因为选择得当，可以减少费用开支而增加收益。实际上育雏季节与方式的选择，在确定育雏规模和数量时就应结合考虑进去。

2. 育雏用品的准备

(1)保温设备：无论采用什么热源，都必须事先检修好，进雏前经过试温，确保无任何故障。如有专门通风、清粪装置及控制系统，也都要事先检修好。

①热风炉：以煤等为原料的加热设备，需进行检查维修。

②锅炉供暖：分水暖型和气暖型，育雏供温以水暖型为宜。

③红外线供暖：红外线发热原件有两种主要形式，即明发射体和暗发射体，两种都安装在金属反射罩下。

(2)育雏设备及用具的准备：根据育雏规模，准备好育雏伞、料槽、饮水器、垫草、燃料、围栏、资金、育雏记录表等。

①料槽要求：数量充足，所有鸡都能同时吃食；高低大小适当，槽高与鸡背高度相近；结构合理，减少饲料浪费。在 3 周龄内每只鸡占有 4～5 厘米，7～20 周龄 5～7 厘米，20 周龄以后 8～10 厘米。料槽的高低大小至少应有两种规格：3 周龄内鸡料槽高 4 厘米、宽 8 厘米、长 80～100 厘米；3 周龄以后换用高 6 厘米、宽 8～10 厘米、长 100 厘米左右的料槽；8 周龄以上，随着鸡龄增长可以将料槽相应地垫起，使料槽高度与鸡背高相同。

②饮水器:雏鸡饮水最好采用真空饮水器。这样使水盘的水深控制在 1.5 厘米,水面宽度 2 厘米,较为适宜。

(3)供温设施测试:进雏前 2～3 天,对育雏舍进行供温和试温,观察能否达到育雏要求的温度,能否保持恒温,以便及时调整。做好安全检查,用煤火供温要有烟囱,有煤气出口,并注意防火灾。

(4)饲料准备:雏鸡 0～6 周龄累计饲料消耗为每只 900 克左右。雏鸡可用全价配合饲料,也可自己配制。自己配制时要注意原料无污染、不霉变,最好现用现配,一次配料不超过 3 天用量。饲料形状以颗粒破碎料(鸡花料)最好。

(5)垫料的准备:地面育雏的,为了保暖的需要,通常需铺设垫草。垫草质量要求是不发霉、不污染和松软,干燥、吸水性强,长短粗细适当。种类有锯末、小刨花、玉米秆、稻草、麦秸等,可以混合使用。使用前应将垫料暴晒,发现发霉垫草应当挑去。铺设厚度以 5 厘米左右为宜,但要平整,离热源最少要有 10 厘米的距离。在铺设垫草的同时,用育雏网板将育雏室隔成小圈,热源在圈的中心,以便把小鸡固定在热源的附近。2 周龄以内的小鸡,就在小圈内取暖、采食、饮水、休息。围高 40 厘米左右,圈大小应视鸡群大小及保温设备而定。如果用保温伞保温,围栏高保温伞的边缘 80～100 厘米;如果用煤炉提高整个室温取暖,则围栏可留小一些,每圈育雏鸡 200 只左右。围栏一般到小鸡不用热源保温时便可拆除。

(6)网床:采用网床育雏的,根据要求铺好网床。

(7)燃料:均要按计划的需要量提前备足。

(8)药品及添加剂:为了预防雏鸡发生疾病,适当地准备一些药物是必要的。消毒药如煤酚皂、紫药水、新洁尔灭、烧碱、生石灰、高锰酸钾、甲醛等;用以防治白痢病、球虫病的药物如呋喃唑酮、球痢灵、氯苯胍、土霉素等。添加剂有速溶多维、电解多维、口服补液盐、维生素 C 和葡萄糖等。

(9)疫苗:根据基础免疫的要求,准备好相关疫苗。

(10)其他用品:包括各种记录表格、温度计、连续注射器、滴管、刺种针、台秤和喷雾器等都要准备好。

3. 消毒

无论是新建鸡舍还是原来利用过的建筑,在进鸡之前都必须经过严格的清洗和消毒。

(1)清扫:首先清扫屋顶、四周墙壁以及设备内外的灰尘等脏物。若是循环生产,每一批肉鸡出场以后,应对鸡舍进行彻底的清扫,将粪便、垫草、剩料分别清理出去,对地面、墙壁、棚顶、用具等的灰尘要打扫干净。

(2)冲洗:冲洗是大量减少病原微生物的有效措施,在鸡舍打扫以后,都应进行全面的冲洗。不仅冲洗地面,而且要冲洗墙壁、网床、围网、饲料器、饮水器等一切用具。如地面黏有粪块,结合冲洗时应将其铲除。最好使用高压水枪冲洗,如没有条件应多洗一两遍,冲洗干净以后,在水中加入广谱消毒剂喷洒消毒一遍。

(3)周围环境:清除雏鸡舍周围环境的杂物,然后用火碱水喷洒地面,或者用白石灰撒在鸡舍周围。

(4)熏蒸消毒:上述清洗消毒完成以后,将水盘和料盘(按10只雏鸡配1个,均匀摆放,使用电热育雏伞育雏时料盘放置在离伞边缘20厘米左右的地方)以及育雏所用的各种工具放入舍内,然后关闭门窗,用福尔马林熏蒸消毒。熏蒸时要求鸡舍的湿度70%以上,温度10℃以上。消毒剂量为每立方米体积用福尔马林42毫升加42毫升水,再加入21克高锰酸钾。1～2天后打开门窗,通风晾干鸡舍。如果离进鸡还有一段时间,可以一直封闭鸡舍到进鸡前3天左右。空舍2～3周后在进鸡前约3天再进行一次熏蒸消毒。

4. 育雏舍的试温和预热

育雏前准备工作的关键之一就是试温。检查维修火道后，点燃火道或火炉升温2天，使舍内的最高温度升至39℃。升温过程中要检查火道是否漏气。试温时温度计放置的位置：①育雏笼应放在最上层和第三层之间。②平面育雏应放置在距雏鸡背部相平的位置。③带保温箱的育雏笼在保温箱内和运动场上都应放置温度计测试。

雏鸡进舍前24小时必须对鸡舍进行升温，尤其是寒冷季节，温度升高比较慢，鸡舍的预热升温时间更要提前。在秋、冬季节，墙壁、地面的温度较低，所以必须提前2～3天开始预热育雏舍，只有当墙壁、地面的温度也升到一定程度之后，舍内才能维持稳定的温度，但雏鸡舍的温度要求因供暖的方式不同而有所差异。采用育雏伞供暖时，1日龄时伞下的温度控制在35～36℃，育雏伞边缘区域的温度控制在30～32℃，育雏室的温度要求25℃。采用整室供暖（暖气、煤炉或地炕），1日龄的室温要求保持在29～31℃。如果进雏后，舍内温度仍不太稳定，可以先让雏鸡仍在运雏盒中休息，待温度稳定后再放入育雏器内。随着雏鸡的逐渐长大，羽毛逐渐丰满，保温能力逐渐加强，对温度的要求也逐渐降低，但不要采取突然降温的方法。

四、进　雏

在雏鸡到达前，再检查一次育雏室所需的设备如饮水器、喂料器、垫料、保温设施等是否准备就绪，不足的补足。

若是购买的鸡苗，运回后应尽快放到水源和热源处，并立即给饮万分之一的高锰酸钾水（水呈浅红色即可），用以清洁雏鸡肠胃，促进卵黄吸收。一般情况，喂水2～3小时后，才喂料（天冷时，饲料盘和饮水器应放近热源处)。一次投放饲料不要太多,放料后,用手指轻击料盘,引诱小鸡采食。然后将所有的鸡苗箱移出育雏舍处理。

自行孵化的进雏可以分批进行,尽量缩短在孵化室的逗留时间,以免早出壳的雏鸡不能及时饮水和开食,导致体质逐渐衰弱,影响生长发育,降低成活率。

五、育雏期的饲养管理

雏鸡的管理是一种很细致而艰巨的工作,需要有责任心,认真负责,严格执行规程,做到科学管理,给雏鸡创造最佳的环境条件。

(一)雏鸡饮水与开食

雏鸡接运到育雏室,休息 1～2 小时后,应当是先给予饮水,然后再开食。饮水有利于雏鸡肠道的蠕动,吸收残留卵黄,排出胎粪和增进食欲。

1. 饮水

初生雏鸡接入育雏室后,第一次饮水称为初饮。雏鸡在高温条件下,很容易造成脱水。因此,初饮应尽快进行。

初次饮水最好用 16～20℃左右的温开水,可在水中加 8%的白糖或葡萄糖,0.1%的维生素 C 和 50×10^{-6}的盐酸恩诺沙星,或饮口服补液盐(将食盐 35 克,氯化钾 15 克,小苏打 25 克,多维葡萄糖 20 克溶于 1000 毫升蒸馏水中,效果更佳)。对于长途运输的雏鸡,在饮水中要加入口服补液盐,有助于调节体液平衡。初饮后,应当保持雏鸡能够不间断地得到饮水供应。初饮时,对于无饮水行为的雏鸡,可轻轻抓住雏鸡头部,将喙部按入水中 1 秒左右,每 100 只雏鸡教 5 只,则全群能很快学会。

为了预防疾病，0～5 日龄阶段可在饮水中按每只雏鸡加入 0.05%～0.1%氯霉素，或按每只雏鸡加庆大霉素 5000 国际单位，或按每只雏鸡加青霉素 3000～4000 国际单位，或链霉素 3 万国际单位，另外，每只雏鸡加入维生素 C 0.2 毫升。6～10 日龄饮水中加入 0.02%的呋喃唑酮，但必须彻底溶解，严防中毒。

0～7 日龄每天每只鸡按 20 毫升左右饮水计算，每天至少分 4～5 次供水，每次饮 0.5～1 小时。初次饮水之后，雏鸡每 100 千克水中加 50 克诺氟沙星，连饮 7 天，停 3 天，再饮 5 天，然后可直接饮井水。饮水器要充足，一般 100 只雏鸡最少要有 3 个 1250 毫升的饮水器均匀分布于育雏栏内。饮水器每天要刷洗干净，并用消毒液消毒。

前 7 天雏鸡饮水最好使用真空饮水器，7 天后用水槽饮水。每次免疫前 2～3 天给雏鸡饮电解多维，按说明书中标明的用量添加，这时不能混饮其他药物。

在正常饲养管理环境下，雏鸡饮水量的突然变化多是疾病来临的征兆。因此，每天要认真观察、记录饮水情况，及时发现问题，以便及时采取相应的预防措施。

2. 开食

雏鸡第一次喂食称为开食，开食时间一般掌握在初饮后 2～3 小时的白天进行，开食在浅盘或硬纸上进行。开食不是越早越好，过早开食胃肠软弱，有损于消化器官。但是，开食过晚有损体力，影响正常生长发育。当有 60%～90%雏鸡随意走动，有啄食行为时应进行开食。

(1)开食方法：将配制好的开食饲料撒在料盆内，任其自由采食。整个开食时间宜短，一般在 30 分钟内完成。

(2)诱食方法：刚开食时，雏鸡可能不会吃食，需要诱导。先用手轻碰鸡嘴，吸引其注意力，然后引向开食料，或打开雏鸡嘴，直接将开食料塞进鸡嘴内；把切成细丝的青菜放在手上晃动，或者将蒸煮半熟的小米或切碎的青菜丝均匀地撒在食盘上，用手轻轻叩打食盘，引诱和训练雏鸡采食。第二次喂料，应将被污染饲料扫清。

(3)开食饲料：开食的饲料要求新鲜，颗粒大小适中，易于啄食，营养丰富易消化，常用的是非常细碎的黄玉米颗粒、小米或雏鸡配合饲料。

①用全价小颗粒饲料或浸泡 2 小时的碎米、小米搭配切细的嫩青绿饲料，按精饲料与青绿料 1∶2 的比例混合均匀。

②全价饲料 20％，蒸熟的玉米面 20％，切碎的青菜叶 60％。

凡是开食正常的雏鸡，第 1 天平均每只最多吃 3～4 克，第 2 天增加到 7 克左右，第 4 天可增加到 9～10 克，第 5 天可达 12 克。

开食良好的鸡，走进育雏室即可听到轻快的叫声，声音短而不大，清脆悦耳，且有间歇；开食不好的鸡，有烦躁的叫声，声音大而叫声不停。

开食正常，雏鸡很安静，很少站着休息，更没有吃食扎堆的现象。

在混合料或饮水中放入预防白痢病的药物，能大大减少白痢病的发生；如果在料中或水中再加入抗生素，大群发病的可能性更小，粪便也正常。但开食不好、消化不良的雏鸡仍然会出现类似白痢病的粪便，粘连在肛门周围。

(4)开食注意事项

①挑出体弱雏鸡：雏鸡运到育雏舍，经休息后，要进行清点，将体质弱的雏鸡挑出。因为雏鸡数量多，个体之间发育不平衡，为了使鸡群发育均匀，要对个体小、体质差、不会吃料的雏鸡另群饲养，以便加强饲养，使每只雏鸡均能开食和饮水，促其生长。

②延长照明时间：开食时为了有助于雏鸡觅食和饮水，进雏的头 3 天内采取昼夜 24 小时光照。

③选择开食饲料：开食饲料，一般要求营养丰富，适口性佳，容易消化吸收，可以选择碎米、碎玉米等饲料。

④开食不可过饱：开食时要求雏鸡自己找到采食的食槽和饮水器，会吃料能饮水，但不能过饱，尤其是经过长时间运输的雏鸡，此时又饥又渴，如任其暴食暴饮，会造成消化不良，严重时可致大批死亡。

3. 补饲沙粒

因为鸡没有牙齿，补喂沙粒可以促进肌胃的消化功能，而且还可以避免肌胃逐渐缩小。补喂时把 3 毫米的沙粒按饲料量的 1%～2%投入料中，也可以装在吊桶里供鸡自由采食，通常 1 周后开始自由采食。

(二)雏鸡的日常管理

温度、湿度、通风、光照、营养、卫生和饲养密度等环境条件是成功育雏的基本条件。

1. 温度

育雏温度包括育雏室温度和育雏器温度。育雏温度对 1～30 日龄雏鸡至关重要，温度偏低会引起雏鸡死亡。防止温度偏低固然很重要，但是也应注意防止温度偏高。控制好温度是育雏成败的首要条件。

(1)对温度的基本要求：育雏室温度要求在 24℃左右，育雏后期可根据鸡群情况逐渐降低室温，将温度计挂在离育雏器较远的墙上，高出地面 1 米处。因同一空间内不同高度的温度有差异，温度计水银球以悬挂在雏鸡背部的高度为宜。一般刚出壳的小雏鸡温度宜高，大雏鸡宜低，小群稍高，大群稍低，夜间稍高，昼间稍低。大致为 0～1 周龄在 30～32℃，1～2 周 28～30℃，3～4 周 23～28℃，5～6 周 18～23℃。

温度计的读数只是一个参考值，实际生产中要看雏鸡的采食、饮水行为是否正常来确定温度。雏鸡的伸腿，伸翅，奔跑，跳跃，打斗，卧地舒展休息，呼吸均匀，羽毛丰满、干净有光泽，都证明温度适宜；雏鸡挤堆，发出轻声鸣叫，呆立不动，缩头，采食饮水较少，羽毛湿，站立不稳，说明温度偏低；如果雏鸡的羽毛被水淋湿，应以电吹风等器具烘干，可减少死亡。温度过低会引起瘫痪或神经症状。雏鸡伸翅，张口呼吸，饮水量增加，寻找低温处休息，往笼边缘跑，说明温度偏高，应立即进行通风降温。降温时注意温度下降幅度不宜太大。如果雏鸡往一侧拥挤说明有贼风袭击，应立即检查风口处的挡风板是否错位，检查门窗是否未关闭或被风刮开，并采取相应措施保持舍内温度均衡。

(2)温度控制的稳定性和灵活性：雏鸡日龄越小，对温度稳定性的要求越高，初期日温差应控制在3℃之内，到育雏后期日温差应控制在6℃之内，避免因为温度的不稳定给生产造成重大损失。

温度的控制应根据鸡群和季节变化的情况灵活掌握。对健壮的雏鸡群育雏温度可以稍低些，在适温范围内，温度低些比温度高些效果好；对体重较小、体质较弱、运输途中及初期死亡较多的雏鸡群温度应提高些；夜间因为雏鸡的活动量小，温度应该比白天高出1～2℃；秋、冬季节育雏温度应该提高些，寒流袭来时，应该提高育雏温度；断喙、接种疫苗等给鸡群造成很大应激时，也需要提高育雏温度；雏鸡群状况不佳，处于临床状态时，适当提高舍温可减少雏鸡的损失。

(3)雏鸡的温度锻炼：随着日龄的增长，雏鸡对温度的适应能力增强，因此应该适当降温。适当的低温锻炼能提高雏鸡对温度的适应能力。不注意及时降温或长时间在高温环境中培育的鸡群，常有畏寒表现，也易患呼吸道疾病。秋天的雏鸡即将面临严寒的冬天，尤其需要注意及时降温，培育鸡群对低温的适应能力。

降温的速度应该根据鸡群的体质和生长发育的状况，根据季节气温变化的趋势而定，大致每天降低 0.5℃，也可每周降 3℃左右。

供暖时间的长短应该依季节变化和雏群状况而定。秋、冬季育雏供暖时间应该长一些，当育雏温度降至白天最低温度时，就可以停止白天的供暖，当夜间的育雏温度降至夜间的最低温度时，才可以停止夜间的供暖。在昼夜温差较大的地区，白天停止供热后，夜间仍需继续供热 1～2 周。

2. 湿度

空气含水气多湿度大，含水气少湿度小，表示湿度大小通常用相对湿度。所谓相对湿度是指在一定时间内，某处空气中所含水汽量与该气温下饱和水汽量的百分比。生产实践中可用相对湿度来测定鸡舍内的湿度。

(1)湿度的要求：在一般情况下，相对湿度要求不严格。只有在极端情况下或与其他因素共同发生作用时，才对雏鸡造成危害。如环境过于干燥，雏鸡绒毛枯脆脱落，脚趾干瘪，体质差，育雏率下降；高温低湿易引起雏鸡的脱水，绒毛焦黄，腿、趾皮肤皱缩，无光泽，体内脱水，消化不良，身体瘦弱，羽毛生长不良。因此，雏鸡从高湿度的出雏器转到育雏舍，湿度要求有一个过渡期。第一周要求湿度为 70%～75%，第二周为 65%～70%，以后保持在 60%～65%即可。育雏前期要增大环境湿度，因为前期雏鸡饮水、采食较少，排粪也少，环境干燥，而随日龄的增加，排粪量增加，水分蒸发多，环境湿度也大，要注意防潮。尤其要注意经常更换饮水器周围的垫料，以免腐烂、发霉。

(2)相对湿度的测定：测定相对湿度是采用干湿球湿度计，如测定鸡舍内相对湿度，应将干湿球湿度计悬挂在舍内距地面 40～50 厘米高度的空气流通处。

(3)舍内湿度的调节：生产中，由于饲养方式不同、季节不同、鸡龄不同，舍内湿度差异较大。为了满足雏鸡的生理需要，要对舍内湿度经常进行调节。

①增加舍内湿度的办法：一般在育雏前期，需要增加舍内湿度。如果是网上平养育雏，则可以在水泥地面上洒水增加湿度；若垫厚料平养育雏，则可以向墙壁上面喷水或在火炉上放一个水盆蒸发水汽，以达到补湿的目的。

②降低舍内湿度的办法：降低舍内湿度的办法主要有升高舍内温度，增加通风量；加强平养的垫料管理，保持垫料干燥；冬季房舍保温性能要好，房顶加厚，如在房顶加盖一层稻草等；加强饮水器的管理，减少饮水器内的水外溢；适当限制饮水。

3. 通风

育雏期室内温度高，饲养密度大，雏鸡生长快，代谢旺盛，呼吸快，需要有足够的新鲜空气。另外，舍内粪便、垫料因潮湿发酵，常会散发出大量氨气、二氧化碳和硫化氢，污染室内空气。所以，育雏时既要保温，又要注意通风换气以保持空气新鲜。在保证一定温度的前提下，应适当打开育雏室的门窗，通风换气增加室内新鲜空气，排出二氧化碳、氨气等不良气体。一般以人进入育雏舍内无闷气感觉，无刺鼻气味为宜。

通风换气要注意避免冷空气直接吹到雏鸡身上，而使其着凉感冒；也忌间隙风。育雏箱内的通气孔要经常打开换气，尤其在晚间要注意换气。

4. 光照

光照目的主要是给予足够的采食时间。目前，大多数鸡场都采取在头 3 天给予 24 小时光照，3 天以后给予 23 小时光照（包括自然光照和人工光照）、1 小时黑暗的办法。这 1 小时的黑暗，目的在于让小鸡熟识黑暗环境，以免在停电时发生意外。在密闭式鸡舍，也有采用照明 1～2 小时，然后黑暗 2～4 小时的循环间歇照明方法。这种方法对节省电能和提高饲料效率都有一定的作用。

近年来,除第1～2周外,采用弱光照明,在鸡生产中取得明显效果。一般在2周龄内的光照强度,以每15平方米悬挂一个40瓦的灯泡为宜。2周龄以后每15平方米悬挂一个15瓦的灯泡就能满足要求,但应注意灯泡的光洁。光照过强不仅浪费电源,而且对鸡也没有什么好处,会使雏鸡产生啄癖。

5. 饲养密度

饲养密度的单位常用每平方米饲养雏鸡数来表示。密度大小应随品种、日龄、通风、饲养方式等的不同而进行调整。在饲养条件不太成熟或饲养经验不足的情况下,不要太追求单位面积的饲养量和效益。饲养密度过大,可能造成饲养环境的恶化,影响生长和降低抗病力,反而达不到追求效益的目的。

一般来讲,网上饲养密度比落地散养大些,可以多养20%～30%的鸡。而笼养又可以比网上平养多得多,可达到200%。随着日龄增长及时调整饲养密度,要将公母、大小、强弱分群饲养。一般情况,1～10日龄,60～50只/平方米;11～20日龄,40～30只/平方米。饲养数量多,应分小区饲养,每群可掌握在1000只左右。

6. 合理饲喂

雏鸡的饲喂方式可分为两种:一种是定时定量。就是根据雏鸡的日龄大小和生长发育要求,把饲料按规定的时间分为若干次投给的饲喂方式,一般在4周龄以前每日可喂4～6次,可在6时、9时、12时、下午3时、6时各投料一次,投喂的饲料量是在下次投料前半小时能食完为准。这种方式有利提高饲料的利用率。另一种是自由采食方式,就是把饲料放在饲料槽内任雏鸡随时采食。一般每天加料1～2次,终日保持饲料器内有饲料。这种方式在三黄鸡饲养中较多采用,实践证明,这种方式可使鸡的生长速度比前一种快，还可以避免饲喂时鸡群抢食、挤压和弱雏争不到饲料的现象，使鸡群都能比较均匀地食饲料，生长发育也比较均匀。每次喂料量宜少不宜多，让雏鸡吃到“八分饱”，使其保持旺盛食欲，有利于雏鸡健康的生长发育。料的细度 1～1.5 毫米，细粒料可以增强适口性。

每周略加些不溶性河沙(河沙必须淘洗干净)，每 100 只鸡每周喂 200 克，一次性喂完，不要超量，切忌天天喂给，否则常招致硬嗉症。

7. 提供充足的饮水

在某种意义上说，水比饲料还重要，因为鸡体的大部分都是水，约占鸡体重量的 70%，而且其生命的一切代谢过程都离不开水的作用，在整个养鸡生产过程中，都不能断水，保证雏鸡能随时饮到清洁的水。这一点，对于中鸡、大鸡来说都是一样的。

8. 采用“全进全出”制

现代饲养场中的育雏阶段都主张实行“全进全出”制度。“全进”是指一座鸡舍(或场)只养同一日龄的初生雏，如同一批的初生雏数量不够，可分两批入场，但所有的雏鸡日龄最多不得相差 1 周。“全出”是指同一鸡舍的雏鸡于同一天(一批鸡同时出)转到育成舍。这样将避免一座鸡舍养多批日龄大小不同的雏鸡，致使鸡舍连续不断地使用。“全出”后，将鸡舍内的设备按入雏前的准备工作各项清理消毒，再行接雏。这样可以有效地切断循环感染的途径，消灭场内的病原体，使雏鸡开始生活于一个洁净的环境，能够健康地生长。同时，场内养一批同一日龄的鸡管理方便，也便于贯彻技术措施。

9. 日常卫生

雏鸡鸡舍内的卫生状况是影响雏鸡群健康和生产性能的重要

因素，应注意清洗打扫。

(1)饮水器具、料筒、料盘和工作服等每天清洗干净后，日光照射 2 小时消毒，注意在饮水免疫的当天水槽不要用消毒药水涮洗。及时打扫育雏舍卫生，每天定时通风换气。

(2)定期更换入口处的消毒药和洗手盆中的消毒药，对雏鸡舍屋顶、外墙壁和周围环境也要定期消毒。

(3)定期清理粪盘和地面的鸡粪。鸡群发病时每天必须清除鸡粪，清理鸡粪后要冲刷粪盘和地面。冲刷后的粪盘应浸泡消毒 30 分钟，冲刷后的地面用 2%的火碱水溶液喷洒消毒。

(4)预防寄生虫：夏季是鸡寄生虫病的高发期，可用 5×10^{-6} 的抗球王拌料预防；驱除体内绦虫，用灭绦灵 150～200 毫克/千克体重拌料；驱除体内线虫，用左旋咪唑 20～40 毫克/千克体重，一次口服；驱体表寄生虫，如虱子、螨，用 0.03%蝇毒磷水乳剂或 4000～5000 倍杀灭菊酯溶液洒体表、栖架、地板。

(5)防饲料霉变：夏天温度高，湿度大，饲料极易发霉变质，进料时应少购勤进；添料时要少加勤添，而且量以每天吃净为宜，防止日子过长，底部饲料霉变。

(6)做好值班工作，经常查看鸡群，严防事故发生。温度是育雏成败的关键。即使有育雏伞、电热育雏器自动控温装置，饲养员也要经常进行检查和观察鸡群，注意温度是否合适，特别是后半夜自然气温低，稍有疏忽，煤炉灭火，温度下降，雏鸡挤堆，造成感冒、踩伤或窒息死亡。

(7)经常检查料桶是否断料，饮水器是否断水或漏水，灯泡是否损害或积灰太多；雏鸡是否逃出笼子或被笼底、网子卡着、夹着等；是否被哄到料桶中出不来或被淹入饮水器中；鸡群中是否有啄癖发生；及时挑出弱小鸡或瘫鸡等；严防煤气和药物中毒发生。

10. 断喙

三黄鸡与肉用仔鸡的生活习性的重要区别就是活泼好动，喜追逐打斗，特别容易引发啄癖。恶癖的出现不仅会引起鸡只的死亡，而且影响鸡长大后的商品外观，给生产者带来很大经济损失。因此，必须引起注意。

(1)断喙时间：雏鸡断喙在6～9日龄进行，此时断喙对雏鸡的应激较小。雏鸡状况不太好时可以往后推迟。

(2)操作要点：操作方法是左手抓住鸡腿，右手拿鸡，将右手拇指放在鸡头上，食指放在咽下，稍施压力，以使鸡缩舌，选择合适的孔径，在离鼻孔2毫米处切断，上喙断去1/2，下喙断去1/3。7～10日龄采用直切，6周龄后可将上喙斜切，下喙直切。切刀要在喙切面四周滚动以压平切面边缘，这样可阻止喙外缘重新生长。在切掉喙尖后，在刀片上灼烫1.5～2秒，有利于止血。无断喙器的也可采用消毒的断喙钳剪喙，用铬铁灼烫止血。

(3)注意事项：断喙器刀片应有足够的热度，切除部位掌握准确，确保一次完成，防止断成歪喙或出血过多；在断喙后2天内供给含维生素K_3的饮水(在每10升水中添加1克维生素K_3)防止出血，或在断喙前后3天料内添加维生素K_3，每千克料约加2毫克，有利于止血和减轻应激反应；切不可把下喙断得短于上喙；断喙后食槽内多加一些饲料，饲料厚度不要少于3～4厘米，以免鸡吸食时碰到硬的槽底有痛感而影响吃料；鸡群在非正常情况下(如疫苗接种，患病)不进行断喙；断喙后应注意观察鸡群，发现个别喙部出血的雏鸡，要及时灼烫止血；作种用的小公鸡可以不断喙或只去少许喙尖，以免影响配种。

11. 分群

雏鸡的饲养是养鸡生产中比较细致而重要的工作，要使雏鸡今后有良好的产肉或产蛋性能，只有从育雏开始，加强饲养管理工作，才能使鸡群生长发育和性成熟一致，适时开产。

雏鸡孵出后，早已按公、母、强、弱进行了分群饲养，但因为鸡群大，数量多，尽管品种、日龄、饲养水平和管理制度均是一样，但性别不同或性别相同而个体之间大小不一的雏鸡，其生长发育速度不平衡，因此还要进行分群。分群饲养使每只雏鸡均能充分采食，雏鸡生长良好，增重快，成活率高。

12. 疾病预防

严格执行免疫接种程序，预防传染病的发生。每天早上要通过观察粪便了解雏鸡健康状况，主要看粪便的稀稠、形状及颜色等。对于一些肠道细菌性感染（如白痢、霍乱等）要定期进行药物预防。20 日龄前后，要预防球虫病的发生，尤其是地面垫料的鸡群。

（1）环境的清洁卫生：鸡舍内阴湿之处，最适于病原菌的生存与发育，常成为疾病的发源地。有许多病原，在有阳光照射或干燥的情况下，很容易死亡。因此，鸡舍要保持排水流畅、土地干燥、有阳光照射，可减少病传染源出现的机会。坚决不用发霉垫料，不喂发霉饲料。

（2）预防用药：1～3 日龄，普百克饮水，每日 1 次，每次 40 只鸡 10 毫升（预防肠道细菌性疾病，提高饲料转化率，促进生长）；16～18 日龄，普百克饮水，每日 1 次，每次 30～40 只鸡 10 毫升，连用 3 天；30～35 日龄，环丙沙星，5 克/瓶，拌原粮 70 千克。

（3）基础免疫：做好相应日龄的基础免疫工作。

13. 做好育雏期记录

诸如进雏日期、品种名称、进雏数量、温度变化、发病死亡淘汰数量及原因、喂料量、免疫状况、体重、日常管理等内容都应做好记录，以便于查找原因，总结经验教训，分析育雏效果。

14. 育雏成绩的判断标准

（1）育成率的高低是个重要指标。良好的鸡群应该有 98%以上的育雏成活率，但它只表示了死淘率的高低，不能体现培育出的雏鸡质量如何。

(2)检查平均体重是否达到标准体重，能大致地反映鸡群的生长情况。良好的鸡群平均体重应基本上按标准体重增长，但平均体重接近标准的鸡群中也可能有部分鸡体重小，而又有部分鸡体重超标。

(3)检查鸡群的均匀度。每周末定时在雏鸡空腹时称重，称重时随机地抓取鸡群的3%或5%，也可圈围100～200只雏鸡，逐只称重，然后计算鸡群的均匀度。计算方法是先算出鸡群的平均体重，再将平均体重分别乘0.9和1.1，得到2个数字，体重在这2个数字之间的鸡数占全部称重鸡数的比例就是这群鸡的均匀度。如果鸡群的均匀度为75%以上，就可以认为这群鸡的体重是比较均匀的，如果不足70%，则说明有相当部分的鸡长得不好，鸡群的生长不符合要求。

鸡群的均匀度是检查育雏好坏的最重要的指标之一。如果鸡群的均匀度低则必须追查原因，尽快采取措施。鸡群在发育过程中，各周的均匀度是变动的，当发现均匀度比上一周差时，过去一周的饲养过程中一定有某种因素产生了不良的影响，及时发现问题，可避免造成大的损失。

15. 育雏失败原因分析

一般来说，雏鸡死亡多发生在10日龄前，因此称为育雏早期的雏鸡死亡。育雏早期雏鸡死亡的原因主要有两个方面：一是先天的因素；二是后天的因素。

(1)雏鸡死亡的先天因素

导致雏鸡死亡的先天因素主要有鸡白痢、脐炎等病。这些疾病是由于种蛋本身的问题引起的。如果种蛋来自患有鸡白痢的种鸡，尽管产蛋种鸡并不表现出患病症状，但由于患病，产下的蛋经由泄殖腔时，使蛋壳携带有病菌，在孵化过程中，使胚胎染病，并使孵出的雏鸡患病致死。

孵化器不清洁，玷染有病菌。这些病菌侵入鸡胚，使鸡胚发育不正常，雏鸡孵出后脐部发炎肿胀，形成脐炎。这种病雏鸡的死亡率很高，是危害养鸡业的严重鸡病之一。

由于孵化时的温度、湿度及翻蛋操作方面的原因，使雏鸡发育不全等也能造成雏鸡早期死亡。

防止雏鸡先天因素的死亡，主要是从种蛋着手。一定要选择没有传染病的种蛋来孵化蛋鸡，还必须对种蛋进行严格消毒后再进行孵化。孵化中严格管理，不致发生各种胚胎期的疾病，孵化出健壮的雏鸡。

(2)雏鸡死亡的后天因素：后天因素是指孵化出的雏鸡本身并没有疾病，而是由于接运雏鸡的方法不当或忽视了其中的某些环节而造成雏鸡的死亡。

细菌感染：大多是由种鸡垂直传染或种蛋保管过程及孵化过程中卫生管理上的失误引起的。

环境因素：第一周的雏鸡对环境的适应能力较低，温度过低鸡群扎堆，部分雏鸡被挤压窒息死亡，某段时间在温度控制上的失误，雏鸡也会腹泻得病。一般情况下，刚接来的部分雏鸡体内多少带有一些有害细菌，在鸡群体质健壮时并不都会出现问题。如果雏鸡生活在不适宜、不稳定的环境中，会影响体内正常的生理活动，抗病能力下降，部分雏鸡就可能发病死亡。

为减少育雏初期的死亡，一是要从卫生管理好的种鸡场进雏，二是要控制好育雏环境，前 3 天可以预防性的用些抗生素。

(3)饲料单一，营养不足：饲料单一，营养不足，不能满足雏鸡生长发育需要，因此雏鸡生长缓慢，体质弱，易患营养缺乏症及白痢、气管炎、球虫等各种病而导致大量死亡。

(4)不注重疾病防治：不注重疾病防治也是引起雏鸡死亡的后

天因素。

(三)雏鸡的脱温

雏鸡随着日龄的增长,采食量增大,体重增加,体温调节机能逐渐完善,抗寒能力较强,或育雏期气温较高,已达到育雏所要求的温度时,此时要考虑脱温。脱温或称离温是育雏室内由取暖变成不取暖,使雏鸡在自然温度条件下生活。一般在夏季,脱温的日龄在 2～4 周龄;冬春季节,脱温日龄在 4～6 周龄。

雏鸡经过保温育雏阶段后,就要脱温转入育成鸡阶段。什么时候转入育成鸡阶段要从几方面考虑:一是雏鸡的长势,如果发育正常健康,就可以转群。二是看气候,冬春季节,天气寒冷,保温的时间应长一些,而在夏秋之间,天气暖和,可以提前转群。三是看雏鸡的饲养密度,密度大的应早些。

脱温工作要有计划逐渐进行。如果室温不加热能达到 18℃以上,就可以脱温。如达不到 18℃或昼夜温差较大,可延长给温时间,可以白天停温,晚上仍然供温;晴天停温,阴雨天适当加温,尽量减少温差和温度的波动,做到"看天加温"。经 1 周左右,当雏鸡已习惯于自然温度时,才完全停止供温。

第二节　育成鸡的饲养管理

育成鸡也就是中、大雏,即青年鸡,对于三黄鸡来说,是指 7～9 周龄的鸡。育成鸡饲养培育的目的有两个:一是作为后备鸡群选入种鸡群,二是使其尽快达到商品鸡的体重,投放市场销售。因此,育成鸡饲养管理的好坏,直接关系到能否培育成健康的、有高度生产能力和种用价值的个体,对商品鸡能否整齐按期出笼及获得较好生产效益也是至关重要的。

一、育成鸡的生理特点

育成期鸡适应环境的能力大大增强。消化系统功能趋于完善，采食量增加，消化能力增强。这一时期生长发育迅速，体重增加较快，在饲喂过程中要适当控制体重，适当降低蛋白质水平。

育成前期的生长重点为骨骼、肌肉、非生殖器官和内脏，表现为体重绝对增加较快，生长迅速。育成后期体重仍在持续增长，生殖器官（卵巢、输卵管）生长发育迅速，体内脂肪及沉积能力较强，骨骼生长速度明显减慢。生殖器官的发育对饲料管理条件的变化反应很敏感，尤其是光照和营养浓度。因此，育成后期光照控制很关键，同时要限制饲养，防止体重超标。

二、育成鸡的饲养方式

育成鸡的饲养方式有笼养、平养等多种方式，可根据将来的养殖方式进行养殖。将来采用笼养、地面饲养、网上饲养的，此时继续笼养、地面饲养、网上饲养。将来采用落地散养的，可采取舍内平养、舍外圈运动场的方式饲养。

三、育成鸡饲养的准备

从育雏期到育成期，在饲养管理上是一个很大的转变。为了减少对鸡群的不良影响，使转换工作有序地渐变进行，应做好以下准备工作。

1. 育成环境的准备

转群前半个月，对育成环境进行消毒，准备饲槽及饮水器并进行消毒。

2. 准备好育成料

育成期的日粮宜采用直径 0.3～0.5 厘米、长度约 0.8 厘米的颗粒饲料，不宜使用粉料。

3. 备好相应设施

采用舍内平养的舍内要铺好垫草；采用落地平养的要在育成舍外圈的运动场上方搭好遮雨篷，一则为料槽不淋湿，二则预防育成鸡受雨淋。料槽和饮水器在舍外圈养区的遮雨篷下均匀分布。每 100 只鸡准备一个 8 千克塑料饮水器。饲槽按每只鸡 3 厘米采食宽度设置，也可选用塑料桶。同时把饲料事先放进饲料桶，这样育成鸡一到新家，就能够马上吃上料，喝上水，它们就很快安静下来，这对于缓解因为转群而产生的应激反应很有帮助。

四、育成鸡的饲养管理

1. 转入鸡群

育雏鸡育到 7 周龄时，就应由育雏舍转至育成舍。如果是采用育雏育成一段制的饲养方式，就省去了转群的麻烦，但随着育成鸡日龄的增加，要及时调整饲养密度和增加或更换料桶和饮水器数量与规格，保证有充足的位置供鸡采食和饮水，以免造成抢食和拥挤践踏现象。

(1)应激的防治：转群前 3 天，在饲料中加入电解质或维生素，每天早、晚各饮 1 次。另外，结合转群可进行疫苗接种，以减少应激次数。

(2)分群时机选择：转群时选择晚上最好，一是为了减少它的应激，二是抓鸡的时候比较方便，因为鸡不会乱跑。在转群过程中，因为青年鸡骨头比较脆，如果只抓翅膀或者腿部，不仅会使鸡产生应激反应，而且很容易造成骨折或者其他脏器的损伤。因此，无论抓鸡还是放鸡，都要双手捧住鸡的腹部，然后再把鸡抱起来，轻抓轻放。转群可以用转群笼，从笼中抓出或放入笼中时，动作要轻，防止抓伤鸡皮肤。装笼运输时，不能过分拥挤。

2. 育成鸡的日常管理

(1)逐渐减少饲养密度和适当分群：转群时要考虑鸡群的养殖密度，育成鸡阶段，每平方米养 8～10 只鸡。鸡群的规模要适中，理想的状态是 500～1000 只一个群体。如果同一批的育成鸡比较多，就要划分成几个群体来饲养，也就是大规模小群体的养殖方法。

(2)转换饲料：育成鸡的饲粮与育雏鸡有很大的差异。如粗蛋白的含量有较大幅度的降低，能量水平也有所下降，粗纤维含量可提高到 5%左右，饲料成分和原料有了一定的变化，适口性等也发生了变化。因此更换饲料必须逐渐进行，使鸡对新换饲料有 3～5 天的适应和调节过程。更换饲料时饲料转换要逐渐过渡，第 1 天育雏料和生长期料对半，第 2 天育雏期料减至 40%，第 3 天育雏料减至 20%，第 4 天全部用生长期料。

(3)光照制度：冬春季节自然光照短，必须实行人工补光。每平方米以 5 瓦为宜，从傍晚到晚 10 时，从早晨 6 时到天亮。不能骤然长时间补光，每日光照增半小时，逐渐过渡到晚上 10 时。若自然光照超过每日 11 小时，可不补光。晚上熄灯后，还应有一些光线不强的灯通宵照明，使鸡可以行走和饮水。在夏季昆虫较多时，可在栖息的地方挂些紫光灯或白炽灯。

(4)通风换气：为了满足育成鸡对氧气的需要和控制温度，创造最佳的小气候环境，排出氨、硫化氢、二氧化碳等有害气体和多余的水蒸气，必须搞好鸡舍通风换气。人工通风换气，当风速风向适宜时能有效地稀释病原微生物对鸡群的危害。适宜的通风量由舍外温度与鸡的周龄而定。

(5)防止传染病:保持鸡舍清洁,定期进行消毒,严格执行相应日龄的基础免疫程序,防止疾病发生。

(6)日常卫生

①每天刷洗水槽、料槽。

②育成舍要定期带鸡喷雾消毒,周边环境也要定期喷雾消毒,避开免疫时间。

③定期清理地面的鸡粪,清理鸡粪后要冲刷粪盘和地面。

④育成鸡舍同样也要做好杀灭蚊蝇、灭鼠工作。

⑤添料时要少加勤添,而且要每天吃净,防止饲料霉变。

(7)防止应激:由于育成鸡对外界环境比较敏感,如果经常受惊,产生应激,就会影响鸡的生长,因此,尽量不要让育成鸡受到惊扰。

(8)后备鸡的选留:育成鸡生长至 9 周龄时要结合转群进行选留后备鸡工作,其余鸡只全部转入育肥群进行育肥。对青年种公鸡先测定选种的最低公鸡体重。如果开始时公雏占鸡群 25%,主要是根据体重选种,可淘汰鉴别错误、体重太轻、不健康及畸形公鸡,选留 85%的优良公鸡。如果开始时分雏占 20%或更少时,则仅淘汰性别错误和有明显缺陷的即可。对于青年母鸡,根据留种比例及实际鸡数,宁可多留一些,以防不足。后备鸡一般留种比例为 20%。

①后备公鸡的选留:一只公鸡对子代的影响比一只母鸡大,正常的公母配比达到 1∶10 左右,即一只公鸡会影响 10 只左右的母鸡的后代,所以挑选优秀的三黄种公鸡更为重要,选择比也更大。

体型外貌的选择:公鸡的体型外貌需符合三黄鸡本品种的要求,喙黄、脚黄、羽毛黄。凡羽毛颜色呈红黑色、黑色、褐色、白色或间有白色,或主翼羽尾羽有部分白色的鸡,都不能留作种用;鸡冠为单冠，冠应较大且厚实，一般不倒伏。豆冠、玫瑰冠或不规则的单冠，或冠很大且完全倒伏的公鸡应剔除。公鸡的头粗壮，体背呈马鞍形，胸肌丰满，胸宽阔。外观感觉雄性特征明显；腿部无残疾，趾部不弯曲，蹠部无损伤和感染炎症发生；龙骨（鸡胸骨）直而不弯曲。

体重的选择：一般在三黄鸡公鸡生长至 8 周龄时进行第一次挑选，这时公鸡体重与子代的生长速度有密切影响。

首先确定 8 周龄时选留公鸡的数量和比率，这时选留的公鸡数量应比种鸡开产时所需公鸡数量多 30%左右，因为从 8 周龄至开产期间，选留的种公鸡还需作第二次选择，同时在这期间还会因疾病等原因淘汰一小部分种公鸡。

8 周龄时在每栏内随机抽取 50～100 只公鸡，并对其个体称重。将公鸡体重按从重至轻的顺序排列在记录卡上，按照确定的比例算出要留的公鸡数，在体重记录卡上从重到轻数出应留的公鸡数，达到应留公鸡百分比率时的体重，这个体重就是应留的最小公鸡体重下限。实际生产中，应考虑到由于体型外貌的选择会淘汰相当数量达不到体重下限的公鸡，体重下限应适当下降。

按照上述体型外貌和体重选择标准对挑选的公鸡逐只挑选，首先选留完全达到上述标准的公鸡，如果选留的达到标准的公鸡数量仍达不到应留数量时，再将基本达到标准，仅有部分缺陷，但不严重影响配种和子代体型外貌的公鸡选留部分补足到应留数量为止。

②后备种母鸡的选留：为了获取优秀的商品代鸡，除对种公鸡进行严格的挑选以外，对后备种母鸡也应进行较严格的挑选。

对于三黄鸡地方优良品种和石岐鸡、粤黄鸡等优质型的三黄鸡，仍是按传统的育种方法繁育，不是采用杂交方法育成，所以没有父系、母系之分。在生产实际中，常饲养较大数量的鸡群，通过加大选择强度来挑选良好的后备种母鸡，一般的选择比例以不超过40%为宜。或者采用培育核心群，以核心群的后裔留作生产种用的方法。

挑选的后备种鸡的体型外貌须符合三黄鸡的要求，凡羽毛颜色红黑色、黑色、褐色、白色或间有白色、脚白色、灰色、青色的均不宜留作种用；鸡冠为单冠、豆冠、玫瑰冠等应剔除；腿部无残疾、无感染和炎症发生；龙骨(鸡胸骨)直而不弯曲。

在符合上述条件的前提下挑选体重在品种特征标准体重范围内的鸡只留作种用。

(9)勤观察记录：要养好三黄鸡，必须学会勤观察、勤记录。每天应注意观察鸡群的动态，如精神状态、吃料饮水、粪便和活动状况等有无异常；记录好每天的耗料量、耗水量，才能及早发现问题及时分析处理。

第三节　育肥鸡的饲养管理

9周龄时对不作种用的公鸡和母鸡进行育肥处理。此期的饲养要点是促进鸡体内脂肪的沉积，增加鸡的肥度，改善肉质和羽毛的光泽度，做到适时上市。

一、育肥鸡的生理特点

此期间育成鸡的羽毛已基本覆盖全身，采食量最多，消化最快，生长增生也快，脂肪沉积多，绝对生长最快，肉的品质得以完善，是决定育肥鸡商品价值和养殖效益的重要阶段。因此，在饲养管理上要抓住这一特点，使育成鸡迅速达到上市体重出售。

二、育肥鸡的饲养方式

肥育期的饲养方式常因饲养规模的大小而异，大群的饲养方式一般和育成鸡一样，除留作种用的另舍饲养外，育肥的鸡只可原舍饲养，直至出栏。若有条件的地方，特别是在山区的农户和果农，可以在田间或丛林、果树林中放养。一方面可以让鸡捕食大自然的昆虫、蚂蚁、脱落粮食及草根等，节约饲料；另一方面可以增强鸡的体质，使上市鸡的外观更适合消费者的心意。但育肥的鸡放养的范围不宜过大，目的是减少鸡的运动，利于育肥。

三、育肥鸡的饲养管理

1. 分群饲养

在大群饲养过程中，所有的鸡不可能长得一样，每批鸡必然会出现一些个体较小、体质较差的鸡。为了确保育肥的效率，必须做好大小强弱的分群工作，一般以 300～500 只一群为宜。一般选择 1 千克以上的鸡作为肥育鸡，将 1 千克以下的鸡清除出来另外饲养，对于患病的鸡也应清除，待病愈后再行催肥。

2. 调整密度

肥育鸡群舍饲密度不能太大，否则容易造成鸡与鸡之间不时相互挤压，采食也不均匀，常常引起啄羽，使生产力降低。采用地面厚垫料平养方式时饲养密度为每平方米 11～14 只，采用网上平养方式时饲养密度为每平方米 14～16 只。

3. 驱虫与防疫

育肥期的前 2～3 天，应驱虫一次，以驱除体内寄生虫，得到更好的育肥效果。中后期配合饲料中不要添加人工合成色素、化学合成的非营养添加剂及药物等,应加入适量的橘皮粉、松针粉、大蒜、生姜、茴香、八角、桂皮等自然物质以改变肉色,改善肉质和增加鲜味。

4. 做好清洁和消毒工作

育肥期间,舍内、外环境、饲槽、工具要经常清洁和消毒,以防引入病原,这是直接影响到育肥鸡成活率的重要因素,千万不能疏忽大意。

5. 合理光照

无论平养或笼养,舍内必须配备照明设备,通宵开灯补饲,保证群体采食均匀,饮水正常,以利消化吸收和发育整齐。

6. 合理的饲喂方式

在三黄鸡的肥育期,要换成育肥期饲料。投喂方式采用定时投喂,一般在早、晚各投喂一次,利用鸡群的饥饿感和抢食习性,增强其食欲,增大采食量,投喂的饲料量应掌握在鸡群每次食饱后仍略有剩余为原则,保证每只鸡都能食饱。

7. 注意经常观察和检查鸡群

育肥期应该注意经常地观察和检查鸡群。看鸡群的食欲、食量情况,注视鸡群的健康。发现病鸡要隔离。

8. 适时上市

(1)保证上市鸡色泽的措施:不同的地区,不同的人对鸡皮颜色喜欢程度不一样,我国大多数人喜欢鸡皮具有黄色。为了保证上市鸡的外观颜色,可以采取以下几点措施。

①在育肥饲养后期,可以饲喂黄玉米或添加黄色素饲料,使屠体显黄色。

②在饲养后期，出栏抓鸡、运输途中、屠宰时都要注意防止碰撞、挤压，以免造成血管破裂，皮下淤血影响皮色。

(2)适当的饲养时间：三黄鸡饲养期不当，直接影响鸡的肉质风味及养殖效益。饲养期太短，肉质太嫩，风味差，影响销路及价格；饲养期太长，饲料报酬降低，风险性增加，且易造成劳力、场地等资源浪费，增加饲养成本，效益变差。根据三黄鸡的生长生理和营养成分的积累特点，以及公鸡生长快于母鸡、性成熟早等特点，确定小型公鸡 100 天，母鸡 120 天上市；中型公鸡 110 天，母鸡 130 天上市。此时上市鸡的体重、鸡肉中营养成分、鲜味素、芳香物质的积累基本达到成鸡的含量标准，肉质又较嫩，是体重、质量、成本三者的较佳结合点。

在育肥鸡上市的时候，还必须考虑运输工作，有些鸡场往往由于运输环节抓得不好而发生鸡体损伤或中途死亡，造成不必要的损失。所以在运输时要做到及时安全，夏季应当晚上运输。装运时，鸡装笼不要太挤，笼底加铺垫底，车速不能太快，鸡笼不能震动太大，到目的地就要及时卸下，千万防止长时间日晒雨淋。

9. 售后卫生消毒

为有效地杀灭病原微生物，育肥鸡采用“全进全出”制。每批鸡出售后，鸡舍用 2％烧碱溶液进行地面消毒，并用塑料布密封鸡舍用甲醛和高锰酸钾等进行熏蒸消毒，以备下批饲养。

第四节　种鸡的饲养管理

三黄鸡种鸡的价值在于其生产性能的高低，种鸡的生产性能主要包括母鸡产蛋量和产蛋质量、种蛋受精率、种蛋孵化率及雏鸡强健情况等。正确的饲养管理能使种鸡充分发挥其遗传潜力，获得最佳的生产性能，其重要性不可忽视。

一、种鸡的生理特点

1. 后备种鸡的生理特点

后备种鸡是指 9 周龄后选出的种鸡。后备种鸡各部分的生理功能不协调，生殖器官虽发育成熟，但不完全。后备期种鸡羽毛已经丰满，抗寒抗雨能力均较强，对外界环境已有较强的适应、抵抗能力。因此，种鸡的后备期应逐渐减少补饲日粮的饲喂量和补饲次数，并保持较低的补饲日粮的蛋白质水平，有利于骨骼、羽毛和生殖器官的充分发育。

2. 成年鸡的生长发育特点

成年鸡已经基本完成了躯体和器官的生长发育，主要任务是繁殖后代。这时体重的增长除在产蛋前期有一定的趋势外，饲料营养物质主要是用于产蛋。从开始产蛋起，产蛋母鸡在产蛋期的体重、蛋重和产蛋量方面都有一定规律的变化。以这些变化为基础，可将母鸡的第一个生物学产蛋年(即从开产到产蛋满 1 年为止)划分为三个阶段，各个阶段都有它的特点。

第一个阶段是从开产至产蛋量达到高峰期，大约是从开产至 42 周龄。不同品种类型的鸡其产蛋高峰期也有所不同，如广源单交杂种母鸡的产蛋高峰期约在 32 周龄前后，而石岐杂鸡在 28 周龄左右，土种鸡在 26 周龄左右。在这时期不但产蛋量迅速上升，蛋重也逐渐增加。而且，母鸡体重也有所增加。

第二阶段是从产蛋高峰期到 62 周龄，这时母鸡的产蛋量已开始下降，但蛋重则有所增加，机体成熟后易于沉积脂肪，故母鸡的体重也有所增加。

第三阶段是62周龄以后，直到母鸡换羽停产，这时期的产蛋率明显下降，但蛋重达最大。此时由于母鸡利用钙质的机能下降，蛋壳的质量有所降低。

二、种鸡的饲养方式

三黄鸡种鸡的饲养方式，从育成期开始可采取同一个饲养方式，只是调整饲养密度。饲养三黄鸡种鸡常见有以下3种饲养方式。

1. 落地散养

落地散养鸡群多结合运动场地，活动面积大，种鸡体质强健，脚部疾病少，死亡淘汰率较低，公母鸡交配时母鸡站立平稳，交配动作准确，受精率较高。在炎热气候时，种鸡卧伏地面，通过传导降低体温，但在潮湿或下雨天气由于鸡群活动导致地面泥泞潮湿，降低鸡体的抗逆能力。母鸡随地产蛋，不在产蛋箱内产蛋的现象较多，种蛋的破损率和被鸡粪等污物污染的脏蛋较多，种蛋合格率下降，饲料浪费也较多。

2. 网上平养

这种饲养方式鸡舍利用率高，鸡群的密度大，但减少了鸡舍内氨气、尘埃等各种有害因素对鸡群的应激。管理方便，提高了劳动生产率，饲料浪费少，被鸡群采食时弃在地面的饲料可收集后作猪、鱼饲料利用。一般来说，采用这种饲养方式，如果各方面管理、饲养条件正常，可取得较高的年产蛋量，种蛋的破损率较低，种蛋很少被污物弄脏。但在高热气候，由于鸡群密度大，产蛋箱阻止了舍内外空气的流通和冷热空气的对流，种鸡鸡体通过传导散热的作用减少，很易出现中暑现象。另外，公母鸡交配时母鸡站立常因站立不稳使交配失败或不完全，导致种蛋受精率下降。

3. 网地结合平养

这种饲养方式是以网养为主，配合一定的地面散养，使鸡群的交配活动在地面上进行，目的在于选取落地散养和网上平养的优点，避免两者的缺点，有利于降低种鸡的死亡淘汰率，种蛋受精率提高，种蛋合格率提高，是一种较好的种鸡饲养方式。

三、种鸡的饲养管理

(一)后备种鸡的饲养管理

后备种鸡迅速生长发育并达到性成熟和体成熟，是决定成年鸡生产性能最重要的时期。这一时期最重要的工作是限制饲喂、控制体重和控制光照，饲养管理方法要科学化，这跟育肥鸡有很大的不同。如果饲养管理不当，可导致成年种鸡生产性能低下，经济价值低，甚至失去种用价值。

1. 密度

饲养密度：不同的饲养方式，饲养密度的大小不同。饲养密度过大，则舍内空气容易混浊，垫草容易潮湿，鸡群活动范围小，鸡只采食不均匀，不利于鸡只健康；密度过小，则建筑面积利用率低，增加成本。而适宜的饲养密度是在不影响种鸡的生产性能及健康的基础上充分利用建筑面积。一般要求，三黄鸡种鸡的饲养密度在开产前应低于每平方米 10 只鸡，中、快型三黄鸡种鸡的密度不高于每平方米 7 只鸡。鸡群的数量每栏不多于 500 只。

2. 驱虫

转入种鸡舍的后备鸡头 2 天，就要进行第 1 次驱虫，相隔15～20 天再进行第 2 次驱虫。驱虫主要是指驱除体内寄生虫，如蛔虫、绦虫等。可使用虫清，左旋咪唑或丙硫苯咪唑。第1次驱虫每1000只鸡用虫清100克。第2次驱虫中鸡时虫清加倍。可在晚上直接拌料，先用少量饲料拌匀，然后再与全部饲料拌匀进行喂饲。一定要仔细将药物与饲料拌得均匀，否则容易产生药物中毒。第2天早晨要检查鸡粪，看看是否有虫体排出，然后要把鸡粪清除干净，以防鸡只啄食虫体。如发现鸡粪里有成虫，次日晚餐可以同等药量驱虫1次，以求彻底将虫驱除。

3. 均匀度控制

传统的饲养方法，对三黄鸡地方优良品种不实行限制饲喂、控制性成熟等技术措施，种鸡的产蛋量少，蛋小，受精率低，繁殖性能低下。许多生产经验证明，三黄鸡种鸡从9周龄开始实施限制饲喂，无论从种用价值和经济角度来说，都是较好的。

(1)实行限制饲养的目的和作用

①延迟性成熟：通过限制饲喂，后备种鸡的生长速度减慢，体重减轻，使性成熟推迟，一般可使开产日龄推迟10～30天。

②节省饲料：许多资料报道限制饲喂可节约饲料，降低生产成本，一般可节约10%～15%的饲料。

③控制生长发育速度，防止母鸡的脂肪过量而在开产后产小蛋。

④使同群内各只种鸡的成熟期基本一致，做到同期开产，同时完成产蛋周期。

(2)限制饲喂的方式：限制饲喂的方式有限时、限质、限量等多种方法，生产中根据具体情况选用。可以综合运用，也可以交替运用。

①限时饲喂

每天限时饲喂，常在早上或傍晚一次性将当天的日粮全部投放，至鸡群采食完毕为止。

每周限天饲喂，确定每周的逢某一天停喂日粮，只供给饮水。每周停喂一或两天。

②限制日粮质量

低能日粮，即投喂代谢能量偏低，但其他营养成分基本充足的日粮。

低蛋白质日粮，即日粮中的蛋白质含量降低，其他营养成分基本保持后备种鸡生长发育的需要。其日粮的蛋白质水平为粗蛋白质15%。

低赖氨酸日粮，赖氨酸是鸡的必需氨基酸，它的缺乏会引起氨基酸的不平衡，影响蛋白质的利用，从而达到限制鸡生长发育的目的。

③限制日粮数量：这种方法按后备种鸡的生长阶段配制全价营养的日粮，但限制鸡群每天的采食量，使鸡只无法获取生长所需的足够量的蛋白质、能量等营养物质。一般是按照鸡只的充分采食量的80%～90%投喂，但要掌握鸡群的充分采食量，才能确定限喂量，同时必须保证饲料的质量。

在生产实际中，主要是根据后备种鸡周龄的增长，适当降低日粮的蛋白质和能量水平，同时限制饲料量。

(3)判定喂料量：正确判定喂料量是限制饲养成败的关键措施。采用质量限喂法一般采用自由采食，不定饲喂量，但也应根据种鸡的增长速度与标准体重的吻合程度进行调整日粮的营养水平，或采用必要的量的限制。在限量饲养法中，喂料过多，易使鸡的体重过大，超过标准；喂料量过少，限制过度，则达不到标准体重，鸡的生长发育受阻。两者都会使母鸡产蛋期的产蛋量降低。

确定喂料量主要根据鸡群体重的变化。每一肉鸡品种，都应有育成期或产蛋期的标准体重。这标准体重都是经过多批试验得出的结果。在确定喂料量的过程中，应每周或每两周抽测5%～10%鸡的个体体重。抽取的鸡只应具有代表性，应随机选定若干栏的鸡作称样，而且每次都称同一样本，才能准确。将抽称得到的平均体重对照标准体重，作为确定实际喂料量的根据。如果平均体重低于标准体重，则增加喂料量的幅度适当扩大；如果超过标准体重，则投喂比计划少的量，直至与标准体重相吻合为止。

(4)实行限制饲养应注意的事项：在实行限制饲养的过程中，由于鸡群采食的营养分往往不能满足其生长发育的最大需要，容易出现营养缺乏症及发生疾病，故在实行限制饲养时应注意下列事项：

①限制喂料之前应将鸡群中体重过小和体质衰弱的个体选出或淘汰，以免在饲养过程中因耐不了限制而死亡。同时最好把不同体重的鸡分栏，以便采用不同的措施，使鸡群的体重趋于整齐。

②开始限制饲养时，从用雏鸡料到限制喂料要逐渐过渡，第一天用限喂料的10%，配入90%的原用料中。以后每天增加限制饲料的比例，在一周内完全转为限制饲料。这种过渡法，可使鸡群有一个适应过程，避免因饲料的改变太突然而引起不必要的应激。

③在鸡群有病或受到其他不良因素影响时，则停止限制喂饲，改用充分饲养饲料，待身体恢复正常后再进行限喂。

④取样称重要有代表性，分栏饲养的要每栏都取样，不要只称一栏。大群饲养的要分散数点取样，称重时间每次要相同，隔日喂料的应在不喂料之日称重。

⑤要配置足够的饲料器和饮水器，防止由于饲料器和饮水器的不足而引起个别鸡只无法采食导致个体间的不均匀。

⑥限制喂料的公鸡，在与习惯标准相比时，它的体况较差，缺乏雄性特征，体躯较瘦小而狭长，不要误会为有病，应根据它的动态机敏程度来选择。这样的公鸡，其性成熟将延迟，直到增加饲料量后才开始性成熟。这对母鸡是有好处的，因为母鸡开产后，公鸡才出现性旺盛期，正适宜于配种，公鸡的体重允许比母鸡大30%。

⑦要经常检查鸡群，如发现有生长发育不良，体质衰弱者，将

它取出另作处理。

4. 光照控制

光照对于控制适宜的开产时间至关重要。9 日龄至 17 周龄每天光照 8 小时，18 周龄每天光照 9 小时，19 周龄每天光照增加到 10 小时，从 20 周龄开始每周增加光照 0.5 小时，一直到 28～30 周龄，每天光照达到 14～16 小时为止，并固定不变。补充光照可采取早、晚用灯光照明，光照强度以 1～1.5 瓦/平方米为宜，一般每 15 平方米面积可用 25 瓦灯泡 1 个，灯泡高度距鸡体 2 米为宜，灯与灯距离 3 米。

5. 做好消毒工作

做好种鸡舍内外的卫生清洁工作，每天清扫鸡舍 2 次，降低病原菌的含量。一般冬春季节每周带鸡消毒 2 次，夏秋隔天一次。

6. 保持鸡舍的环境清静

给鸡群创造一个良好的环境，在鸡舍工作时，严禁大声喧哗。

7. 免疫接种

切实做好种鸡的防疫工作，及时进行相应日龄的免疫接种。

8. 及时淘汰不适于留种的鸡只

不论是育成期或性成熟前（产蛋前）都应进行选留，除去劣等鸡。这时的选择主要根据母鸡生理特征及外貌进行。性成熟的母鸡冠和肉垂颜色鲜红、羽毛丰满、身体健康、结构匀称、体重适中、不肥不瘦。淘汰那些发育不全、生理缺陷、干瘦、两耻骨间距特别小、腹部粗糙无弹性的个体。对于公鸡的第二性征发育不全如面色苍白、精神不佳者也应淘汰。

9. 检查鸡喙的再生情况，必要时进行第二次断喙

第一次断喙一般在雏鸡 6～9 日龄时进行，但往往有一些切得不当，或者后来又长起来，或者上部切得过深而下部过浅，使鸡长大后喙的上部比下部短2～3厘米，造成鸡的采食困难。对于这些鸡有必要进行第二次修整。修整的时间在13～17周龄为好。这时鸡喙内部的神经、血管很丰富，喙已完全角质化，比较坚硬难切，上喙只能切掉神经血管较少的端部(约1/3)。下喙过长的切短一些，使上喙比下喙稍短为宜。第二次切喙对鸡的应激较大，也容易引起流血，故做好第一次切喙的准确是很重要的。在第二次切喙前后，为了减少流血和应激，在前后3天应增加多种维生素的喂量，特别是注意多加入维生素K，加入量为每吨饲料混入50克。切后还要加强检查，发现出血者应立即补烙切面，到不再流血为止。

10. 注意天气和外界环境对育成鸡的影响

育成鸡虽然抵抗力比雏鸡强，但由于育成鸡舍缺乏雏鸡舍的保暖设备，再加上限制饲养对鸡体质的影响，育成种鸡对外界恶劣条件的抵抗力较差。故要做好防寒、降温、防湿工作。特别是在天气突然变化，如台风来临、大风雨的袭击，气温骤降，都很容易因育成鸡受凉而患呼吸道疾病、消化道疾病或其他疾病。所以饲养人员要时刻注意当地气象部门的天气预报，在上述恶劣天气情况来临前，做好抗灾工作，如关好门窗，拉好帐篷，防止贼风，同时在饲料上投放一些预防常见疾病的药物，保证鸡只安全渡过灾害。这些工作是细致的管理工作，又是易被人们所忽略的，因此，必须有责任心的人才能胜任。

(二)种母鸡的饲养管理

不同品种的鸡，生产性能差异较大，成熟期、产蛋季节和每窝产蛋时间长短都不一致。因此，各地饲养母鸡的方法也就有所不同。下面就产蛋前期、产蛋期及休产期3个阶段的饲养管理进行介绍。

1. 开产前的饲养管理

这一时期是种鸡限制饲养结束后到母鸡开始产蛋时期，时间仅有 2～3 周左右。这时母鸡从育成期进入产蛋期，鸡体从发育到性成熟，在生理上是一个转折，故鸡体本身必然有个短暂的过渡时期，这个时期主要是为产蛋期高产做准备。因此，在饲养管理上，也必须有相应的措施，故这时期的饲养也称“过渡时期”的饲养。

(1)结束限饲：首先要逐步结束限制饲喂。视种鸡性成熟的程度和开产日龄的差距逐渐增加每周的饲料投放量，直至正常采食量为止。其次是把限制饲养的饲料改为产蛋鸡饲料。由隔日饲喂改为每日饲喂，由日喂 1 餐改为日喂 2 餐。但必须注意饲料的改变要逐渐地进行，一般在一周内完全过渡到用种鸡产蛋饲料。

(2)喂料与料量方法：结束限饲后的头 3 天内让鸡群自由采食，一方面观察采食量，为以后限料做好准备(限料时给予此时采食量的 60%～70%至见蛋结束)；另一方面鸡群采取自由采食后可减少因转群、捉鸡等应激，以迅速恢复鸡群的生理健康。

(3)保健计划：因鸡群受应激，极易暴发球虫、体内寄生蠕虫病和大肠杆菌病，因此结束限饲后的头 10 天内要进行一次驱虫和投喂抗球虫药物，以防止球虫病的暴发，可以选用复方泰灭净、驱虫净、施得福等；若是冬天还要预防呼吸道疾病，注意加喂高锰酸钾溶液(按 0.001%剂量，每 7 天一次)。结束限饲后的第二天开始连续肌注两次丁胺卡那霉素或头孢类药物(晚上注射为好)。

(4)开产前逐渐增加光照：开产前 2～3 周，采用自然光照，不补充人工光照。2～3 周后逐渐增加光照时间，一般每周增加 20～30 分钟，至每天光照时间达 16～17 小时为止。

(5)设产蛋箱：根据三黄鸡各个品种的开产日龄，落地平养的提前 2 周天左右在鸡舍里按 4～5 只母鸡设一个产蛋箱(窝)安放产蛋箱或产蛋窝，每天早上把产蛋箱门打开，晚上把门关上防止鸡入蛋箱内栖息，以保持产蛋箱的清洁。笼养的检查蛋槽情况，有问题及时修补。

(6)按比例配置公鸡：在 40 周龄时将公鸡按地方优良品种 1∶(12～15)，优质型三黄鸡品种 1∶10 左右，快大型三黄鸡品种 1∶(8～10)放入到种母鸡群中。

2. 产蛋前期的饲养管理

从开产到产蛋高峰阶段称为产蛋前期，即是开产至 42 周龄阶段(不同品种类型的鸡其产蛋高峰期也有所不同)。在生产性能上该阶段是产蛋率上升时期，而且是直线上升。在母鸡的机体生长发育上，也是从性成熟向体成熟迈进的时期，体重也相应增长，故这时期的营养需要除供产蛋以外，还要供生长所需。所以在饲养上，日粮的蛋白水平、能量水平、钙磷水平都较高，而且在营养水平不变的情况下，饲粮的喂饲量日益增加，才能适应产蛋量越来越高的营养需要，直至出现产蛋高峰为止。

(1)保持饲料的营养物质含量相对稳定：保持日粮中的蛋白质和能量在一定水平，保持日粮的投喂量相对稳定。如需增减，也应逐步过渡。一般情况下，不要轻易改变饲料种类。

(2)保持鸡群状况的相对稳定，尽量减少各种应激因素的刺激：要使种鸡的生产性能得到充分发挥，就需要保持种鸡处于最佳的机能状态和生产状态，各种应激因素的刺激都有可能降低这种状态，导致产蛋性能的下降。为此，尽可能做到以下几点：

①日常饲养管理工作有规律性。随意改变饲养员，甚至饲养员衣服的颜色，改变饲喂时间、卫生工作等都是不利的。

②种鸡如需要投药，尽可能采用拌料或饮水方式，一定要采用注射方式时也应尽量选择在夜间进行。

③种鸡开产后，不能搬迁鸡群。

④保持鸡舍的安静。尖叫声的噪音、物体的晃动、老鼠等动物在鸡舍的活动等都会造成鸡群恐慌、造成产蛋下降和不合格蛋增多。

(3)尽可能保持鸡舍局部环境的相对稳定：种鸡的适宜温度应在18～26℃，夏季可用水喷雾降温。种鸡的相对湿度宜控制在55%～65%。保持舍内新鲜空气，排除废气和尘埃，控制温度和湿度。当气温低于20℃，在有害气体含量不多时，应尽量减少通风，以保持鸡体散热，当舍温超过30℃时，应适当加大通风量，促进鸡体散热。

(4)光照管理：每天光照时间固定16～17小时。

(5)保健计划：根据相应日龄做好基础免疫工作。此阶段鸡群由于接种疫苗和生理变化的双重应激，料量增加快，容易引起生理性和病理性下痢，营养摄取不足，产蛋高峰上不去，产蛋持续性差。此阶段保健应以减少应激、防治下痢为主。

(6)消除窝外产蛋：有些母鸡不在产蛋箱里产蛋，而是在产蛋箱外随处产蛋，故想办法消除窝外产蛋是很重要的。可试用如下办法：

其一，配备足够的产蛋箱。

其二，将近开产时，放置假蛋在产蛋箱内，以诱导母鸡进去产蛋。用软的垫料如稻草等铺垫产蛋箱底，使母鸡感到舒服，喜欢进去产蛋。若仍有个别母鸡不习惯进箱产蛋，就要采用人工调教的办法。当母鸡在箱外蹲伏准备产蛋时，把母鸡抱进箱里，将门关好，强迫母鸡在箱内产蛋。数次之后，乃形成习惯，就懂得进箱内产蛋了。

(7)降低蛋的破损率：正常的种蛋破损率在2%～3%，超过5%是相当严重的了。种蛋破损的原因主要有两个，一是由于饲料中钙磷含量不足或比例失调引起的，可以通过调整饲料配方改正；二是由于人为造成的，如拾蛋次数少，多个蛋在蛋箱被母鸡压破，或拾蛋时动作过重而碰破等。此外,由于产蛋箱的结构不合理,如底网过硬或过斜,使母鸡产蛋落地时便破。这种情况必须改正产蛋箱的结构来改善。

减少人为造成的破蛋率,要勤捡蛋,一般视产蛋率的高低每天要拾 4～5 次。拾蛋时动作要轻,验蛋时的敲击要小心轻度。

3. 产蛋中期的饲养管理

产蛋中期一般指 42～62 周龄阶段,由于该阶段是母鸡产蛋量最高阶段,故又称为盛产期。这时期的主要任务是使产蛋高峰持续较长时间,下降缓慢一些。

(1)鸡群的日常观察:只有及时掌握鸡群的健康及产蛋情况,才能及时准确地发现问题,并采取改进措施,保证鸡群健康和高产。

①观察鸡群精神状态、粪便、羽毛、冠髯、脚爪和呼吸等方面有无异常。若发现异常情况应及时报告有关人员,有病鸡应及时隔离或淘汰。观察鸡群可在早、晚开关灯、饮喂、捡蛋时进行。夜间闭灯后倾听鸡只有无呼吸异常声音,如呼噜、咳嗽、喷嚏等。

②喂料给水时,要注意观察饲槽、水槽的结构和数量是否适应鸡的采食和饮水需要。注意每天是否有剩料余水、单个鸡的少食、频食或食欲废绝和恃强凌弱而弱食者吃不上等现象发生,以及饲料是否存在质量问题。

③观察舍温的变化,通风、供水、供料和光照系统等有无异常,发现问题及时解决。

④观察有无啄肛、啄蛋、啄羽鸡,一旦发现,要把啄鸡和被啄鸡挑出隔离,分析原因找出对策。对严重啄蛋的鸡要立即淘汰。

(2)补钙:产蛋期自始至终饲料中 50%的钙要以大颗粒(3～5 毫米)的形式供给。一方面可延长钙在消化道的停留时间,提高利用率;另一方面也可起到根据鸡的需要,调节钙摄入量的目的。

(3)减少应激：进入产蛋高峰期的蛋鸡，一旦受到外界的不良刺激(如异常的响动、饲料的突然改变、断水断料、停电、疫苗接种)，就会出现惊群，发生应激反应。后果是由于采食量下降，使产蛋率、受精率和孵化率都同时下降。在日常管理中，要坚持固定的工作程序，各种操作动作要轻，产蛋高峰期要尽量减少进出鸡舍的次数。开产前要做好疫苗接种和驱虫工作。高峰期不能进行这些工作。

(4)合理饲喂：产蛋高峰期种母鸡的产蛋量保持在相对较高的水平，日粮主要是满足使种母鸡的产蛋高峰持续较长时间，下降缓慢一些。由于产蛋量基本保持稳定，日粮的喂量也保持稳定，如考虑产蛋量的变化和种鸡所产的蛋重有随周龄增长而增加的趋势，可做进一步、更准确的调整日粮喂量，但一般变化不应很大。

(5)光照控制：每天光照时间仍固定 16～17 小时。自然光照不足时，要用人工光照加以补充。人工光照的光源一般用普通白炽灯，鸡舍光照强度要求在 8～10 勒克斯。

(6)提高种蛋的受精率：目前生产中，提高种蛋的受精率，主要采用如下技术手段：

①培育和挑选优秀的种公鸡。

②自然交配时，公母鸡的比例要适当。

③自然交配时，公母鸡的体型体重要匹配，如公鸡体型过大，母鸡体型很小，会导致交配的困难，反之亦相同。

④经常检查公鸡，发现体况和活力不强的公鸡，立即挑出，补充新的公鸡。

⑤鸡舍的温度应保持在 8～28℃范围，过高气温会使受精率下降，低温时鸡群的交配活动减少，同样使受精率下降。

⑥种蛋应减少鸡粪等污染，保持蛋壳清洁，种蛋受污染或抹洗后都会使受精率下降。

⑦要勤捡种蛋，特别是高气温条件下产出的种蛋，应尽快收集

好，数小时内交蛋库收存。

(7)选留种蛋：产蛋中期是收集种蛋时期，检出的种蛋，经初步挑选后送入种蛋库进行消毒保存。如果发现种蛋受精率不高，可能是公鸡性机能有问题或是饲料质量不好，要注意观察，及时采取措施。

①种蛋来源：种蛋必须来自健康而高产的种鸡群，种鸡群中公母配种比例要恰当。

②蛋的重量：种蛋大小应符合品种标准。应该注意，一批蛋的大小要一致，这样出雏时间整齐，不能大的大、小的小。蛋体过小，孵出的雏鸡也小；蛋体过大，孵化率比较低。

③种蛋形状：种蛋的形状要正常，看上去蛋的大端与小端明显，长度适中。长形蛋气室小，常在孵化后期发生空气不足而窒息，或在孵化18天时，胚胎不容易转身而死亡；圆形蛋气室大，水分蒸发快，胚胎后期常因缺水而死亡。因此，过长或过圆的蛋都不应该选做种蛋。

④蛋壳的颜色与质地：蛋壳的颜色应符合品种要求，蛋壳颜色有粉色、浅褐色或褐色等。砂壳、砂顶蛋的蛋壳薄，易碎，蛋内水分蒸发快；钢皮蛋蛋壳厚，蛋壳表面气孔小而少，水分不容易蒸发。因此，这几种蛋都不能做种用。区别蛋壳厚薄的方法是用手指轻轻弹打，蛋壳声音沉静的，是好蛋；声音脆锐如同瓦罐音的，则为壳厚硬的钢皮蛋。

⑤蛋壳表面的清洁度：蛋壳表面应该干净，不能被粪便和泥土污染。如果蛋壳表面很脏，粪泥污染很多，则不能当种蛋用；若脏得不多，通过揩擦、消毒还能使用。如果发现脏蛋很多，说明产蛋箱很脏，应该及早更换垫草，保持产蛋箱清洁。

⑥保存时间：一般保存5～7天内的新鲜种蛋孵化率最高，如果外界气温不高，可保存到10天左右。随着种蛋保存时间的延长，孵化率会逐渐下降。经过照蛋器验蛋，发现气室范围很大的种

蛋，都是属于存放时间过长的陈蛋，不能用于孵化。

(8)及时催醒就巢母鸡：母鸡的就巢也称抱窝，指母鸡产蛋一段时期后，占据产蛋箱进行孵化的行为，这是母鸡的繁殖本能。母鸡的就巢性因品种而有差异，土种鸡和石岐杂鸡等的就巢性就特别强。所以饲养地方品种或仿土鸡类的种鸡则应及早设法催醒就巢母鸡。催醒就巢性的方法很多，现介绍两种：

一是皮下注射1%硫酸铜水溶液，每只鸡1毫升，据报道有一定效果。有人用33只母鸡做过试验，第三天醒巢24只，有效率72.8%。

二是注射丙酸睾丸素，每千克体重注射12.5毫克，效果很好。但连续使用后，效果降低。如药量积累过多时，会有短时间出现啼鸣行为。

(9)食蛋癖和食毛癖的防治：种鸡的食蛋与食毛是两个常见的恶癖。母鸡有了吃蛋恶癖后不但吃自己下的蛋，其他母鸡下的蛋也抢着吃。开始是一只母鸡食蛋，由于在它的带动下，其他母鸡也学着食蛋，使更多的母鸡养成了吃蛋癖，从而造成经济上的重大损失。食毛癖表现为母鸡抢食其他个体身上的羽毛，由于抢食，不但使羽毛掉光，更甚者皮肤都被啄出血来。这样的母鸡由于没有羽毛而抵抗外界环境变化能力下降，也容易感染疾病，常被迫淘汰。同食蛋癖一样，啄毛癖给养鸡者带来很大的经济损失。故预防这些恶癖也是种鸡管理的重要措施之一。

发生恶癖的原因及防治方法：

①饲料营养不平衡，缺乏蛋白质、矿物质或维生素。故必须供给母鸡所需要的营养素，应按照饲养标准或推荐营养需要量配制日粮，喂给全价饲料。也有可能因饮水缺乏而引起，故应供给充足的饮水。

②饲养密度过大，过分挤拥是发生食毛癖的重要原因之一。光线过强也容易引起鸡的食毛癖，故要注意饲养密度和光照度。

③蛋壳薄、破损多或不及时拾蛋，母鸡看见了就吃，很快就会养成吃蛋的习惯。故要及时拾蛋，特别是盛产期。鸡群每天产蛋最多的时间是上午10时至下午2时，这时必须经常拾蛋，否则，一些薄壳蛋或破壳蛋不及时取出，一经母鸡啄食，数次之后就形成食蛋的恶癖。

④有人认为母鸡发生食毛的主要原因是缺乏硫化物，每日每只母鸡加喂2～3克硫酸钙(石膏粉)能防止食毛，也可在饲料中添加胱氨酸或羽毛粉。

⑤有时由于饲料中的微量元素不足及钙磷比例不协调，也会引起母鸡的恶癖及产软壳蛋。如果在微量元素的测定比较困难的情况下，可以考虑补喂沙粒和贝壳粉。沙粒一方面可以增加一些微量元素，另一方面可以帮助鸡消化器官对饲料的消化。贝壳粉是贝类的一种壳，经脱脂处理磨碎而成，可以补偿日粮中钙的不足而造成的蛋壳品质下降。沙粒和贝壳粉的添加，可以另外用食槽盛装，让鸡只自由采食。

(10)适当淘汰：为了提高种鸡的效益，进入产蛋期以后，根据生产情况适当淘汰低产鸡是一项很有意义的工作。50%产蛋率时，进行第一次淘汰；进入高峰期后1个月进行第二次淘汰。

①识别的特征

鸡体瘦小型：多见于大群鸡进入产蛋高峰期，200日龄以上的鸡只，其体型和体重均小于正常鸡的标准，脸不红，冠不大，冉髯小，在鸡群中显得特别瘦弱，胆小如鼠，因易受其他鸡的攻击，常在鸡群中窜来窜去，干扰了其他鸡的正常生活。

鸡体肥胖型：大群鸡产蛋高峰期后，此时正常的高产蛋鸡通常羽毛不整，羽色暗淡，体型略瘦，而肥胖型的低产鸡则体型与体重远远超出正常蛋鸡的标准，羽毛油光发亮，冠红且厚，冉髯发达，行动笨拙，只长膘不产蛋。腹下两坐骨结节之间的距离仅有二指左右。一般产蛋鸡则在三指半以上。在产蛋鸡群中发现特别肥胖的鸡应立即予以剔除，产蛋高峰期后发现鸡群中冠红体肥的鸡应立即淘汰。

产蛋早衰型：这类鸡体型与体重低于正常鸡的生长发育标准，个体略小，但不消瘦，冠红、脸红、冉髯红，但冠、髯均不如高产蛋鸡发达。开产快、产蛋小、停产早，产蛋高峰持续期短，200日龄后应注意淘汰这类低产鸡。

鸡冠萎缩型：产蛋鸡开产到250日龄以后，会发现鸡群中有部分鸡冠萎缩，失去半透明的红润光泽，这是内分泌失调、卵巢功能衰退乃至丧失的结果，这类鸡往往体型与体重和普通鸡无明显差异，有的活泼，有的低迷，但均表现产蛋少，甚至逐渐停产。

食欲减退型：蛋鸡的产蛋性能与其食欲和采食量往往有密切关系，食多蛋涌，食减蛋少。在饲料与营养正常的情况下，在鸡群采食高峰期，有少数鸡只远离料槽，若无其事，自由活动，或蹲卧一旁，或少许采食，又漫步闲逛去了，经检查并无其他原因，这类鸡产蛋的性能往往也是较差的。

其他异常者：在产蛋前期，正常鸡体型匀称、羽毛光泽、冠髯鲜艳、活泼。体型瘦弱、羽冠暗淡和精神委顿者，为患病低产的征兆；在产蛋中后期，正常高产蛋鸡由于产蛋消耗，通常羽毛不太完整，胫、喙等处色素减褪，鸡冠较薄，而低产鸡、假产鸡则往往羽毛丰满，胫、喙等处色素沉着不褪，色泽较深，鸡冠髯特别红且肥厚，耻骨跨度较窄，对于这类鸡也应及时处理。

②产生低产的原因

鸡只在育成阶段，由于鸡群不整齐，未能注意经常调整鸡群，按大小、强弱分群饲养，导致弱鸡生长发育更加受阻，而强壮者则可能采食过多而超重。

忽视了限制饲喂方法，育成后期部分鸡种特别是早熟易肥的鸡种需限制采食量，或降低日粮中的能量，以保持合理的体型，否则可导致鸡只超重，因肥胖而低产。

光照制度不合理，光照不足使蛋鸡推迟开产，并且整群产蛋率较低，光照过长使鸡性成熟过早，身体发育不足而提前开产，这样产蛋难以持久而出现早衰。光照制度和类似的饲养管理中的失误，对鸡群的影响具有普遍性，仅剔除少数典型低产鸡能够挽回一些负面作用，必须调整完善饲养管理，才能从根本上解决问题。

疾病原因，如马立克病、卵黄性腹膜炎、上呼吸道感染和寄生虫病等，都能引起鸡冠萎缩和停产，出现低产鸡。有些育成鸡由于感染新城疫等疾病使生殖系统受到损害，不能产蛋，而外表看起来像健康鸡，实际上已形成假产鸡。

③处理：视低产鸡假产鸡的类型和发生原因，可采取以下几种方式处理。

在产蛋中早期，因管理不当造成的较瘦弱或较肥胖的健康鸡，对这类鸡应从群中挑出给予单独饲养，通过控制饲料喂量和营养水平，调整体况，使之趋于正常，恢复产蛋性能。

产蛋后期的低产鸡，过于瘦小或肥胖者，产蛋早衰者，传染病侵染者，这些鸡一般应及早发现剔除，有病鸡按兽医卫生要求妥当处理，无病鸡育肥肉用。

食欲减退、羽色冠髯异常、行为和其他异常，疑似低产鸡、假产鸡，可继续观察 2～3 天，待确定后，再予以处理。

(11)做好记录工作：因为生产记录反应了鸡群的实际生产动态和日常活动的各种情况，通过它可及时了解生产、指导生产，也是考核经营管理的重要根据。生产记录的项目包括死淘数、产蛋量、破蛋数、蛋重、耗料量、饮水量、温度、湿度、防疫、称重、更换饲料、停电、发病等，一定要坚持天天记录。

4. 产蛋后期

产蛋后期是指 62 周龄以后到淘汰为止，该时期的产蛋量下降的速度较快，这时要及时淘汰没有饲养价值的停产或极低产鸡只。

(1)产蛋后期的营养调整:在生理上,由于体成熟后,多余的营养主要用于沉积脂肪,故在饲养上应根据产蛋量下降的速度适当减少饲喂量,或者通过降低日粮的蛋白质水平,使营养达到供维持及产蛋的需要便可。但必须注意,在这阶段母鸡吸收钙的机能下降,如果不提高钙的含量,将会影响蛋壳的质量,如出现软壳蛋、薄壳蛋、蛋破损增加等现象,所以日粮中应适当增加钙的含量。

①营养调整的方法

日粮中的能量和蛋白质水平降到每只鸡每日 18 克。

增加日粮中的钙:每只鸡每日摄取钙量提高到 4～4.4 克。

②营养调整时应注意的事项

适时调整日粮营养水平:当鸡群产蛋率下降时,不要急于降低日粮营养水平,而要针对具体情况进行具体分析,排除非正常因素引起的产蛋下降。鸡群异常时不调整日粮。正常情况下,产蛋后期鸡群产蛋率每周应下降 0.5%～0.6%。降低日粮营养水平应在鸡群产蛋率持续低于 80%的 3～4 周后开始。

营养调整应逐渐过渡:由于产蛋鸡对饲料营养的反应极为敏感,换料过程应逐渐过渡,不可突然更换。换料时应将新的产蛋后期饲料与原有产蛋高峰期饲料混合饲喂 2～3 天,逐渐过渡到全部饲喂产蛋后期饲料。

注意日粮中钙源的供给形式:每日供应的钙源至少应有 50%以 3～5 毫米的颗粒状形式供给,这样能增加鸡对钙的吸收率。

(2)加强消毒:到了产蛋后期,鸡舍的有害微生物数量大大增加。因此,更要做好粪便清理和日常消毒工作。

(3)强制换羽:隔年老鸡在秋季换羽是一种正常现象,当羽毛换到主翼羽时母鸡就开始停产。鸡的自然换羽早晚及持续时间是不一样的,群体的换羽时间往往拖得很长。而人工强制换羽就能消除群体换羽参差不齐的现象,有意识地控制休产期与产蛋期,使产蛋在一定程度上消除季节性。当年鸡不需搞人工强制换羽。经选择留下的体质健壮的隔年老鸡，才进行这项工作。

自然换羽的过程很长，一般3～4个月，且鸡群中换羽很不整齐，产蛋率较低，蛋壳质量也不一致。为了缩短换羽时间，延长鸡的生产利用年限，常给鸡采取人工强制换羽。常用的人工强制换羽方法是不把鸡关在棚舍内同时采用药物法、饥饿法和药物-饥饿法。

①药物法：在饲料中添加氧化锌或硫酸锌，使锌的用量为饲料的2%～2.5%。连续供鸡自由采食7天，第8天开始喂正常产蛋鸡饲料，第10天即能全部停产，3周以后即开始重新产蛋。

②饥饿法：是传统的强制换羽方法。停料时间以鸡体重下降30%左右为宜。一般经过9～13天，头2周光照缩短到2小时，只供饮水，以后每天增加1小时，供鸡吃料和饮水，直至光照14小时。饲粮中蛋白质为16%、钙1.1%，待产蛋开始回升后，再将钙增至3.6%。母鸡6～8天内停产。第10天开始脱羽，15～20天脱羽最多，35～45天结束换羽过程。30～35天恢复产蛋，65～70天达到50%以上的产蛋率，80～85天进入产蛋高峰。

③药物-饥饿法：首先对母鸡停水断料2.5天，并且停止光照。然后恢复给水，同时在配合饲料中加入2.5%硫酸锌或2%氧化锌，让鸡自由采食，连续喂6.5天左右。第10天起恢复正常喂料和光照，3～5天后鸡便开始脱毛换羽，一般在13～14天后便可完全停产，19～20天后开始重新产蛋，再过6周达到产蛋高峰，产蛋率可达70%～75%以上。

人工强制换羽与自然换羽相比，具有换羽时间短、换羽后产蛋较整齐、蛋重增大、蛋质量提高、破蛋率降低等优点，但要注意以下几个问题：

①鸡的健康状况：只能选择健康的鸡进行强制换羽，因为只有健康的鸡才能耐受断水断料的强烈应激影响，也只有健康的鸡才能指望换羽后高产。病弱鸡在断水断料期间会很快死亡，应及早

淘汰。

②换羽季节和时间：要兼顾经济因素、鸡群状况和气候条件。炎热和严寒季节强制换羽，会影响换羽效果。一般选在秋季鸡开始自然换羽时进行强制换羽，效果最好。

③饥饿时间长短：一般以 9～13 天为度，具体要根据季节和鸡的肥度、死亡率来灵活掌握。温度适宜的季节，肥度好或体重大的鸡死亡率低时，可延长饥饿期，反之，则应缩短饥饿期。时间过短则达不到换羽停产的目的，时间过长，死亡率增加，对鸡体损伤也大，一般死亡率控制在 3%左右。

④光照：在实施人工强制换羽时，同时应减少光照。

⑤换羽期间的饲养管理：强制换羽开始初期，鸡不会立即停产，往往有软壳或破壳蛋，应在食槽添加贝壳粉，每 100 只鸡添加 2 千克；要有足够的采食料，保证所有的鸡能同时吃到饲料，以防止鸡饥饿时啄食垫草、砂土、羽毛等物。

5. 种母鸡群的淘汰

母鸡开产以后，第一年产蛋量最高，以后逐年下降，以第一年度为 100%，第二年只有 80%，第三年只有 70%，第四年只有 60%，第五年只有 50%，因此饲养老母鸡是不经济的。现在由于生产水平的提高，培育新母鸡的成本大为下降，生产场为了获得最高的产蛋量，种鸡群是年年更新的，母鸡只用一年便淘汰。但对优秀的种母鸡、地方品种母鸡，利用年限可延长一年。

从经济角度考虑，淘汰种母鸡的时间是以产种蛋收入低于生产成本时来决定的，但作为种鸡场，还需要考虑雏苗供求状况，考虑淘汰种鸡的销售价格，考虑新的种鸡群育成和生产状况以及育成成本等。总之，确定何时淘汰，需从各方面综合考虑，以经济收益作判定。

(三)种公鸡的特殊饲养与管理

种公鸡的特殊管理与母鸡的管理有所不同。种公鸡要求有健壮的体质,较大的体型,精力旺盛,羽毛丰满,直而壮的脚部和趾部,宽长而直的背,广而深的体躯和胸围,龙骨直而长,健壮的头和喙。

1. 满足公鸡的运动需要

在育雏与育成期间是公鸡长体格的阶段,这时公雏的饲养最好设有运动场,而且饲养密度要适当减少,育雏阶段每平方米 15 只以内,育成阶段每平方米 3.5 只,以使有运动的余地。运动有利于公鸡体格的生长、骨骼的坚实和肌肉的发达,精力旺盛。

2. 合理保护公鸡的脚

由于公鸡的体型大,重量大,脚部的负担比较大,易得脚部疾病。而公鸡脚的好坏,直接影响其利用价值。如果脚部有毛病,该公鸡的其他方面有再多优点都没有用,因为无法配种,故保护公鸡的脚及趾是饲养公鸡的一项重要管理措施。在育雏、育成和配种期,如果饲养在地面的话,一定要保持有良好的垫草。另外,饲养公鸡不能用铁网饲养,因为铁网易生锈,而公鸡好动好斗,生锈的铁网很容易损伤公鸡,造成损失。

种公鸡的冠较发达,成年时,常因公鸡间的争斗,使冠损伤流血,亦会因冠大影响公鸡的采食和饮水。鉴此,种用小公鸡最好在 1 日龄截去冠。此外,种鸡体型大、体重大,在成年配种时常出现内侧趾爪抓伤母鸡,使母鸡害怕配种,从而影响受精率。因此,对种用的小公鸡宜在 1 日龄时断趾。断趾是将二个内侧的趾(第一趾和第二趾)在第一个趾关节处切断。初生雏的截冠和断趾对雏鸡没有什么不良影响,而且长成以后,其雄性特征和配种性能都正常,在管理上方便,同时种公鸡的死亡率也将减少。公鸡长大以后，它的距便长出来，这距和第一第二脚趾一样对母鸡都有影响，故常在配种前 18 周左右，进行切距工作。

3. 种公鸡的补饲

为了保持种公鸡有良好的配种体况，种公鸡的饲养，除了和母鸡群一起采食外，从组群开始后，对种公鸡应进行补饲配合饲料。配合饲料中应含有动物性蛋白饲料，有利于提高公鸡的精液品质。补喂的方法，一般是在一个固定时间，将母鸡赶到运动场，把公鸡留在舍内，补喂饲料任其自由采食。这样，经过一定时间（1 天左右），公鸡就习惯于自行留在舍内，等候补喂饲料。开始补喂饲料时，为便于分别公母鸡，对公鸡可作标记，以便管理和分群。公鸡补饲可持续到母鸡配种结束。

4. 公母比例与利用年限

许多种鸡场的三黄鸡种公鸡在利用一个生产周期后即淘汰，担心继续利用会降低受精率和孵化率。优秀种公鸡的培育是不易的，使用一年即淘汰，也可以看作是一种资源浪费，同时也增大育成成本。三黄鸡种公鸡在体质状况良好的情况下，一般可利用两个生产周期，优秀的种公鸡，甚至可利用更长时间。当然在第 2 个生产周期中要经常注意淘汰体质下降、配种能力降低的种公鸡。一般情况下，种蛋活精受精率达到 90％以上，被认为种公鸡配种能力是正常的。只有在活精受精率 90％以下，且逐步降低，并且排除其他因素时，才应考虑淘汰种公鸡。

第六章 常见疾病治疗与预防

三黄鸡饲养周期短，任何疾病一旦发生即使得到控制，到出售前往往也来不及恢复，因此必须立足于卫生防疫，要有“防重于治”的观念。

第一节 疾病的综合预防

综合性预防措施是控制鸡病的关键措施，其主要内容包括场址的选择、鸡舍的设计、建筑及合理的布局；引进健康无病的雏鸡，科学的饲养管理，严格的卫生消毒制度，合理的免疫接种和预防用药程序等。只有坚持综合性防疫措施，才能使鸡群少发病或不发病，保证养鸡获得好的经济效益。

一、选择无病原的优良种鸡

养殖户或饲养场应从种源可靠的无病鸡场引进种蛋或幼雏。因为有些传染病感染雌鸡是通过受精蛋或病原体污染的蛋壳传染给新孵出的后代，这些孵出的带菌雏或弱雏在不良环境污染等应激因素影响下，很容易发病或死亡。因此选择无病原的种蛋或幼雏是提高幼雏成活率的重要因素。从外地或外场引进青年鸡作为种用时，必须先要了解当地的疫情，在确认无传染病和寄生虫病流行的健康鸡群引种，千万不能将发病场或发病群，或是刚刚病愈的鸡群引入。引进后的鸡先经隔离饲养，不能立即混入健康鸡群，隔离 20 天后，无任何异常方可入群。防止病原体带入鸡场或鸡群。有条件的饲养场或养殖户最好坚持自繁自养。

二、强化卫生防疫

养殖者要注意鸡病防疫的着眼点应该是整体，而不是个体。

(一)鸡舍的防疫

1. 可引发鸡病的病源微生物

传染病是由人们肉眼看不见而具有致病性的微小病源微生物引起的，包括病毒、细菌、霉形体、真菌及衣原体等。

(1)病毒：病毒是很小的微生物，一般圆形病毒的直径为几十至一百纳米，必须用电子显微镜才能观察到。

(2)细菌：细菌是单细胞微生物，可分为球菌、杆菌和螺旋状菌三种类型，有些球菌和杆菌在分裂后排列成一定形态，分别称为双球菌、链球菌、葡萄球菌、链状杆菌等。鸡的细菌性传染病可以用药物预防和治疗。

(3)霉形体：霉形体也称支原体，大小介于细菌、病毒之间，结构比细菌简单。多种抗生素如土霉素、金霉素对霉形体有效，但青霉素对霉形体无效。

(4)真菌：真菌包括担子菌、酵母菌，一般担子菌、酵母菌对动物无致病性。霉菌种类繁多，对鸡有致病性的主要是某些黄霉菌，如烟曲霉菌使饲料、垫料发霉，引起鸡的曲霉菌病，黄曲霉菌常使花生饼变质，喂鸡后引起中毒。霉菌在温暖(22～28℃)、潮湿和偏酸性(pH 4～6)的环境中繁殖很快，并可产生大量的孢子浮游在空气中，易被鸡吸入肺部。一般消毒药对霉菌无效或效力甚微。

(5)衣原体：衣原体是一种介于病毒和细菌之间的微生物，生长繁殖的一定阶段寄生在细胞内，对抗生素敏感。

2. 鸡病的传播媒介

(1)卵源传播：由蛋传播的疾病有鸡白痢、禽伤寒、禽大肠杆菌病、鸡毒支原体病、禽白血病、病毒性肝炎、减蛋综合征等。

(2)孵化室传播：主要发生在雏鸡开始啄壳至出壳期间。这时雏鸡开始呼吸，接触周围环境，就会加速附着在蛋壳碎屑和绒毛中的病原体的传播。通过这一途径传播的疾病有禽曲霉菌病、沙门菌病等。

(3)空气传播：经空气传播的疾病有鸡败血支原体病、鸡传染性支气管炎、鸡传染性喉气管炎、鸡新城疫、禽流感、禽霍乱、鸡传染性鼻炎、鸡马立克病、禽大肠杆菌病等。

(4)饲料、饮水和设备、用具的传播：病鸡的分泌物、排泄物可直接进入饲料和饮水中，也可通过被污染的加工、储存和运输工具、设备、场所及人员而间接进入饲料和饮水中，鸡摄入被污染的饲料和饮水而导致疾病传播。饲料箱、蛋箱、装禽箱、运输车等设备也往往由于消毒不严而成为传播疾病的重要媒介。

(5)垫料、粪便和羽毛的传播：病鸡粪便中含有大量病原体，病鸡使用过的垫料常被含有病原体的粪便、分泌物和排泄物污染，如不及时清除和更换这些垫料并严格消毒鸡舍，极易导致疾病传播。鸡马立克病病毒存在于病鸡羽毛中，如果对这种羽毛处理不当，可以成为该病的重要传播因素。

(6)混群传播：某些病原体往往不使成年鸡发病，但它们仍然是带菌、带毒和带虫者，具有很强的传染性。如果将后备鸡群或新购入的鸡群与成年鸡群混合饲养，会造成许多传染病暴发流行。由健康带菌、带毒和带虫的家禽而传播的疾病有鸡白痢沙门菌病、鸡毒支原体病、禽霍乱、鸡传染性鼻炎、禽结核、鸡传染性支气管炎、鸡传染性喉气管炎、鸡马立克病、球虫病、组织滴虫病等。

(7)其他动物和人的传播:自然界中的一些动物和昆虫如狗、猫、鼠、各种飞禽、蚊、蝇、蚂蚁、蜻蜓、甲壳虫、蚯蚓等都是鸡传染病的活体媒介。人常常在鸡病的传播中起着很大的作用,当经常接触鸡群的人所穿的衣服、鞋袜以及他们的体表和手被病原体污染后,如不彻底消毒,就会把病原体带到健康鸡舍而引起发病。

(二)鸡群防疫

1. 环境卫生

(1)每天清除舍内粪便以及清扫补饲场地,保持鸡舍和补饲场地清洁干燥。

(2)对鸡粪、污物、病死鸡等进行无害化处理。

(3)定期用2%~3%烧碱或20%石灰乳对鸡舍及补饲场地进行彻底消毒(也可撒石灰粉)。

(4)用药灭蚊、灭蝇、灭鼠等。

2. 疾病控制

(1)按正常免疫程序接种疫苗。

(2)注意防治球虫病及消化道寄生虫病。经常检查,一旦发现,及时驱除。也可在饲料或饮水中添加抗球虫药物如氯苯胍、抗球王等,预防和减少球虫病发生。

(3)严禁闲杂人员往来。

3. 加强饲养管理,增强鸡群抵抗力

养防结合是控制疾病的基础。根据不同鸡种、不同日龄的要求,供给按科学配方的营养全价饲料,创造适合家禽生长、发育、生产的环境,制订并执行一套生产管理技术,以能充分发挥该品种的

最好的生产性能。

4. 采取全进全出的饲养方式

因为不同日龄的鸡的饲养、管理、饲料、温度、湿度、光照和免疫接种等都不相同，而且日龄较大的患病鸡或已病愈但仍带毒的鸡随时可将病原体传播给日龄小的鸡，引起疾病的暴发。因此，不同日龄的鸡应分栋或分场进行饲养，每批鸡全出后，鸡舍及饲养管理用具，须经清扫冲洗、消毒、并空闲一周以上，这对减少疾病的发生大有好处。实践证明，全入全出的饲养方法是预防疫病、降低成本，提高成活率和经济效益的最有效措施之一。

5. 预防性投药

药物预防是鸡场防疫的重要辅助手段，科学合理地预防投药，能避免饲养成本上升、病原抗药性增强、鸡群药物依赖及肉蛋产品药物残留等问题，从而提高养殖效益。

(1)药物预防的对象

主要预防普通细菌性传染病、寄生虫病。细菌性传染病包括细菌性肠道拉稀病(鸡白痢、大肠杆菌病、肠毒综合征等)、呼吸道病(支原体感染、传染性鼻性等)，寄生虫病包括球虫病、体内寄生虫病(绦虫病、蛔虫病)、体表寄生虫病(鸡虱子、螨虫病)。

(2)预防程序

①1～30日龄小鸡药物预防程序

预防对象：主要预防脐炎、鸡白痢、大肠杆菌病、呼吸道病、肠毒综合征、球虫病。

预防方法：1～3日龄，预防脐炎、鸡白痢、大肠杆菌病、非典病毒类病超前感染，用药：头孢沙星饮水；4～10日龄，预防脐炎、鸡白痢、大肠杆菌病，用药：禽用立竿见影(磺胺对甲氧嘧啶钠-二甲氧苄胺嘧啶片)饮水；11～30日龄，预防球虫病，用药：百球清饮水，如果出现较严重黄便，百球清控制不了，则用强效球毙妥饮水。

②30～70 日龄小中鸡药物预防程序

预防对象:30～70 日龄小中鸡阶段不采用连续用药,而是环境因素、应激因素、个别患病情况适当下药。主要预防大肠杆菌病、肠毒综合征、小肠球虫病、呼吸道病。

预防方法

下雨天:预防大肠杆菌病、小肠球虫病,用药:上午禽用立竿见影饮水半天,下午强效球球毙妥饮水半天。

气温骤然下降:预防呼吸道病,用药:美支原饮水。

暑天:预防中暑,用药:每天中午最热时,用藿香正气水或十滴水饮水 2 小时。

应激因素:饲料更换,预防大肠杆菌病,用药:禽用立竿见影饮水。

③70～120 日龄中大鸡药物预防程序

预防对象:主要预防大肠杆菌病、呼吸道病、体内寄生虫、体表寄生虫。

预防方法:70～120 日龄中大鸡阶段不采用连续用药,而是环境因素、应激因素、个别患病情况适当下药。其方案参照 30～60 日龄小、中鸡方案,但不再预防球虫病,增加预防体表(内)寄生虫,在预防肠道病和呼吸道时可以采用土霉素。

90 日龄左右防体内寄生虫,在早晨用丙硫咪唑或左旋咪唑拌料少量一次喂服,100 克鸡用量一片丙硫咪唑,7 天后再体内驱虫一次。

100 日龄左右防体表寄生虫,在中午气温较高(阳光充足)时,用灭虱精或除癞灵对鸡深部喷雾,方法:将药水按比例稀释装入小喷雾器,一人戴长胶手套抓鸡,一只手从鸡肛门处到鸡头部逆毛刮起,一人拿喷雾器顺着逆毛从后向前喷雾,要求药水必须达到毛根处,喷雾完成后,将所有鸡应赶出外面晒干羽毛。7 天以后再进行一次体表驱虫。

④120日龄以后产蛋种鸡药物预防程序

预防对象：120日龄以后产蛋种鸡主要预防大肠杆菌病、鸡白痢、输卵管炎肠道寄生虫病、营养性缺乏症。

预防方法：120日龄以后产蛋种鸡阶段不采用连续用药，而是环境因素、应激因素、个别患病情况适当下药。其方案与60～120日龄中大鸡方案在用药方面略有相同。

每隔15天预防一次输卵管炎，用药：卵管康泰饮水。

防止营养性缺乏：补维生素，每3天补充用电解多维饮水，每天投喂一次青绿饲草；补钙、磷，多装几盆黄豆大的沙粒放入运动场内，在运动场边缘（靠墙壁）堆一大堆煤炭，让鸡自由采食。补氨基酸，增加炒黄豆或豆粕、鱼粉等蛋白质饲料的比例。

下雨天：预防大肠杆菌病、鸡白痢，用硫酸黏杆菌素饮水。

气温下降：预防呼吸道病，用强力霉素饮水。

暑天：预防中暑，用维生素C饮水，严重的鸡用仁丹灌服。

三、确保有效的消毒体系

要想饲养三黄鸡的成活率高，就必须做好日常卫生防疫工作，而消毒是日常卫生防疫工作中最重要的一环。虽然一些鸡场开展了消毒工作，但仍然是疫病反复不断，究其原因，常常和消毒药物使用不当有很大关系。使用消毒药，要注意其本身的性状、作用对象、使用方法、使用浓度、作用时间和特点、配伍禁忌、适用范围及副作用等。

1. 常用的消毒方法

常见的消毒方法有物理消毒法、生物热消毒法、化学消毒法等。

（1）物理消毒法：清扫、洗刷、日晒、通风、干燥及火焰消毒等是简单有效的物理消毒方法，清扫、洗刷等机械性清除则是鸡场使用最普通的一种消毒法。通过对鸡舍的地面和饲养场地的粪便、垫草及饲料残渣等的清除和洗刷，就能使污染环境的大量病原体一同被清除掉，由此而达到减少病原体对鸡群污染的机会。但机械性清除一般不能达到彻底消毒目的，还必须配合其他的消毒方法。太阳是天然的消毒剂，太阳射出的紫外线对病原体具有较强的杀灭作用，一般病毒和非芽孢性病原在阳光的直射下几分钟至几小时可被杀死，如供幼雏所需的垫草、垫料及洗刷的用具等使用前均要放在阳光下暴晒消毒，作为饲料用的谷物也要晒干以防霉变，因为阳光的灼热和蒸发水分引起的干燥也同样具有杀菌作用。

通风亦具有消毒的意义，在通风不良的鸡舍，最易发生呼吸道传染病。通风虽不能杀死病原体，但可以在短期内使鸡舍内空气交换、减少病原体的数量。

(2)生物热消毒法：生物热消毒也是鸡场常采用的一种消毒方法。生物热消毒主要用于处理污染的粪便及其垫草，污染严重的垫草将其运到远离鸡舍地方堆积，在堆积过程中利用微生物发酵产热，使其温度达 70℃以上，经过一段时间(25～30 天)，就可以杀死病毒、病菌(芽孢除外)、寄生虫卵等病原体而达到消毒的目的，同时可以保持良好的肥效。对于鸡粪便污染比较少，而潮湿度又比较大的地面可用草木灰直接撒上，起到消毒的作用。

(3)化学消毒法：应用化学消毒剂进行消毒是鸡场使用最广泛的一种方法。化学消毒剂的种类很多，如氢氧化钠(钾)、石灰、高锰酸钾、漂白粉、次氯酸钠、乳酸、酒精、碘酊、紫药水、煤酚皂溶液、新洁尔灭、福尔马林、苯酚、过氧乙酸、百毒杀、威力碘等多种化学药品都可以作为化学消毒剂，而消毒的效果如何，则取决于消毒剂的种类、药液的浓度、作用的时间和病原体的抵抗力以及所处的环境和性质，因此在选择时，可根据消毒剂的作用特点，选用对该病原体杀灭力强、又不损害消毒的物体，毒性小，易溶于水，在消毒的环境中比较稳定以及价廉易得和使用方便的化学消毒剂。有计划地对鸡生活的环境和用具等进行消毒。

①火碱:火碱又名氢氧化钠、苛性钠,杀菌作用很强,是一种药效长、价格便宜、使用最广泛的碱类消毒剂。火碱为白色固体,易溶于水和醇,在空气中易潮解,并有强烈的腐蚀性。

火碱常用于病毒性感染(如鸡新城疫等)和细菌性感染(如禽霍乱等)的消毒,还可用于炭疽的消毒,对寄生虫卵也有杀灭作用。用于鸡舍、环境、道路、器具和运输车辆消毒时,浓度一般在1.5%～2%。注意高浓度碱液可灼伤人体组织,对金属制品、塑料制品、漆面有损坏和腐蚀作用。

②生石灰:生石灰为白色或灰色块状物,主要成分是氧化钙(CaO)。它易吸收空气中的二氧化碳和水,逐渐形成碳酸钙而失效。加水后放出大量的热,变成氢氧化钙,以氢氧根离子起杀菌作用,钙离子也能与细菌原生质起作用而形成蛋白钙,使蛋白质变性。

生石灰对一般细菌有效,对芽孢及结核杆菌无效。常用于墙壁、地面、粪池及污水沟等的消毒。使用时,可加水配制成10%～20%的石灰乳剂,喷洒房舍墙壁、地面进行消毒;用生石灰粉对鸡舍地面撒布消毒,其消毒作用可持续6小时左右。

③高锰酸钾:高锰酸钾是一种使用广泛的强氧化剂,有较强的去污和杀菌能力,能凝固蛋白质和破坏菌体的代谢过程。高锰酸钾为暗紫色结晶,无嗅,易溶于水。使用时,0.1%的水溶液用于皮肤、黏膜创面冲洗及饮水消毒;0.2%～0.5%的水溶液用于种蛋浸泡消毒;2%～5%的水溶液用于饲养用具的洗涤消毒。应现配现用。

④漂白粉:漂白粉含氯石灰,是最常用的含氯化合物,为次氯酸钙与氢氧化钙的混合物,呈灰白色粉末,有氯臭味。漂白粉的杀菌作用与环境中的酸碱度有关,酸性环境中杀菌力最强;碱性环境

中杀菌力较弱。此外,还与温度和有机物的存在有关,温度升高杀菌力也随着增强;环境中存在有机物时,也会减弱其杀菌力。

鸡场常用它对饮水、污水池、鸡舍、用具、下水道、车辆及排泄物等进行消毒。饮水消毒常用量为每立方米河水或井水中加4～8克漂白粉,拌匀,30分钟后可饮用。1%～3%澄清液可用于饲槽、水槽及其他非金属用具的消毒。污水池常用量为1立方米水中加入8克漂白粉(有效氯为25%)。10%～20%乳剂可用于鸡舍和排泄物的消毒。鸡舍内常用漂白粉作为甲醛熏蒸消毒的催化剂,其用量是甲醛用量的50%。

⑤次氯酸钠:次氯酸钠是一种含氯的消毒剂。含氯消毒剂溶于水中,产生的次氯酸愈多,杀菌力愈强。

常用于水和鸡舍内的各种设备、孵化器具的喷洒消毒。一般常用消毒液可配制为0.3%～1.5%。如在鸡舍内有鸡的情况下需要消毒时,可带鸡进行喷雾消毒,也可对地面、地网、墙壁、用具刷洗消毒。带鸡消毒的药液浓度配制一般为0.05%～0.2%,使用时避免与酸性物质混合,以免产生化学反应,影响消毒灭菌效果。

⑥复合酚消毒剂:含有苯酚、杀菌力强的有机酸、穿透力强的焦油酸和洗洁作用的苯磺酸,是高效低毒的消毒剂,如农福、宝康、消毒灵等,是目前最常用的消毒剂之一。适用于鸡舍、环境、工具等消毒,浓度为1%。

⑦酒精:即乙醇,为无色透明的液体,易挥发和燃烧。一般微生物接触酒精后即脱水,导致菌体蛋白质凝结而死亡。杀菌力最强的浓度为75%。酒精对芽孢无作用,常用于注射部位、术部、手、皮肤等涂擦消毒和外科器械的浸泡消毒。

⑧碘酊:即碘酒,为碘与酒精混合配制成的棕色液体,常用的有3%和5%两种。碘酒杀菌力很强,能杀死细菌、病毒、霉菌、芽孢等,常用于鸡的细菌感染和外伤,注射部位、器械、术部及手的涂

擦消毒，但对鸡皮肤有刺激作用。

⑨紫药水：紫药水对组织无刺激性，毒性很小，市售有1%～2%的溶液和醇溶液，常用于鸡群的啄伤，除治疗创伤外，还可防止创面再被鸡啄伤。

⑩煤酚皂溶液：即来苏水，是由煤酚、豆油、氢氧化钠、蒸馏水混合制成的褐色黏稠液体，有甲酚的臭味，能溶于水和醇。来苏水主要用于鸡舍、用具与排泄物的消毒。1%～2%溶液用于体表和器械消毒，5%溶液用于鸡舍消毒。

⑪新洁尔灭：即溴苄烷铵，是一种毒性较低、刺激性小的消毒剂，为无色或淡黄色的胶状液体，芳香，味极苦，易溶于水。

新洁尔灭具有杀菌和去污两种效力，对化脓性病原菌、肠道菌及部分病毒有较好的杀灭能力，对结核杆菌及真菌的杀灭效果不好，对细菌芽孢一般只能起抑制作用。常用于手术前洗手、皮肤消毒、黏膜消毒及器械消毒，还可用于养鸡用具、种蛋的消毒。使用时，0.05%～0.1%水溶液用于手术前洗手；0.1%水溶液用于蛋壳的喷雾消毒和种蛋的浸涤消毒，此时要求液温为40～43℃，浸涤时间不超过3分钟；0.15%～2%水溶液可用于鸡舍内空间的喷雾消毒。

⑫福尔马林：福尔马林为含甲醛36%的水溶液，又称甲醛水。为无色带有刺激性和挥发性的液体，内含40%的甲醛，福尔马林有强大的广谱杀菌作用，对细菌芽孢及病毒均有效。传染性法氏囊病毒对其他消毒药均有较强的抵抗力，只对福尔马林敏感。生产中多采用福尔马林与高锰酸钾按一定比例混合对密闭鸡舍、仓库、孵化室等进行熏蒸消毒。

⑬苯酚(石炭酸)：常用2%～5%水溶液消毒污物和鸡舍环境，加入10%食盐可增强消毒作用。

⑭过氧乙酸(过醋酸)：本品和新洁而灭一样，作用强而快，抗菌谱广，0.3%～0.5%溶液可用于鸡舍、食槽、墙壁、通道和车辆喷

雾消毒,0.05%~0.2%可用于带鸡消毒。

⑮百毒杀:为无色澄明胶状液体,无味和刺激性,对细菌和病毒的杀灭力强,适用于鸡舍墙壁地面、饲养用具和饮水消毒。饮水消毒浓度为 0.01%,带鸡消毒常用量为 0.03%。对鸡舍的消毒,最好进行 2~3 次,每次使用的消毒药不同,但要注意使用第二种消毒药之前应将原使用的消毒药用清水冲洗干净,避免两种消毒药相互影响,降低消毒效果。

⑯威力碘:1∶(200~400)倍稀释后用于饮水及饮水工具的消毒;1∶100 倍稀释后用于饲养用具、孵化器及出雏器的消毒;1∶(60~100)倍稀释后用于鸡舍带鸡喷雾消毒。

2. 消毒的先后顺序

鸡场消毒要先净道(运送饲料等的道路)、后污道(清粪车行驶的道路),先后备鸡场区、后蛋鸡场区,先种鸡场区、后育肥鸡场区,各鸡舍内的消毒桶严禁混用。

3. 消毒方法

(1)人员消毒:鸡场尤其是种鸡场或具有适度规模的鸡场,在圈养饲养区出入口处应设紫外线消毒间和消毒池。鸡场的工作人员和饲养人员在进入圈养饲养区前,必须在消毒间更换工作衣、鞋、帽,穿戴整齐后进行紫外线消毒 10 分钟,再经消毒池进入鸡场饲养区内。育雏舍和育成舍门前出入口也应设消毒槽,门内放置消毒缸(盆)。饲养员在饲喂前,先将洗干净的双手放在盛有消毒液的消毒缸(盆)内浸泡消毒几分钟。

消毒池和消毒槽内的消毒液,常用 2%火碱水或 20%石灰乳以及其他消毒剂配成的消毒液。浸泡双手的消毒液通常用 0.1%新洁尔灭或 0.05%百毒杀溶液。鸡场通往各鸡舍的道路也要每天用消毒药剂进行喷洒。各鸡舍应结合具体情况采用定期消毒和临时性消毒。鸡舍的用具必须固定在饲养人员各自管理的鸡舍内，不准相互通用，同时饲养人员也不能相互串舍。

除此以外，鸡场应谢绝参观。外来人员和非生产人员不得随意进入圈养饲养区，场外车辆及用具等也不允许随意进入鸡场，凡进入圈养饲养区内的车辆和人员及其用具等必须进行严格地消毒，以杜绝外来的病原体带入场内。

(2)鸡舍和环境的消毒：由于鸡舍和环境消毒达不到要求致使鸡传染病连绵不断，造成重大损失的现象已屡见不鲜。一些饲养户只重视治疗和疫苗接种而忽视消毒作用的情况更为普遍。实际上，做好鸡舍和环境的消毒，可以极大地减少传染病发生的机会，提高成活率，减少治疗药物的费用，从而提高经济效益，事半功倍。

鸡舍和环境消毒应按下列程序进行：

①清扫：将鸡舍顶部和棚上的尘埃扫落。

②清粪：把舍内外的鸡粪全部清除。

③洒水：将四周、地面等全部洒上水，让剩余鸡粪等吸水膨胀，以便冲洗。

④冲洗：最好用高压水龙从鸡舍顶部往下逐一冲洗，尤其是死角、裂缝的鸡粪、尘埃要彻底冲洗干净，冲洗越干净，消毒效果越好。

⑤首次消毒：可用2%的烧碱喷洒地面、墙壁四周、鸡棚及耐腐蚀的工具等，或者用农福等消毒剂喷洒整幢鸡舍及附属物、工具。作用时间6～12小时。

⑥二次冲洗：用干净水将消毒液和残存的鸡粪、尘埃冲洗干净。

⑦二次消毒：如鸡舍可关闭，可采用福尔马林熏蒸，每立方米空间用福尔马林28毫升、高锰酸钾14克，熏蒸4～8小时。如开放式鸡舍，可喷洒其他消毒药。

⑧空闲：鸡舍消毒后应空闲10天以上，舍内用具可阳光直射，舍外环境可施生石灰粉，将泥地翻晒。

如果在鸡舍曾发生过鸡新城疫、传染性喉气管炎、禽出败、传染性法氏囊病等，应做到3次冲洗，三次间隔采用不同消毒剂消毒。最后一次消毒最好采用福尔马林熏蒸，才能保证消毒效果。

(3)用具消毒：蛋箱、蛋盘、孵化器、运雏箱可先用0.1%新洁尔灭或0.2%～0.5%过氧乙酸消毒，然后在密闭的室内于15～18℃温度下，用甲醛熏蒸消毒5～10小时。鸡笼先用消毒液喷洒，再用水冲洗，待干燥后再喷洒消毒液，最后在密闭室内用甲醛熏蒸消毒。工作人员的手可用0.2%新洁尔灭水清洗消毒，忌与肥皂共用。

(4)饮水消毒：水对三黄鸡生产具有重要作用，但同时水又是三黄鸡疫病发生的重要媒介，而且这一点往往被忽视。一些鸡场的疫病反复发生，得不到有效的控制，往往与水源受到病原微生物的不断污染有重大关系，特别是那些通过肠道感染的细菌性疾病，鸡群投服抗菌药物，疫病得到基本的控制，停止使用药物后，疫病又重新发生，虽然不一定是大群体发病，但可能每天都有一些病例出现，高于正常死亡率，出现这种情况时，要十分注意鸡群的饮水卫生条件，有无病原菌的存在和含量多少。

饮水消毒常用以下方法：

①漂白粉：每1000毫升开水加0.3～1.5克或每立方米水加粉剂6～10支，拌匀后30分钟即可饮用。

②抗毒威：以1∶5000的比例稀释，搅匀后放置2小时，让鸡饮用。

③高锰酸钾：配成0.01%的浓度，随配随饮，每周2～3次。

④百毒杀：用50%的百毒杀以1∶(1000～2000)的比例稀释，让鸡饮用。

⑤过氧乙酸：每千克水中加入20%的过氧乙酸1毫升，消毒30分钟。

注意事项：使用疫(菌)苗前后3天禁用消毒水，以免影响免疫效果;高锰酸钾宜现配现饮,久置会失效;消毒药应按规定的浓度配入水中,浓度过高或过低,会影响消毒效果;饮水中只能放一种消毒药。

(5)带鸡消毒:由于现阶段三黄鸡生产只能是一幢鸡舍的全进全出,而不是一个鸡场的全进全出,因此,几乎所有鸡场内都不可避免地存在大量的病原微生物,并且在不同鸡舍之间、不同鸡群之间反复交替传播,特别是三黄鸡的饲养期比肉用仔鸡长,种鸡生产期更长,虽然采取了许多有效的综合防疫措施,但鸡的一些传染病仍时有发生或小范围流行,每天的死亡率虽不高,但累积饲养全期的死亡率却不低,造成生产的较大损失和疫病的难于控制。

有的时候,鸡群感染和发生了某种传染病,从生产和经济角度考虑,除了采取疫苗接种等措施以外,就必须减少鸡群周围环境中病原微生物的含量。例如在种鸡群感染巴氏杆菌病时。

通过多年的养鸡生产实践,人们找到了在鸡舍饲养鸡群条件下,采用气雾方法喷洒某些种类消毒液,将鸡群机体外表与鸡舍环境同时消毒,达到杀灭或减少病原微生物的方法。被称为鸡体消毒法。

鸡体消毒法可采用新洁而灭、过氧乙酸,使用浓度为0.05%~0.2%,喷雾,每天1~2次。也可用百毒杀0.05%~0.1%,或其他腐蚀性低的消毒药,直接喷雾洒在鸡身上和鸡舍空间等,连续使用。也可作为预防措施,间歇使用。

消毒时应注意事项:

①鸡舍勤打扫,及时清除粪便、污物及灰尘,以免降低消毒质量。

②喷雾消毒时,喷口不可直射鸡,药液浓度和剂量要掌握准确,喷雾程度以地面、墙壁、屋顶均匀湿润和鸡体表稍湿为宜。

③水温要适当,防止鸡受冻感冒。

④消毒前应关闭所有门窗,喷雾15分钟后要开窗通气,使其

尽快干燥。

⑤进行育雏室消毒时，事先把室温提高 3～4℃，免得因喷雾降温而使幼雏挤压致死。

⑥各类消毒剂交替使用，每月轮换 1 次。

⑦鸡群接种弱毒苗前后 3 天内停止喷雾消毒，以免降低免疫效果。

四、做好基础免疫工作

控制三黄鸡疫病，着重于预防，目前除药物预防和加强饲养管理以外，主要手段是疫苗接种预防，特别是病毒性传染病，疫苗接种或抗体注射才能有效。药物只能减轻部分症状，所以，要养好三黄鸡，就必须做好疫苗接种。

疫苗就是病原微生物经过杀灭或减弱对鸡的致病作用以后制成的生物制品，疫苗作为一种抗原物质，其抗原性与它所要预防的病原微生物的抗原性是相同或相近似的，当它进入鸡的机体后，就会刺激鸡体内的防御体系，产生抗体或 B 细胞，激活淋巴细胞的功能，在同类型病原微生物侵入鸡的机体时，就会受到抗体和免疫细胞的破坏，保持机体的健康正常，不受病原微生物的侵害。因此，疫苗能起预防作用。

应当十分明确疫苗不是药物，而是生物制品，疫苗不能起治疗作用，只能起预防作用。

1. 预防接种的方法

疫苗接种可分注射、饮水、滴鼻滴眼、气雾和穿刺法，根据疫苗的种类、鸡的日龄、健康情况等选择最适当的方法。

(1)注射法：此法需要对每只鸡进行保定，使用连续注射器可按照疫苗规定数量进行肌肉或皮下注射，此法虽然有免疫效果准确的一面，但也有捉鸡费力和产生应激等缺点。注射时，除应注意准确的注射量外，还应注意质量，如注射时应经常摇动疫苗液使其均匀。注射用具要做好预先消毒工作，尤其注射针头要准备充分，每群每舍都要更换针头，健康鸡群先注，弱鸡最后注射。注射法包括皮下注射和肌肉注射两种方法。

①皮下注射：用大拇指和食指捏住鸡颈中线的皮肤向上提拉，使形成一个囊。入针方向，应自头部插向体部，并确保针头插入皮下。即可按下注射器推管将药液注入皮下。

②肌肉注射：对鸡做肌肉注射，有 3 个方法可以选择：第一，翼根内侧肌肉注射，大鸡将一侧翅向外移动，露出翼根内侧肌肉即可注射。幼雏可左手握成鸡体，用食指、中指夹住一侧翅翼，用拇指将头部轻压，右手握注射器注入该部肌肉中。第二，胸肌注射，注射部位应选择在胸肌中部(即龙骨近旁)，针头应沿胸肌方向并与胸肌平面成 45°角向斜前端刺入，不可太深，防止刺入胸腔。第三，腿部肌肉注射，因大腿内侧神经、血管丰富，容易刺伤。以选大腿外侧为好，这样可避免伤及血管、神经引起跛行。

(2)饮水免疫法：将弱毒苗加入饮水中进行免疫接种。饮水免疫往往不能产生足够的免疫力，不能抵御毒力较强的毒株引起的疾病流行。为获得较好的免疫效果，应注意以下事项：

①饮水免疫前 2 天、后 5 天不能饮用任何消毒药。

②饮疫苗前停止饮水 4～6 小时，夏季最好夜间停水，清晨饮水免疫。

③稀释疫苗的水最好用蒸馏水，应不含有任何使疫苗灭活的物质。

④疫苗饮水中可加入 0.1%脱脂乳粉或 2%牛奶(煮后晾凉去皮)。

⑤疫苗用量要增加，通常为注射量的 2～3 倍。

⑥饮水器具要干净，并不残留洗涤剂或消毒药等。

⑦疫苗饮水应避免日光直射，并要求在疫苗稀释后 2～3 小时内饮完。

⑧饮水器的数量要充足，保证 3/4 以上的鸡能同时饮水。

⑨饮水器不宜用金属制品，可采用陶瓷、玻璃或塑料容器。

(3)滴鼻滴眼法：通过结膜或呼吸道黏膜而使药物进入鸡体内的方法，常用于幼雏免疫。按规定稀释好的疫苗充分摇匀后，再把加倍稀释的同一疫苗，用滴管或专用疫苗滴注器在每只幼雏的一侧眼膜或鼻孔内滴 1～2 滴。滴鼻可用固定幼雏手的食指堵着非滴注的鼻孔，加速疫苗吸入，才能放开幼雏。滴眼时，要待疫苗扩散后才能放开幼雏。

(4)气雾免疫法：对呼吸道疾病的免疫效果很理想，简便有效，可进行大群免疫。对呼吸道有亲嗜性的疫苗Ⅱ、Ⅲ、Ⅳ系弱毒疫苗和传染性气管炎强毒疫苗等效果特好。

①选择专用喷雾器，并根据需要调整雾滴。

②配疫苗用量，一般 1000 羽所需水量 200～300 毫升，也可根据经验调整用量。

③平养鸡可集中一角喷雾，可把鸡舍分成两半，中间放一栅栏，幼雏通过时喷雾，也可接种人员在鸡群中间来回走动，至少来回 2 次。

④喷雾时操作者可距离鸡 2～3 米，喷头和鸡保持 1 米左右的距离，成 45°角，距离鸡头上方 50 厘米，使雾粒刚好落在鸡的头部。

⑤气雾免疫应注意的问题：所用疫苗必须是高效价的，并且为倍量；稀释液要用蒸馏水或去离子水，最好加 0.1%脱脂乳粉或明胶；喷雾时应关闭鸡舍门窗，减少空气流通，避开直射阳光，待全舍喷完后 20 分钟方可打开门窗；降低鸡舍亮度，操作时力求轻巧，减少对鸡群的干扰，最好在夜间进行；为防止继发呼吸道病，可于免疫前后在饮水、饲料中加抗菌药物。

(5)刺种法：刺种的部位在鸡翅膀内侧皮下。在鸡翅膀内侧皮下，选羽毛稀少、血管少的部位，按规定剂量将疫苗稀释后，用洁净的疫苗接种针蘸取疫苗，在翅下刺种。

(6)滴肛或擦肛法：适用于传染性喉气管炎强毒性疫苗接种。接种时，使鸡的肛门向上，翻出肛门黏膜，将按规定稀释好的疫苗滴一滴，或用棉签或接种刷蘸取疫苗刷3～5下，接种后应出现特殊的炎症反应。9天后即产生免疫力。

2. 疫苗的选购

疫苗的质量、效果如何需使用后才明确，选购疫苗时一般遵循如下几点：

(1)明确了解疫苗的种类、毒力、安全量、有效量。

(2)瓶签应标明生产厂家、生产日期、有效期，凡非国家指定的厂商生产的疫苗一般不要购买。

(3)每瓶疫苗均具有生产批号，凡批号不清、标签脱落的疫苗不能使用。

(4)不购买超出有效期的疫苗。

(5)检查每瓶疫苗的封口是否紧密完整，一般是密封瓶内处于真空状态。凡封口松散或脱落的疫苗不能购买。

(6)检查疫苗的外观性状是否符合说明。

(7)检查有无腐败，变质或异味。

(8)疫苗是否保存在适度的环境条件下。

(9)了解疫苗的使用方法，购买时索取一份详细的疫苗使用说明书。

(10)购买疫苗时一定要用保温容器冷藏。

3. 预防用药程序

疫苗的免疫效果受到许多因素的影响，为了保证三黄鸡生产的顺利进行，人们在不断地寻找获取最佳免疫效果的途径和方法，然后将其以一定的模式确立。免疫程序就是根据本地区、本饲养场鸡群疫病的流行情况和三黄鸡生产目的，制订出各种疫苗接种的种类、具体时间、方法、剂量、免疫检测、重复接种等等的规程。免疫程序不是统一不变的，应当根据实际情况制订，并且在实施过程中检验其正确性和做出调整。

制订免疫程序首先要考虑本地区（场）鸡病流行情况，包括近几年鸡病流行的种类、程度，流行的时间、季节，传播途径，流行方式等。通过调查流行情况，才能确立免疫的目标，即预防哪些传染性鸡病。

三黄鸡生产目的不同其免疫程序也不同。一般来说，饲养周期越长的鸡群，需要免疫的种类越多，免疫水平要求越高。种鸡较之肉鸡的免疫程序复杂，它要保护鸡群安全渡过 500 天的生产期，饲养 120 天龄上市的地方品种较之饲养至 80 天龄上市的三黄鸡，新城疫接种次数就增加。具体实施过程中，还要注意鸡群的健康状况和应激。

（1）三黄鸡肉鸡的免疫程序（各地可以此为参考，结合本地实际，制订出更合适的免疫程序）

①1 日龄，用鸡马立克病毒冻干苗（火鸡疱疹病毒苗），按瓶签头份，用马立克疫苗稀释液稀释，出壳 24 小时内的雏鸡每羽颈部皮下注射 0.2 毫升。

②5 日龄，鸡新城疫Ⅱ系疫苗，用生理盐水 10 倍稀释，每只雏鸡滴鼻和滴眼 0.03～0.04 毫升，约 1 小滴。

③7 日龄，用鸡传染性支气管炎 H120 疫苗，生理盐水 10 倍稀释，每只鸡滴眼或滴鼻 1 滴（0.03～0.04 毫升）。也可以按瓶签头份，每只鸡饮水量以 3～5 毫升计算，用干净饮水稀释后，在 1 小时内饮完。

④10 日龄，用鸡传染性法氏囊病（IBD）疫苗 G-603（美国产），按头份用生理盐水稀释，每只鸡颈部皮下或肌肉注射 0.5 毫升。

⑤20 日龄，用生理盐水 500 倍稀释（1000 头份），每只鸡肌肉

注射鸡新城疫Ⅰ系弱毒疫苗 0.5 毫升。

⑥25～30 日龄，用鸡传染性喉气管炎弱毒疫苗，生理盐水 10 倍稀释，每只鸡单侧滴鼻 1 滴，0.03～0.04 毫升（切忌双侧滴鼻或眼）。

⑦35～40 日龄，接种鸡传染性支气管炎 H50 疫苗，用生理盐水 10 倍稀释，每只滴眼 1 滴。

⑧45 日龄，用鸡新城疫Ⅱ系，以 3 倍量饮水免疫。

(2)三黄鸡种鸡的免疫程序：种鸡饲养周期较长，种用价值高，因此要求免疫的项目较多，免疫水平较高，其免疫程序较之商品肉鸡的免疫程序要复杂。下面是种鸡饲养期的一些免疫项目，在制订具体的免疫程序时可供参考。

①1 日龄，用火鸡疱疹病毒冻干疫苗，按瓶签头份加大 20%的剂量，用马立克疫苗稀释液稀释，每羽刚出壳的雏鸡颈部皮下注射 0.2 毫升。

②3 日龄，鸡新城疫(ND)和传染性支气管炎(IB)二联疫苗，按头份稀释后每只鸡滴眼或滴鼻 1～2 滴。

③8 日龄，用小鸡新城疫灭活油佐剂苗，接头份进行颈部皮下注射。

④13 日龄，鸡传染性法氏囊病(IBD)疫苗 G-603(美国产)接头份以生理盐水稀释，颈部皮下注射。

⑤17 日龄，鸡痘化弱毒冻干疫苗，用生理盐水 200 倍稀释，钢笔尖(经消毒)蘸取疫苗，于鸡翅内侧无血管处皮下刺种一针。

⑥20 日龄，鸡新城疫Ⅱ系(LaSota 毒株)，按头份的 3 倍量于干净饮水稀释后，1 小时内饮完疫苗。

⑦25 日龄，鸡传染性喉气管炎(LT)弱毒疫苗，按头份稀释后，每只鸡单侧滴眼或滴鼻 1 滴(切勿双侧滴，否则易造成鸡双眼失明)。

⑧29 日龄，鸡新城疫Ⅰ系，生理盐水按头份稀释，每只肌肉注

射 0.5～1.0 毫升。

⑨45 日龄，禽出败细菌荚膜疫苗，按生产厂商说明使用。

⑩50 日龄，鸡传染性支气管炎疫苗 H52，生理盐水 10 倍稀释，每只鸡滴眼或滴鼻 1 滴。

⑪65 日龄，鸡新城疫Ⅰ系，生理盐水按头份稀释，每只鸡注射 1 毫升。

⑫105 日龄，禽脑脊髓炎、鸡新城疫联苗翼膜刺种。

⑬150 日龄，新城疫(ND)＋传染性支气管炎(IB)＋传染性法氏囊病(IBD)三联油佐剂苗，按使用说明，肌肉注射。

⑭155 日龄，减蛋综合征油佐剂疫苗，按使用说明肌肉注射。

⑮200 日龄以后，根据抗体监测结果，适时再次用鸡新城疫Ⅱ系疫苗口服。

4. 疫苗在使用过程中应注意的事项

疫苗作为生物制品，稳定性很差，各种理化因素等影响都易造成疫苗效价的下降，因此，在疫苗的贮存和使用过程中需要严格的保护条件和适当的方法。否则，疫苗就可能失效，造成重大损失。因疫苗效价下降或失效使免疫失败，鸡群暴发严重的疫病而造成重大经济损失的情况已屡见不鲜。

疫苗在贮藏和使用过程中应注意如下事项：

(1)使用时要详细了解该种疫苗的免疫对象、免疫力、安全性、免疫期、接种方法、本疫苗制品的特性等。

(2)使用时要详细了解疫苗的运输和保存时的条件，凡接触过高温、长时间的阳光照射，均不能使用。

(3)在疫苗的保存期间应按生产厂商的说明保存在适当的温度，特别要注意因停电造成保存温度的短时、反复间歇性上升。

(4)应在规定的有效期内使用，过期的疫苗不能使用。

(5)疫苗运输时必须放在装有冰块的保温容器内，尽量缩短运输的时间，运输时应避免阳光直射和剧烈震荡。

(6)疫苗在使用前要仔细检查，发现疫苗瓶破裂，瓶盖松开、没有或瓶签不清，内容物混有杂质，变色等异常性状时不能使用。

(7)应按生产厂商指定的稀释液进行稀释，并充分摇匀，稀释液用量要准确，保证稀释后的疫苗浓度。否则，接种给鸡只的疫苗量就会太多或不足，造成免疫效果低下。

(8)免疫用具须经煮沸消毒 15～20 分钟，注射针头最好每百只鸡换一支。

(9)接种时应尽量保证进入每只鸡体内的疫苗均达到最小免疫量，克服因操作失误而出现的接种疫苗量不足或无接种现象。

(10)疫苗稀释后应在规定的时间内接种完，尽可能缩短从稀释到进入鸡体的时间。稀释后的疫苗要放置在适宜的条件下，稀释后超期限或用不完的疫苗要废弃。

(11)如果疫苗采用饮服或气雾免疫接种方法时，应使用清洁干净的饮用水，水中不含任何消毒剂或其他化学药品，盛水的容器应清洁干净，无消毒剂或杂物残留。水的 pH 值最好为中性。饮服疫苗前，鸡群应限制饮水 1～2 小时，然后同时投放含疫苗的饮水，且饮水器充足，在 1 小时内保证每只鸡都有充足的饮水机会，并将含疫苗的饮水食完。

5. 影响疫苗接种效果的因素

疫苗接种的成败直接关系到三黄鸡生产的结局，深入了解影响疫苗免疫效果的因素是十分必要的。因为免疫学是一门十分复杂的现代科学，影响免疫的因素很多，这里仅将三黄鸡生产中被认为是主要的因素做一些探讨。

(1)遗传：三黄鸡的抗逆性能较肉用仔鸡等强，如实施合理的免疫程序，一般都可产生良好的免疫效果，疫病的发生和死亡率均很低。

(2)日龄:鸡形成抗体的能力随1日龄到成熟期的日龄而增强,一般在6周龄以前只能产生短期免疫力。这就是为什么三黄鸡生长前期要反复接种新城疫等疫苗的重要原因,通常在鸡达到较大日龄时,进行疫苗的重复接种,特别是种鸡。

(3)母源抗体:母源抗体是雏鸡通过蛋从母鸡那里获取的抗体,它使雏鸡获取被动免疫力,母源抗体随雏鸡日龄的增长而逐渐消失,当母源抗体在雏鸡体内含量比较高时接种疫苗,会中和部分疫苗而产生较低的免疫力。

(4)营养:营养状况良好是鸡体产生良好免疫力的基本条件,因为免疫反应时产生抗体需要从营养中获取大量的蛋白质。

(5)疾病:各种疾病,包括寄生虫病等都会严重影响免疫效果,在鸡群发生疾病时接种疫苗,可能达不到有效的免疫反应,反使鸡体的负担更重,死亡率更高,正常的疫苗接种都选择在鸡群健康正常时进行。

(6)应激:卫生条件不良、饲养管理不善、维生素缺乏、寒冷或高温等应激都可能造成免疫效果的降低。

(7)疫苗:不同毒株的疫苗,毒力强弱不同,活毒和灭活疫苗的免疫反应都各不相同,甚至同一毒株由不同厂商生产的疫苗其免疫效果也可能导致明显的差异。

(8)疫苗的接种方法:疫苗进入鸡体须遵循一定的感染途径,不同的接种方法,也会造成免疫效果的差异,例如鸡传染性支气管疫苗口服就会比滴鼻或滴眼的接种效果差。

(9)各种疫苗的相互影响:虽然不同疫苗引起鸡体产生不同的抗体,但各种疫苗接种间隔时间、疫苗的同时或混合使用,都可能相互间产生干扰的作用,使效力降低。

五、灭鼠灭虫

1. 灭鼠

鼠是人、畜多种传染病的传播媒介，鼠还盗食饲料和鸡蛋，咬死雏鸡，咬坏物品，污染饲料和饮水，危害极大，三黄鸡场必须加强灭鼠。

(1)防止鼠类进入建筑物：鼠类多从墙基、天棚、瓦顶等处窜入室内，在设计施工时注意：墙基最好用水泥制成，碎石和砖砌的墙基，应用灰浆抹缝。墙面应平直光滑，防鼠沿粗糙墙面攀登。砌缝不严的空心墙体，易使鼠隐匿营巢，要填补抹平。为防止鼠类爬上屋顶，可将墙角处做成圆弧形。墙体上部与大棚衔接处应砌实，不留空隙。用砖、石铺设的地面，应衔接紧密并用水泥灰浆填缝。各种管道周围要用水泥填平。通气孔、地脚窗、排水沟(粪尿沟)出口均应安装孔径小于1厘米的铁丝网，以防鼠窜入。

(2)器械灭鼠：器械灭鼠方法简单易行，效果可靠，对人、畜无害。灭鼠器械种类繁多，主要有夹、关、压、卡、翻、扣、淹、黏、电等。近年来还研究和采用电灭鼠和超声波灭鼠等方法。

(3)化学灭鼠：化学灭鼠效率高、使用方便、成本低、见效快，缺点是能引起人、畜中毒，有些鼠对药剂有选择性、拒食性和耐药性。所以，使用时需选好药剂和注意使用方法，以保安全有效。灭鼠药剂种类很多，主要有灭鼠剂、熏蒸剂、烟剂、化学绝育剂等。鸡场的鼠类以孵化室、饲料库、鸡舍最多，是灭鼠的重点场所。饲料库可用熏蒸剂毒杀。投放毒饵时，机械化养鸡场因实行笼养，只要防止毒饵混入饲料中即可。在采用全进全出制的生产程序时，可结合舍内消毒时一并进行。鼠尸应及时清理，以防被畜误食而发生二次中毒。选用鼠长期吃惯了的食物作饵料，突然投放，饵料充足，分布广泛，以保证灭鼠的效果。

2. 灭昆虫

鸡场易拿生蚊、蝇等有害昆虫，骚扰人、畜和传播疾病，给人、畜健康带来危害，应采取综合措施杀灭。

(1)环境卫生：搞好鸡场环境卫生，保持环境清洁、干燥，是杀灭蚊蝇的基本措施。蚊虫需在水中产卵、孵化和发育，蝇蛆也需在潮湿的环境及粪便等废弃物中生长。因此，填平无用的污水池、土坑、水沟和洼地。保持排水系统畅通，对阴沟、沟渠等定期疏通，勿使污水储积。对贮水池等容器加盖，以防蚊蝇飞入产卵。对不能清除或加盖的防火贮水器，在蚊蝇孳生季节，应定期换水。永久性水体(如鱼塘、池塘等)，蚊虫多孳生在水浅而有植被的边缘区域，修整边岸，加大坡度和填充浅湾，能有效地防止蚊虫孳生。鸡舍内的粪便应定时清除，并及时处理，贮粪池应加盖并保持四周环境的清洁。

(2)化学杀灭：化学杀灭是使用天然或合成的毒物，以不同的剂型(粉剂、乳剂、油剂、水悬剂、颗粒剂、缓释剂等)，通过不同途径(胃毒、触杀、熏杀、内吸等)，毒杀或驱逐蚊蝇。化学杀虫法具有使用方便、见效快等优点，是当前杀灭蚊蝇的较好方法。

①马拉硫磷：为有机磷杀虫剂。它是世界卫生组织推荐用的室内滞留喷洒杀虫剂，其杀虫作用强而快，具有胃毒、触毒作用，也可作熏杀，杀虫范围广，可杀灭蚊、蝇、蛆、虱等，对人、畜的毒害小，故适于畜舍内使用。

②敌敌畏：为有机磷杀虫剂。具有胃毒、触毒和熏杀作用，杀虫范围广，可杀灭蚊、蝇等多种害虫，杀虫效果好。但对人、畜有较大毒害，易被皮肤吸收而中毒，故在畜舍内使用时，应特别注意安全。

③合成拟菊酯：是一种神经毒药剂，可使蚊蝇等迅速呈现神经

麻痹而死亡。杀虫力强，特别是对蚊的毒效比敌敌畏、马拉硫磷等高 10 倍以上，对蝇类，因不产生抗药性，故可长期使用。

第二节　常见病的防治

及时而准确的疾病诊断是预防、控制和治疗家禽疾病的重要前提和环节，要达到快速而准确的诊断，需要具备全面而丰富的疾病防治和饲养管理知识，运用各种诊断方法，进行综合分析。家禽疾病的诊断方法有多种，而实际生产中最常用的是临床检查技术、病理学诊断技术和实验室诊断技术。各种家禽疾病的发生都有其自身的特点，只要抓住这些疾病的特点运用恰当的诊断方法就可以对疾病做出正确的诊断。

一、鸡病的判断

1. 群体检查

群体性是鸡的生物学特性之一，鸡的饲养管理性必须联系这个特性进行。在集约化饲养的情况下，难于每天观察了解每只鸡的生长发育和健康状况，只能仔细观察群鸡的状况，判断其生长和健康是否正常，饲养与管理条件是否相适应，发现问题及时纠正，特别是日常的仔细观察，有利于在鸡群疫病刚出现或未出现之前发现，采取适当的措施，控制疫病的发展，使鸡群尽早恢复健康。

观察鸡群一般选择在早上天亮后不久和傍晚或晚间进行。鸡群经一晚休息后，早上是采食、饮水、交配、运动等最活跃的时候，较容易观察到鸡群的异常情况。晚上鸡群安静状态，除可以静听鸡群呼吸音外，还有利于捉鸡检查。

观察鸡群时饲养或技术人员应缓慢接近鸡群，待鸡群无惊恐，恢复正常活动时进行。

观察鸡群可从以下几方面进行：

(1)观察鸡群活动：正常的鸡群给人以精神活泼的感觉，站立走动有力，羽毛整洁有光泽，冠和肉髯红润，两眼有神，采食、饮水、交配活动较频繁，鸡群在舍内分布均匀。鸡群不健康时很少采食、饮水和有交配活动，精神不振，羽毛蓬松不洁，肛门周围带沾有粪便，站立走动无力，病鸡独处一隅，蹲伏不动。

(2)观察鸡群排泄的粪便状况：正常鸡群排泄的粪便呈灰色条状，尾端带有菊白色的尿酸盐，伴有少量的尿液，可闻鸡粪特有的臭味。鸡的异常粪便在质、量、形态和消化不良等方面表现出来。

①牛奶样粪便：粪便为乳白色，稀水样似牛奶倒在地上，鸡群一般在上午排出这种粪便。这是肠道黏膜充血、轻度肠炎的特征粪便。

②节段状粪便：粪便呈堆型，细条节段状，有时表面有一层黏液。刚刚排出的粪便，水分和粪便分离清晰，多为黑灰或淡黄色，这是慢性肠炎的典型粪便，多见于雏鸡。

③水样粪便：粪便中消化物基本正常，但含水分过多，原因有大肠杆菌病、低致病性禽流感、肾传支、温度骤然降低应激、饲料内含盐量过高、环境温度过高等。

④蛋清状粪便：粪便似蛋清状、黄绿色并混有白色尿酸盐，消化物极少。

⑤血性粪便：粪便为黑褐色、茶锈水色、紫红色、或稀或稠，均为消化道出血的特征。如上部消化道出血，粪便为黑褐色，茶锈水色。下部消化道出血，粪便为紫红色或红色。

⑥肉红色粪便：粪便为肉红色，成堆如烂肉，消化物较少，这是脱落的肠黏膜形成的粪便，常见于绦虫病、蛔虫病、球虫病和肠炎

恢复期。

⑦绿色粪便：粪便墨绿色或草绿色，似煮熟的菠菜叶，粪便稀薄并混有黄白色的尿酸盐。这是某些传染病和中暑后由胆汁和肠内脱落的组织混合形成的，所以为墨绿色或黑绿色。

⑧黄色粪便：粪便的表面有一层黄色或淡黄色的尿覆盖物，消化物较少，有时全部是黄色尿液。这是肝脏有疾病的特征粪便。

⑨白色稀便：粪便白色非常稀薄，主要由尿酸盐组成，常见于法氏囊炎、瘫痪鸡、雏白痢、食欲废绝的病鸡和患尿毒症的鸡。

(3)记录检查鸡群每天采食和饮水情况：一般情况下，三黄肉鸡群在生长期内随着日龄的增长，采食量与日俱增，种鸡的采食量相对较稳定，如发现无气候、管理、饲料变化等异常情况，鸡群采食量下降，或饮水量下降，或突然增加时，应考虑疫病发生的可能。

(4)在鸡群安静时，特别是晚间，静静地听鸡群呼吸、鸣叫音，正常鸡群叫声明亮，晚间休息时无响声。如雏鸡保温不足，鸡群鸣叫不休；如温度过高，则尖叫不止。如发生新城疫病，鸡群呼吸时发出"咯咯"声；如听到尖利的喉头喘鸣音，则是传染性喉气管炎的表现；如发生传染性支气管炎，亦可听到特殊的呼吸音。

2. 个体检查

全群观察后，挑出有异常变化的典型病鸡，做个体检查。

(1)体温检查：鸡测温须用高刻度的小型体温计，从泄殖腔或腑下测温。如通过泄殖腔测温，将体温计消毒涂油润滑后，从肛门插入直肠(右侧)2～3 厘米经 1～2 分钟取出，注意不要损伤输卵管。鸡的正常体温为 39.6～43.6℃，体温升高，见于急性传染病、中暑等；体温降低，见于慢性消耗性疾病、贫血、下痢等。

(2)鸡冠和肉髯检查：冠和肉髯是鸡皮肤的衍生物，内部具有丰富的血管、淋巴管和神经，许多疾病都出现鸡冠和肉髯的变化。正常的鸡冠和肉髯颜色鲜红，组织柔软光滑。如果颜色异常则为病态。鸡冠发白，主要见于贫血、出血性疾病及慢性疾病；鸡冠发紫，常见于急性、热性疾病，也可见于中毒性疾病；鸡冠萎缩，常见于慢性疾病；如果冠上有水泡、脓包、结痂等病变，多为鸡痘的特征。肉髯发生肿胀，多见于慢性禽霍乱和传染性鼻炎。

(3)眼睛的检查：健康鸡的眼大而有神，周围干净，瞳孔圆形，反应灵敏，虹膜边界清晰。病鸡眼怕光流泪，结膜发炎，结膜囊内有豆腐渣样物，角膜穿孔失明，眼睑常被眼眵黏住，眼边有颗粒状小痂块，眼部肿胀，眼白色混浊、失明，瞳孔变成椭圆形、梨子形、圆锯形，或边缘不齐，虹膜灰白色。

(4)口鼻的检查：健康鸡的口腔和鼻孔干净利索，无分泌物和饲料附着。病鸡可能出现口、鼻有大量黏液，经常晃头，呼吸急促、困难、喘息，咳出血色的缓液等症状。

(5)羽毛和姿势检查：正常时，鸡被毛鲜艳有光泽。有病时羽毛变脆、易脱落，竖立、松乱，翅膀、尾巴下垂，易被污染。正常鸡站卧自然，行动自如，无异常动作。病鸡则出现步态不稳，运动不协调，转圈行走或头颈歪向一侧或向后背等症状。

(6)呼吸检查：正常鸡的呼吸平稳自然，没有特殊的状态。病鸡应注意观察鸡的呼吸状态，是否有呼吸音，是否咳嗽、打喷嚏等。

(7)嗉囊检查：用手指触摸嗉囊内容物的数量及其性质。嗉内食物不多，常见于发生疾病或饲料适口性不好。内容物稀软，积液、积气，常见于慢性消化不良。单纯性嗉囊积液、积气是鸡高烧的表现或唾液腺神经麻痹的缘故。嗉囊阻塞时，内容物多而硬，弹性小。过度膨大或下垂，是嗉囊神经麻痹或嗉囊本身机能失调引起的。嗉囊空虚，是重病末期的象征。

(8)皮肤触摸检查：从头颈部、体躯和腹下等部位的羽毛用手逆翻，检查皮肤色泽及有无坏死、溃疡、结痂、肿胀、外伤等。正常皮肤松而薄，易与肌肉分离，表面光滑。若皮肤增厚、粗糙有鳞屑，两小腿鳞片翘起，脚部肿大，外部像有一层石灰质，多见于鸡疥癣病或鸡膝螨病；皮肤上有大小不一、数量不等的硬结，常见于马立克病；皮肤表面出现大小数量不等、凹凸不平的黑褐色结痂，多见于皮肤性鸡痘；皮下组织水肿，如呈胶冻样者，常见于食盐中毒，如内有暗紫色液体，则常见于维生素E的缺乏症。

(9)腹部检查：用于触摸腹下部，检查腹部温度、软硬等。腹部异常膨大而下垂，有高热、痛感，是卵黄性腹膜炎的初期；触摸有波动感，用注射器穿刺可抽出多量淡黄色或深灰色并带有腥臭味的浑浊液体，则是卵黄性腹膜炎中后期的表现。如腹部发凉、干燥而无弹性，常见于白痢、内寄生虫病。

(10)腿部和脚掌的检查：鸡腿负荷较重，患病时变化也较明显。病鸡腿部弯曲，膝关节肿胀变形，有擦伤，不能站立，或者拖着一条腿走路，多见于锰和胆碱缺乏症。膝关节肿大或变长，骨质变软，常见于佝偻病，跖骨显著增厚粗大、骨质坚硬，常见于白血病等。腿麻痹、无痛感、两腿呈"劈叉"姿势，可见于鸡马立克病。病初跛行，大腿易骨折，可见于葡萄球菌感染。足趾向内卷曲，不能伸张，不能行走，多见于核黄素缺乏症。观察掌枕和爪枕的大小及周围组织有无创伤、化脓等。

3. 鸡病的病理剖检处理

对外观检查不能确认的鸡只，要进行剖检检查，以便进一步明确疾病的种类。

(1)病理剖检的准备

①剖检地点的选择：鸡场最好建立尸体剖检室，剖检室设置在生产区和生活区的下风方向和地势较低的地方，并与生产区和生活区保持一定距离；若养鸡场无剖检室，剖检尸体时选择在比较偏僻的地方进行，要远离生产区、生活区、公路、水源等，以免剖检后，尸体的粪便、血污、内脏、杂物等污染水源、河流，或由于车来人往等传播病原，造成疫病扩散。

②剖检器械的准备：对于鸡剖检，一般有剪刀和镊子即可工作。另外可根据需要准备骨剪、肠剪、手术刀、搪瓷盆、标本皿、广口瓶、消毒注射器、针头、培养皿等，以便收集各种组织标本。

③剖检防护用具的准备：工作服、胶靴、一次性医用手套或橡胶手套、脸盆或塑料小水桶、消毒剂、肥皂、毛巾、水桶、脸盆、消毒剂等。

④尸体处理设施的准备：对剖检后的尸体应进行焚烧或深埋，对剖检场所和用具进行彻底全面的消毒。剖检室的污水和废弃物必须经过消毒处理后方可排放。

(2)病理剖检的注意事项

①在进行病理剖检时，如果怀疑待检的鸡已感染的疾病可能对人有接触传染时(如鸟疫、丹毒、禽流感等)，必须采取严格的卫生预防措施。剖检人员在剖检前换上工作服、胶靴、配戴优质的橡胶手套、帽子、口罩等，在条件许可的条件下最好戴上面具，以防吸入病禽的组织或粪便形成的尘埃等。

②在进行剖检时应注意所剖检的病(死)鸡应在鸡群中具有代表性。

③剖检前应当用消毒药液将病鸡的尸体和剖检的台面完全浸湿。

④剖检过程应遵循从无菌到有菌的程序，对未经仔细检查且粘连的组织，不可随意切断，更不可将腹腔内的管状器官(如肠道)切断，造成其他器官的污染，给病原分离带来困难。

⑤剖检人员应认真地检查病变，切忌草率行事。如需进一步检查病原和病理变化，应取病料送检。

⑥在剖检中，如剖检人员不慎割破自己的皮肤，应立即停止工作，先用清水洗净，挤出污血，涂上药物，用纱布包扎或贴上创可贴；如剖检的液体溅入眼中时，应先用清水洗净，再用20%的硼酸冲洗。

⑦剖检后，所用的工作服、剖检的用具要清洗干净，消毒后保存。剖检人员应用肥皂或洗衣粉洗手、洗脸，并用75%的酒精消毒手部，再用清水洗净。

(3)病理剖检的程序：病理剖检一般遵循由外向内，先无菌后污染，先健部后患部的原则，按顺序，分器官逐步完成。

①活鸡应首先放血处死、死鸡能放出血的尽量放血，检查并记录患鸡外表情况，如皮肤、羽毛、口腔、眼睛、鼻孔、泄殖腔等有无异常。

②用消毒液将禽尸羽毛沾湿或浸湿，避免羽毛、尘屑飞扬，然后将鸡尸放在解剖盘中或塑料布上。

③用刀或剪把腹壁和两侧大腿间的疏松皮肤纵向切开，剪断连接处的肌膜，两手将两股骨向外压，使股关节脱臼，卧位平稳。

④将龙骨末端后方皮肤横行切断，提起皮肤向前方剥离并翻置于头颈部，使整个胸部至颈部皮下组织和肌肉充分暴露，观察皮下、胸肌、腿肌等处有无病变，如有无出血、水肿，脂肪是否发黄，以及血管有无淤血或出血等。

⑤皮下及肌肉检查完之后，在胸骨末端与肛门之间作一切线，切开腹壁，再顺胸骨的两边剪开体腔，以剪刀就肋骨的中点，由后向前将肋骨、胸肌、锁骨全部剪断，然后将胸部翻向头部，使体腔器官完全暴露。然后观察各脏器的位置、颜色、有无畸形，浆膜的情况如有无渗出物和粘连，体腔有无积水、渗出物或出血。接着剪断腺胃前的食管，拉出胃肠道、肝和脾，剪断与体腔的联系，即可摘出肝、脾、生殖器官、心、肺和肾等进行观察。若要采取病料进行微生物学检查，一定要用无菌方法打开体腔，并用无菌法采取需要的病料(肠道病料的采集应放到最后)后再分别进行各脏器的检查。

⑥将鸡尸的位置倒转，使头朝向剖检者，剪开嘴的上下连合，伸进口腔和咽喉，直至食管和食道膨大部，检查整个上部消化道，以后再从喉头剪开整个气管和两侧支气管。观察后鼻孔、腭裂及

喉口有无分泌物堵塞；口腔内有无伪膜或结节；再检查咽、食道和喉、气管黏膜的颜色，有无充血、出血、黏液和渗出物。

⑦根据需要，还可对鸡的神经器官如脑、关节囊等进行剖检。脑的剖检可先切开头顶部皮肤，从两眼内角之间横行剪断颧骨，再从两侧剪开顶骨、枕骨，掀除脑盖，暴露大、小脑，检查脑膜以及脑髓的情况。

(4)病理材料的采集：有条件作实验室检查的可自己进行检查，若无可送到当地的动物检疫部门进行检疫（如畜牧部门、防疫部门等）。

①病理材料的采集：送检时，应送整个新鲜病死鸡或病重的鸡，要求送检材料具有代表性，并有一定的数量；送检为病理组织学检验时，应及时采集病料并固定，以免腐败和自溶而影响诊断；送检毒物学检查的材料，要求盛放材料的容器要清洁，无化学杂质，不能放入防腐消毒剂。送检的材料应包括肝脏、胃、肠内容物，怀疑中毒的饲料样品，也可送检整个鸡的尸体；送检细菌学、病毒学检查的材料，最好送检具有代表性的整个新鲜病死鸡或病重鸡到有条件的单位由专业技术人员进行病料的采集。

②病理材料的送检：将整个鸡的尸体放入塑料袋中送检；固定好的病理材料可放入广口瓶中送检；毒物学检验材料应由专人保管、送检，并同时提供剖检材料，提出可疑毒物等情况；送检材料要有详细的说明，包括送检单位、地址、鸡的品种、性别、日龄、病料的种类、数量、保存及固定的方法、死亡日期、送检日期、检验目的、送检人的姓名。并附临床病例的情况说明（发病时间、临床症状、死亡情况、产蛋情况、免疫及用药情况等）。

二、鸡的给药方法

药物种类繁多，有些药物需要通过固定的途径进入机体才能发挥作用。另外，一些药物，不同的给药途径，可以发挥不同的药理作用。因此，临床上应根据具体情况选择不同的给药方法。

1. 群体给药法

(1)饮水给药法：即将药物溶解于水中，让鸡自由饮水的同时将药液饮入体内。对易溶于水的药物，可直接将药物加入水中混合均匀即可。对难溶于水中的药物，可将药物加入少量水中加热，搅拌或加助溶剂，待其达到一定程度的溶解或全溶后，再混入全量饮水中，也可将其做悬液再混入饮水中。

(2)混饲给药：是鸡疾病防治经常使用的方法，将药物混合在饲料中搅拌均匀即可。但少量药物很难和大量的饲料混合均匀，可先将药物和一种饲料或一定量的配合饲料混合均匀，然后再和较大量的饲料混合搅拌，逐级增大混合的饲料量，直至最后混合搅拌均匀。

(3)气雾给药：是通过呼吸道吸入或作用于皮肤黏膜的一种给药法。由于鸡肺泡面积很大，并有丰富的毛细血管，用此法给药时，药物吸收快，药效出现迅速，不仅能起到局部作用，也能经肺部吸收后呈现全身作用。

2. 个体给药法

(1)口服法：指经人工从口投药，药物口服后经胃、肠道吸收而作用于全身或停留在胃、肠道发挥局部作用。对片剂、丸剂、粉剂，用左手食指伸入鸡的舌基部将舌拉出并与拇指配合固定在下腭上，右手将药物投入。对液体药液，用左手拇指和食指抓住冠和头部皮肤，使向后倒，当喙张开时，即用右手将药液滴入，令其咽下，反复进行，直到服完。也可用鸡的输导管，套上玻璃注射器，将喙拨开插入导管，将注射器中的药液推入食道。

(2)肌肉注射法：常用于预防接种或药物治疗。肌肉注射部位有翼根内侧肌肉、胸部肌肉及腿部外侧肌肉，尤以胸部肌肉为常用注射部位。

(3)气管内注入法:多用于寄生虫治疗时的用药。左手抓住鸡的双翅提取,使其头朝前方,右手持注射器,在鸡的右侧颈部旁,靠近右侧翅膀基部约1厘米处进针,针刺方向可由上向下直刺,也可向前下方斜刺,进针0.5～1厘米,即可推入药液。

(4)食道膨大部注入法:当鸡张喙困难,且急需用药时可采用此法。注射时,左手拿双翅并提举,使头朝前方,右手持注射器,在鸡的食道膨大部向前下方斜刺入针头,进针深度为0.5～1厘米左右,进针后推入药液即可。

3. 鸡用药注意事项

(1)应根据每种药物的适应证合理地选择药物,并根据所患疾病和所选药物自身的特点选用不同的给药方法。

(2)用药时用量应适当、疗程应充足、途径应正确。本着高效、方便、经济的原则,科学地用药物。

(3)应充分利用联合用药的有利作用,避免各种配伍禁忌和不良反应的发生。

(4)应注意可能产生的机体耐药性和病原体抗药性,并通过药敏试验、轮换用药等手段加以克服。

(5)注意预防药物残留和蓄积中毒。长期使用的药物,应按疗程间隔使用,某些易引起残留的药物在鸡宰前15～20天内不宜使用,以免影响产品质量和危害人体健康。

(6)饮水给药,应确保药物完全溶解于水后再投喂,并应保证每个鸡都能饮到;拌料给药,应确保饲料的搅拌均匀。否则不仅影响效果,而且可能造成中毒。

(7)在使用药物期间,应注意观察鸡群的反应性。有良好效果的应坚持使用;应用后出现不良反应的,应立即停止用药;使用效果不佳的,应从适应证、耐药性、剂量、给药途径、病因诊断是否正确等多方面仔细分析原因，及时调整方案。

三、常见疾病的治疗与预防

1. 新城疫

新城疫又称亚洲鸡瘟，是由鸡新城疫病毒感染引起的急性高度接触性的烈性传染病。无论成鸡还是雏鸡，一年四季均可发生，但春、秋两季发病率高并易于流行。

(1)病因：新城疫病毒是副黏液病毒属中的一个具有代表性的病毒，呈多型性，还具有凝集鸡、火鸡、鸭、麻雀等禽类以及某些哺乳动物(人、豚鼠等)红血球的特性。

(2)症状：自然感染的潜伏期一般为3～5天。根据毒株毒力的不同和病程的长短，可分为最急性、急性和亚急性或慢性三种。

①最急性型：往往不见临床症状，突然倒地死亡。常常是头一天鸡群活动采食正常，第二天早晨在鸡舍发现死鸡。如不及时救治，1周后将会大批死亡。

②急性型：潜伏期较长，病鸡发高烧，呼吸困难，精神萎靡打蔫，冠和肉垂呈紫黑色，鼻、咽、喉头积聚大量酸臭黏液，并顺口流出，有时为了排出气管黏液常作摆头动作，发生特征性的"咕噜声"，或咳嗽、打喷嚏，拉黄色或绿色或灰白色恶臭稀便，2～5天死亡。

③慢性型：病初症状同急性相似，后来出现神经症状，动作失调，头向后仰或向一侧扭曲、转圈，步履不稳、翅膀麻痹，10～20天逐渐消瘦而死亡。

(3)病理变化

①典型新城疫：腺胃黏膜水肿，乳头出血，十二指肠黏膜和泄殖腔充血和出血，盲肠扁桃体肿大并有出血或出血性坏死。病程

稍长，有时可见肠壁形成枣核状溃疡。蛋鸡卵泡充血、出血，有时破裂。心冠和腹腔脂肪有出血点。气管黏膜充血，出血，气管内有多量黏液，有时见有出血。气囊壁混浊增厚，并有干酪样渗出物，渗出物多数是因有支原体或大肠杆菌混合感染所致。

②非典型新城疫：病理变化常不明显，往往看不到典型病变，常见的病变是心冠脂肪的针尖出血点，腺胃肿胀和小肠的卡他性炎症，盲肠扁桃体普遍有出血，泄殖腔也多有出血点。如若继发感染支原体或大肠杆菌，则死亡率增加，表现有气囊炎和腹膜炎等病变。

(4)诊断：仅根据临床症状和肉眼病理变化做出确诊是比较困难的，但当鸡群出现以呼吸困难为特征，下痢，粪呈黄白或绿色，有"咯咯"喘鸣音，发病急，死亡率高，抗生素治疗无效，个别耐过的病鸡出现特殊的神经症状时，应怀疑是本病。实验室可应用血细胞凝集抑制试验、中和试验、荧光抗体技术等方法确诊。

(5)治疗：发病后可进行紧急接种。鸡群一旦暴发了鸡新城疫，可应用大剂量鸡新城疫Ⅰ系苗抢救病鸡，即用 100 倍稀释，每只鸡胸肌注射 1 毫升，3 天后即可停止死亡；也可紧急接种用Ⅳ系加倍量点眼或饮水并配合新必妥；也可用干扰素＋抗生素药物＋维生素治疗。对注射后出现的病鸡一律淘汰处理，死鸡焚毁。并严格封锁，经常消毒，至本病停止死亡后半月，再进行一次大消毒，而后解除封锁。

(6)预防

①根据当地疫情流行特点，制定适宜免疫程序，按期进行免疫接种，即 7～10 日龄采用鸡新城疫Ⅱ系(或 F 系)疫苗滴鼻、点眼进行首免；25～30 日龄采用鸡新城疫Ⅳ系苗饮水进行二免；25～30 日龄采用鸡新城疫Ⅳ系苗饮水进行二免；70～75 日龄采用鸡新城疫Ⅰ系疫苗肌肉注射进行三免；135～140 日龄再次用鸡新城疫Ⅰ系疫苗肌肉注射接种免疫。

②搞好鸡舍环境卫生，地面、用具等定期消毒，减少传染媒介，切断传染途径。

③不在市场买进新鸡，防止带进病毒。并建立鸡出场（舍）就不再返回的制度。

④一旦发生鸡瘟，病鸡要坚决隔离淘汰，死鸡深埋。对全群没有临床症状的鸡，马上做预防接种。通常在接种 1 周后，疫情就能得到控制，新病例就会减少或停止。

2. 鸡传染性法氏囊病

鸡传染性法氏囊病是对三黄鸡威胁最大的疫病之一，鸡最易感，一年四季均可发生，在育雏阶段发病率最高，以 20～40 日龄多发。

(1)病因：传染性法氏囊病毒属呼肠孤病毒类。病鸡是主要的传染源，主要传染途径是消化道，也可以经呼吸道传染本病，近两年典型的法氏囊病较少见，多见的是由于免疫不当或法氏囊变异株及病毒毒力增强造成的部分鸡只发病。本病主要危害幼鸡，在 1 日龄时起可感染，1～12 周龄最易感，多发生于第 3～6 周龄。高度接触性传染，潜伏期很短。由于该病毒对法氏囊有高度的特异性，只有法氏囊有功能，才出现临床感染，所以成年鸡不发生此病。

(2)症状：本病发生突然，发病后下痢粪便呈白色水样。病鸡精神沉郁，食欲不振，羽毛松乱，出现震颤和步态不稳。发病率高，但死亡率比较低。本病一度流行后常呈隐性感染，在鸡群中长期存在。

(3)病理变化：最初法氏囊肿大到正常的 2 倍，呈严重的水肿和发红，也可能有出血。第 5 天开始消退，随之迅速萎缩，腔内黏液增加。胸腺小点状出血，盲肠扁桃体肿大出血。肝脏表面有黄色条纹，边缘常见有梗死。在鸡的腿部和胸肌、腺胃和肌胃交接处有出血斑点。

(4)诊断:根据流行病学、临床症状、病理变化的特点,现场都可以做正确的诊断。如3～6周龄雏鸡突然发病,病程短,传播迅速,高发病率,死亡集中。法氏囊初期肿大出血,后期萎缩等。但有母源抗体的鸡,其症状和病变可能不典型,可用琼脂扩散试验,荧光抗体试验,病毒中和试验及组织病理学检查。

要注意本病与球虫病、出血性综合征、新城疫、葡萄球菌感染、腺病毒感染加以区别。

(5)治疗:发病早期,注射抗鸡传染性法氏囊病的高免血清,具有较好的疗效,高免血清用量为每只雏鸡肌肉注射0.5～1毫升,通常一次即可。发病初期,最好全群鸡只注射,症状好转后,在注射血清后第10日用弱毒苗喷雾或饮水一次。

此外用抗传染性法氏囊病高免卵黄液,每雏肌肉注射0.5～1毫升。应用上述被动免疫治疗,一般注射后第二天鸡群症状明显好转。同时加强护理,充足饮水,给5%糖盐水,保证鸡舍温度,减少应激。同时补喂多种维生素,尤其是维生素A、维生素D、维生素B等,也可应用速补-14,维康安保强等。

(6)预防

①建立严格的防疫卫生消毒制度,执行全出全进的饲养制度,育雏舍绝对禁止参观。

②疫苗种类:注意选择新型疫苗,适合本地区情况,才能取得良好的免疫效果。

Ⅰ.弱毒苗:弱毒苗又分温和型弱毒苗与中等毒力苗。

PBG98:用于雏鸡的主动免疫,可肌肉注射,喷雾或饮水途径免疫,1日龄喷雾首免,二免为25～28日龄。

D78疫苗:用于雏鸡,可使用饮水、滴鼻、点眼于14～21日龄首免。

228E疫苗(中等毒力株疫苗):用于预防强毒和超强毒传染性法氏囊病,饮水每只鸡1头份,本苗是一株中等毒力的疫苗,早期接种时，能够突破母源抗体的干扰。

Ⅱ. 灭活苗：有细胞灭活苗和组织灭活苗，用于免疫产蛋前的母鸡，肌肉注射疫苗 0.5 毫升，其免疫抗体可以经卵传递给雏鸡，这种雏鸡的母源抗体可保护雏鸡 3～4 周龄，保护率达 80%～90%以上，免疫母鸡在一年内所产的蛋中都含有母源抗体，本疫苗安全有效。三价弱毒疫苗，用于 8 周龄以上育成鸡。

③免疫程序

雏鸡的基础免疫：无母源抗体的鸡群，1 日龄用 PBG98 弱毒疫苗喷雾或肌肉注射，再于 25～28 日龄进行二免。有母源抗体的鸡群，首免于 25～28 日龄；喷雾或饮水。

育成鸡和成鸡的免疫：8～12 周龄用三价弱毒疫苗饮水免疫，然后在 16～18 周龄用灭活苗加强免疫一次。免疫种鸡的子代可获得母源抗体，至少在 4 周龄内可以抵抗传染性法氏囊的感染。

④种鸡、生产三黄鸡的免疫程序

种鸡的免疫程序：种鸡在 14～18 周龄用 D78 活苗饮水，每只 2 个免疫剂量，6～10 周龄进行二免，18～20 周龄和 40～42 周龄给种鸡二次胸肌接种灭活苗 0.5 毫升/只。

生产三黄鸡的免疫程序：基础免疫与种鸡相同，开产前再灭活苗饮水免疫。

3. 鸡马立克病

鸡马立克病是由鸡疱疹病毒引起鸡的一种最常见的淋巴细胞增生性疾病，死亡率可达 30%～80%，对养鸡业造成了严重威胁，是我国主要的禽病之一。

(1)病因：马立克病毒属于疱疹病毒的 B 亚群病毒。它们以两种形式存在，一种是未发育成熟的病毒，称为不完全病毒和裸体病毒。主要存在于肿瘤组织及白细胞中。此种病毒离开活体组织和细胞很容易死亡。另一种是发育成熟的病毒，称为完全病毒，对外界环境有强的抵抗力，存在于羽毛囊上皮细胞及脱落的皮屑中，对刚出壳的雏鸡有明显的致病力，能在新孵雏鸡、组织培养和鸡胚中繁殖。

(2)症状：经病毒侵害后，病鸡的表现方式可分为神经型、内脏型、眼型和皮肤型。

①神经型：马立克病由于病变部位不同，症状上有很大区别。坐骨神经受到侵害时，病鸡开始走路不稳，逐渐看到一侧或两侧腿瘸，严重时瘫痪不起，典型的症状是一只腿向前伸，一条腿向后伸的“劈叉”姿势。病腿部肌肉萎缩，有凉感，爪子多弯曲。翅膀的臂神经受到侵害时，病鸡翅膀无力，常下垂到地面，如穿大褂。当颈部神经受到损害时，病鸡脖子常斜向一侧，有时见大嗉囊，病鸡常蹲在一起张口无声地喘气。

②急性内脏型：马立克病可见病鸡呆立，精神不振，羽毛散乱，不爱走路，常蹲在墙角，缩颈，脸色苍白，拉绿色稀粪，但能吃食，一般15天左右即死去。

③眼型：马立克病病鸡一侧或两侧性眼睛失明。失明前多不见炎性肿胀，仔细检查时病鸡眼睛的瞳孔边缘呈不整齐锯齿状，并见缩小，眼球如“鱼眼”或“珍珠眼”、瞳孔边缘不整，在发病初期尚未失明就可见到以上情况，对早期诊断本病很有意义。

④皮肤型：马立克病病鸡退毛后可见体表毛囊腔形成结节及小的肿瘤状物，在颈部、翅膀、大腿外侧较为多见。肿瘤结节呈灰粉黄色，突出于皮肤表面，有时破溃。

(3)病理变化：内脏器官出现单个或多个淋巴性肿瘤灶，常发生在卵巢、肾、肝、心、肺、脾、胰等处。同时肝、脾、肾、卵巢肿大、比正常增大数倍，颜色变淡。卵巢肿瘤呈菜花状或脑样。腺胃肿大增厚、质坚实。法氏囊多萎缩、皱褶大小不等，不见形成肿瘤。坐骨神经、臂神经、迷走神经肿大比正常增粗2～3倍，神经表面银白色纹理和光亮全部消失，神经粗细不匀呈灰白色结节状。

(4)诊断:根据流行病学、临床症状和病理变化可做出诊断,用病鸡血清及羽髓做琼扩试验,阳性者可确诊。

(5)治疗:目前没有特效的治疗药物,防治关键是进行免疫接种。

(6)预防:主要加强对孵化器具、种蛋、初生雏鸡鸡舍的消毒工作。

①建立无马立克病鸡群。坚持自繁自养,防止从场外传入该病。由于幼鸡易感,因而幼鸡和成年鸡应分群饲养。

②严格消毒。发生马立克病的鸡场或鸡群,必须检出淘汰鸡,同时要做好检疫和消毒工作。

③预防接种。雏鸡出壳在 24 小时内接种马立克病火鸡疱疹疫苗,若在 2、3 日龄进行注射,免疫效果较差。连年使用本苗免疫的鸡场,必须加大免疫剂量。

④加强管理。要加强对传染性法氏囊炎及其他疾病的防治,使鸡保持健全的免疫功能和良好的体质。

4. 鸡传染性支气管炎

鸡传染性支气管炎是一种急性高度传染性的呼吸道疾病。本病的死亡率可能不高,但在种鸡引起产蛋量降低,蛋的品质下降,小鸡生长发育不良,饲料利用率降低而造成重大的经济损失。

(1)病因:传染性支气管炎病毒属冠状病毒科冠状病毒属。本病毒对环境抵抗力不强,对普通消毒药过敏,对低温有一定的抵抗力。传染性支气管炎病毒具有很强的变异性,目前世界上已分离出 30 多个血清型。在这些毒株中多数能使气管产生特异性病变,但也有些毒株能引起肾脏病变和生殖道病变。

(2)症状:本病仅发生于鸡,其他家禽均不感染。各种年龄的鸡都可发病,但雏鸡最为严重,死亡率也高,一般以 40 日龄以内的鸡多发。本病主要经呼吸道传染,病毒从呼吸道排毒,通过空气的飞沫传给易感鸡。也可通过被污染的饲料、饮水及饲养用具经消化道感染。本病一年四季均能发生，但以冬春季节多发。鸡群拥挤、过热、过冷、通风不良、温度过低、缺乏维生素和矿物质，以及饲料供应不足或配合不当，均可促使本病的发生。

潜伏期1～7天，平均3天。由于病毒的血清型不同，鸡感染后出现不同的症状。

①呼吸型：病鸡无明显的前驱症状，常突然发病，出现呼吸道症状，并迅速波及全群。幼雏表现为伸颈、张口呼吸、咳嗽，有“咕噜”音，尤以夜间最清楚。随着病情的发展，全身症状加剧，病鸡精神萎靡，食欲废绝，羽毛松乱，翅下垂，昏睡，怕冷，常拥挤在一起。两周龄以内的病雏鸡，还常见鼻窦肿胀、流黏性鼻液、流泪等症状，病鸡常甩头。产蛋鸡感染后产蛋量下降25%～50%，同时产软壳蛋、畸型蛋或砂壳蛋。

②肾型：感染肾型支气管炎病毒后其典型症状分三个阶段。第1阶段是病鸡表现轻微呼吸道症状，鸡被感染后24～48小时开始气管发出啰音，打喷嚏及咳嗽，并持续1～4天，这些呼吸道症状一般很轻微，有时只有在晚上安静的时候才听得比较清楚，因此常被忽视。第2阶段是病鸡表面康复，呼吸道症状消失，鸡群没有可见的异常表现。第3阶段是受感染鸡群突然发病，并于2～3天内逐渐加剧。病鸡挤堆、厌食，排白色稀便，粪便中几乎全是尿酸盐。

③腺胃型：近几年来有关腺胃型传支的报道逐渐增多，其主要表现为病鸡流泪、眼肿、极度消瘦、拉稀和死亡并伴有呼吸道症状，发病率可达100%，死亡率3%～5%不等。

(3)病理变化

①呼吸型主要病变见于气管、支气管、鼻腔、肺等呼吸器官。表现为气管环出血，管腔中有黄色或黑黄色栓塞物。幼雏鼻腔、鼻窦黏膜充血，鼻腔中有黏稠分泌物，肺脏水肿或出血。患鸡输卵管发育受阻，变细、变短或成囊状。产蛋鸡的卵泡变形，甚至破裂。

②肾型可引起肾脏肿大，呈苍白色，肾小管充满尿酸盐结晶，扩张，外形呈白线网状，俗称“花斑肾”。严重的病例在心包和腹腔脏器表面均可见白色的尿酸盐沉着。有时还可见法氏囊黏膜充血、出血，囊腔内积有黄色胶冻状物；肠黏膜呈卡他性炎变化，全身皮肤和肌肉发绀，肌肉失水。

③腺胃型腺胃肿大如球状，腺胃壁增厚，黏膜出血、溃疡，胰腺肿大，出血。

(4)诊断：根据流行特点、症状和病理变化，可做出初步诊断。进一步确诊则有赖于病毒分离与鉴定及其他实验室诊断方法。

(5)治疗：对传染性支气管炎目前尚无有效的治疗方法，人们常用中西医结合的对症疗法。由于实际生产中鸡群常并发细菌性疾病，故采用一些抗菌药物有时显得有效。

①对肾病变型传染性支气管炎的病鸡，采用口服补液盐、0.5%碳酸氢钠、维生素C等药物投喂能起到一定的效果。

②慢呼散加冷水煎汁半小时后，加入冷开水20～25千克作饮水，连服5～7天。同时，每25千克饲料或50千克水中再加入盐酸吗啉胍原粉50克，效果更佳。

③每克强力霉素原粉加水10～20千克任其自饮，连服3～5天。

④每千克饲料拌入病毒灵1.5克、板蓝根冲剂30克，任雏鸡自由采食，少数病重鸡单独饲养，并辅以少量雪梨糖浆，连服3～5天，可收到良好效果。

⑤禽喘平、呼喘王等都有疗效。

(6)预防

①加强饲养管理，降低饲养密度，避免鸡群拥挤，注意温度、湿度变化，避免过冷、过热。加强通风，防止有害气体刺激呼吸道。合理配比饲料，防止维生素，尤其是维生素A的缺乏，以增强机体的抵抗力。

②适时接种疫苗。对呼吸型传染性支气管炎，首免可在7～10日龄用传染性支气管炎H120弱毒疫苗点眼或滴鼻；二免可于30日龄用传染性支气管炎H52弱毒疫苗点眼或滴鼻；开产前用传染性支气管炎灭活油乳疫苗肌肉注射每只0.5毫升。对肾型传染性支气管炎，可于4～5日龄和20～30日龄用肾型传染性支气管炎弱毒苗进行免疫接种，或用灭活油乳疫苗于7～9日龄颈部皮下注射。而对传染性支气管炎病毒变异株，可于20～30日龄、100～120日龄接种4/91弱毒疫苗或皮下及肌肉注射灭活油乳疫苗。

5. 鸡传染性喉气管炎

喉气管炎又常称为传染性喉气管炎，也有称为禽白喉的。本病在以前并没有引起三黄鸡饲养者的足够重视。但近两年本病在许多地区广为流行，并造成鸡群大量死亡，成为威胁三黄鸡生产的重要疫病。

(1)病因：鸡传染性喉气管炎是由病毒引起鸡的一种急性呼吸道传染病。病原是疱疹病毒科的喉气管炎病毒。鸡对本病最易感，主要发生于育成鸡和成年产蛋鸡，褐羽褐壳蛋鸡种发病较为严重。病鸡和康复后带毒鸡是本病主要传染来源，主要通过呼吸道传播。

(2)症状：近年主要发生于25日龄以上的中鸡。病鸡鸡冠发紫，呼吸极度困难，伸颈张口呼吸，呼吸时发出湿性啰音，脸肿，流泪；排青、绿色稀粪，产蛋率下降，蛋壳褪色且软壳蛋增多；鸡只咳出血痰，在鸡笼上、地上、料槽等处可见到血痰；病鸡用翅支撑身体，伏卧不动，有的鸡因呼吸困难窒息而死。

(3)病理变化：病死鸡嘴角和羽毛有血痰沾污；卵巢卵泡变形、充血，喉头红肿充血、出血，气管有黏性渗出物；肿脸者鼻窦肿胀。

(4)诊断：根据流行病学、临诊症状、用药史初步诊断为传染性喉气管炎。用气管分泌物作抗原与已知阳性血清做琼脂扩散试验,结果呈现明显的沉淀线,从而进一步得到确诊。

(5)治疗

①对患鸡进行隔离,全群消毒。

②对于呼吸极度困难者,每10只鸡用卡那霉素1支加地塞米松1支,用10毫升生理盐水稀释后给患鸡喷喉。

③对全群鸡进行药物治疗:喉支消饮水投服,250只鸡/袋,每天1次。卡那霉素饮水投服,25千克/袋,上、下午各饮一次。以上药物连用4天;肾肿解毒药饮水投服,250千克/袋,连用5～7天;饲料中多种维生素的用量加倍,并消除应激反应。用药第2天鸡只呼吸道症状减轻,第4天仅有个别鸡有轻微的呼吸道症状,此时采食量开始恢复,产蛋率开始有所回升。

(6)预防

①从未发生过本病的鸡场可不接种疫苗,主要依靠加强饲养管理,提高鸡群健康水平和抗病能力。

②执行全进全出的饲养制度,严防病鸡的引入等措施。本病无特效药物治疗。

③为防止鸡慢性呼吸道疾病,可在饮水中添加泰乐霉素或链霉素等药物,以防止细菌并发感染。或用中药制剂在病初给药可明显减缓呼吸道的炎症,达到缩短病程、减少死亡的目的。

④鸡场发病后可考虑将本病的疫苗接种纳入免疫程序。用鸡传染性喉气管炎弱毒苗给鸡群免疫,首免在50日龄左右,二免在首免后6周进行。免疫可用滴鼻、点眼或饮水方法。目前的弱毒苗因毒力较强接种后鸡群有一定的反应,轻者出现结膜炎和鼻炎,严重者可引起呼吸困难,甚至部分鸡死亡,与自然病例相似,故应用时严格按说明书规定执行。国内生产的另一种疫苗是传染性喉气管炎、鸡痘二联苗,也有较好的防治效果。

6. 禽脑脊髓炎

禽脑脊髓炎是主要危害幼鸡的病毒性传染病。本病也会在三黄鸡群中感染流行，由于本病呈一过性感染，并在成年鸡群中不表现明显的临床症状，种鸡群的疫苗接种能有效控制本病的流行发生，所以对三黄鸡的威胁较之新城疫小。

(1)病因：禽脑脊髓炎病毒属于小 RNA 病毒科肠道病毒属，无血凝性。病禽通过粪便排出病原，污染饲料、饮水、用具、人员，发生水平传播。病原在外界环境中存活时间较长。另一重要的传播方式是垂直传播，感染后的产蛋母鸡，大多数在为期 3 周内所产的蛋中含有病毒，用这些带毒种蛋孵化时，一部分鸡胚在孵化中死亡，另一些鸡胚可孵出，出壳雏鸡可在 1～20 日龄之间发病和死亡，造成本病的流行，引起较大的损失。本病一年四季均可发生，无明显的季节性。

(2)症状：本病主要是侵害 1～3 周龄幼鸡的神经系统的一种病毒性传染病。以运动失调和头颈部震颤为特征。根据禽脑脊髓炎病毒适应鸡体的不同发育阶段及部位，分为嗜神经型和嗜肠型两类。

①嗜神经型：其传播方式为垂直传播，主要侵害 1～3 周龄雏鸡，病初精神沉郁，随后发生运动失调，前后摇晃，有的瘫卧在地上，有的倒卧一侧，以后症状更为明显，很少活动，如受惊扰，行步动作不能控制。足向外弯曲难以行动，将两翅开展，以努力保持身体平衡，头颈震颤，步态不稳，最后呈侧卧瘫痪状态(有的颈部强直)，最终衰竭而死。

②嗜肠型：以消化道感染为主，鸡群主要表现为长期持续排毒，一般不致病。成鸡感染可引起无任何症状的一过性产蛋下降，蛋重变小。

(3)病理变化：剖检可见大脑水肿，大脑后半部见有液囊，脑膜充血，并有浅黄绿色混浊的坏死区。后期死亡的鸡只，肝脏出现脂肪变性，脾脏稍肿，小肠轻度炎症。

(4)诊断：发生产蛋量下降的母鸡、其发病期间产下的后代雏鸡表现中枢神经紊乱等神经症状、病雏肉眼可见病理变化不甚明显，一般化学药物治疗无效等特征均有助于初诊。确诊需要经病毒分离、鉴定及血清学诊断。临床上应与新城疫、病毒性关节炎病相区别。

(5)治疗

①嗜神经型(引起雏鸡神经症状及较高死亡率)：洛利美饮水，连用 3～5 天；欣独正或枝感欣拌料，连用 3～5 天；维他命金全天饮水，维生素 E 粉拌料，连用 5～7 天。

②产蛋鸡隐性感染(引起不明原因产蛋下降)：欣独正或枝感欣拌料，连用 3～5 天；紫黄抗独宁或热独舒饮水，连用 3～5 天。第二个疗程用金蛋源拌料，连用 10～15 天；维他命金全天饮水，连用 5～7 天。

(6)预防

①本病尚无药物治疗，主要是做好预防工作，不到发病鸡场引进种蛋或种鸡，平时做好消毒及环境卫生工作。

②进行免疫接种，弱毒苗可饮水、滴鼻或点眼，在 8～10 周龄及产前 4 周进行接种；灭活油乳剂苗在开产前 1 个月肌肉注射，也可在 10～12 周龄接种弱毒苗，在开产前 1 个月再接种灭活苗，均具有很好的防制效果。

7. 鸡痘

鸡痘是由禽痘病毒引起的鸡的一种接触性传染病，雏鸡和育成鸡多发且较严重。病鸡是主要的传染来源，由于蚊虫叮咬可传播本病，本病以夏秋蚊虫多的季节多发。

(1)病因：鸡痘病毒随病鸡的皮屑及脱落的痘痂等散布在饲养

环境中，经皮肤黏膜侵入其他鸡体，在创伤部位更易入侵。有些吸血昆虫，如蚊虫能够传带病毒，也是夏、秋季节本病流行的一个重要媒介。

(2)症状：本病自然感染的潜伏期为4～10天，鸡群常是逐渐发病。病程一般为3～5周，严重暴发时可持续6～7周。根据患病部位不同主要分为3种不同类型，即皮肤型、白喉型和混合型。

①皮肤型：在鸡的无毛部分，主要是冠、肉髯、眼皮和口角处，有一些鸡可能在胸腹部、翅、腿部，发生一种灰白色的小结节，很快增大变为黄色，并和相邻的结节相融合，形成大的痘疣，呈褐色，粗糙，突出于皮肤表面。痘疣数量不等，一般经2～3周脱落，鸡群没有明显的全身症状，个别鸡可能因痘疣影响采食和视力。

②白喉型：在口腔和咽喉部的黏膜上发生黄白色的小结节，稍突出于黏膜面，小结节迅速增大，并相互融合，形成一层黄白色干酪样的假膜，覆盖在黏膜上面，由于假膜的扩大和增厚，阻碍鸡的采食、饮水和呼吸，个别鸡只可能因窒息而死亡。

③混合型：皮肤型和白喉型症状同时发生，这种类型的死亡率较高。

(3)病理变化：除见局部的病理变化外，一般可见呼吸道黏膜、消化道黏膜卡他性炎症变化，有的可见有痘疱。

(4)诊断：根据皮肤、口腔、喉、气管黏膜出现典型的痘疹，即可做出诊断。

(5)治疗

①对症治疗：皮肤型的可用消毒好的镊子把患部痂膜剥离，在伤口上涂一些碘酒或甲紫；黏膜型的可将口腔和咽部的假膜斑块用小刀小心剥离下来，涂抹碘甘油(碘化钾10克，碘片5克，甘油20毫升，混合搅拌，再加蒸馏水至100毫升)。剥下来的痂膜烂斑要收集起来烧掉。眼部内的肿块，用小刀将表皮切开，挤出脓液或豆渣样物质，使用2%硼酸或5%蛋白银溶液消毒。

②除局部治疗外，每千克饲料加土霉素 2 克，连用 5～7 天，防止继发感染。

(6)预防

①预防接种：本病可用鸡痘疫苗接种预防。10 日龄以上的雏鸡均可以接种，免疫期幼雏 2 个月，较大的鸡 5 个月。刺种后 3～4 天，刺种部位应微现红肿，结痂，经 2～3 周脱落。

②严格消毒：要保持环境卫生，经常进行环境消毒，消灭蚊子等吸血昆虫及其孳生地。发病后要隔离病鸡，轻者治疗，重者捕杀并与病死鸡一起深埋或焚烧。污染场地要严格清理消毒。

8. 鸡减蛋综合征

减蛋综合征是一种以引起青年母鸡产蛋量和蛋的品质下降为特征的接触性传染病。本病在以前未被发现，只是在近年才在国内新近认识，对三黄鸡种鸡同样会引起发病。

(1)病因：本病已证实是由鸭腺病毒引起的，鸭腺病毒是禽腺病毒的一种，禽腺病毒会引起轻度或亚临床的呼吸道症状、肝炎、贫血和产蛋下降等，因此，此病应称为禽腺病毒感染。

鸭腺病毒如何传播给鸡还不知道，鸡对鸡是直接传染的，被污染的饲料、饮水和工具等是传播本病的媒介。感染的母鸡还可以通过蛋传递给雏鸡。

(2)症状：发病鸡群的临床症状并不明显，发病前期可发现少数鸡腹泻，个别呈绿便，部分鸡精神不佳，闭目似睡，受惊后变得精神。有的鸡冠表现苍白，有的轻度发紫，采食、饮水略有减少，体温正常。发病后鸡群产蛋率突然下降，每天可下降 2%～4%，连续 2～3 周，下降幅度最高可达 30%～50%，以后逐渐恢复，但很难恢复到正常水平或达到产蛋高峰。在开产前感染时，产蛋率达不到高峰。蛋壳褪色(褐色变为白色)，产异形蛋、软壳蛋、无壳蛋的数量明显增加。

(3)病理变化:本病基本上不死鸡,病死鸡剖检后病变不明显。剖检产无壳蛋或异状蛋的鸡,可见其输卵管及子宫黏膜肥厚,腔内有白色渗出物或干酪样物,有时也可见到卵泡软化,其他脏器无明显变化。

(4)诊断:凡有产无壳蛋、软壳蛋、破壳蛋及褐壳蛋褪色等异常蛋的数量增加,产蛋率突然下降,即可怀疑为本病。确诊应进行实验室检查。

(5)治疗:5～7 天的维生素和电解质补充物对本病有辅助疗效,抗生素可防止继发感染。

(6)预防

①未发生本病的鸡场应保持本病的隔离状态,严格执行全进全出制度,绝不引进或补充正在产蛋的鸡,不从有本病的鸡场引进雏鸡和种蛋。注意防止从场外带进病原污染物。

②种鸡 18 周龄可用 BG14 毒株油剂甲醛苗,肌肉或皮下接种 0.5 毫升,15 天后产生免疫力,免疫期 12～16 周。种鸡应在开产前 2 周用 EDS-76、BD-127 株和鸡新城疫灭活二联油佐剂苗。鸡场免疫接种初免在产前 4～10 周,二免于产前 3～4 周,实践证明效果好。

9. 禽霍乱

禽霍乱又叫鸡巴氏杆菌病、鸡出血性败血病,是一种细菌性传染病。此病具有发病快、发病率高、死亡率高的特点,近年来已成为危害三黄鸡的重要传染病。

(1)病因:巴氏杆菌是本病的致病源。病鸡的尸体、粪便、分泌物和被污染的用具、土壤、饮水和饲料等会有大量病菌,是传染鸡霍乱的主要媒介。病菌通过呼吸道、消化道、皮肤外伤以及扬尘等途径传染给健康的鸡。昆虫也可以传播病菌。有时一些健康鸡的呼吸道存在有病菌,但并不一定发病,只是在管理不当,或天气突然发生变化时，病菌才起作用，引起发病。

(2)症状：一般情况下，感染该病后约2～5天才发病。

①最急型：无明显症状，突然死亡，高产营养良好的鸡容易发生。

②急性型：鸡精神和食欲不佳，鸡冠肉垂暗紫红色，饮水增多，剧烈腹泻，排绿黄色稀粪。嘴流黏液，呼吸困难，羽毛松乱，缩颈闭眼，最后食欲废绝，衰竭而死。病程1～3日，死亡率很高。

③慢性型：多在流行后期出现，常见肉垂，关节趾爪肿胀。

(3)病理变化

①最急性型常见本病流行初期，剖检几乎见不到明显的病变，仅冠和肉垂发绀，心外膜和腹部脂肪浆膜有针尖大出血点，肺有充血水肿变化。肝肿大表面有散在小的灰白色坏死点。

②急性型剖检时尸体营养良好，冠和肉垂呈紫红色，嗉囊充满食物。皮下轻度水肿，有点状出血，浆液渗出。心包腔积液，有纤维素心包炎，心外膜出血，尤以心冠和纵沟处的外膜出血，肠浆膜、腹膜、泄殖腔浆膜有点状出血。肺充血水肿有出血性纤维素性肺炎变化。脾一般不肿大或轻度肿大、柔软。肝肿大，质脆，表面有针尖大的灰白色或灰黄色的坏死点，有时见有点状出血。胃肠道以十二指肠变化最明显，为急性、卡他性或出血性肠炎，黏膜肿胀暗红色，有散在或弥漫性出血点或出血斑。肌胃与腺胃交界处有出血斑。产蛋三黄鸡卵泡充血、出血。

③慢性型肉垂肿胀坏死，切开时内有凝固的干酪样纤维素块，组织发生坏死干枯。病变部位的皮肤形成黑褐色的痂，甚至继发坏疽。肺可见慢性坏死性肺炎。

(4)诊断：本病根据流行特点、典型症状和病变，一般可以确诊，必要时可进行实验室检查。

(5)治疗

①在饲料中加入0.5%～1%的磺胺二甲基嘧啶粉剂，连用

3～4天，停药2天，再服用3～4天；也可以在每1000毫升饮水中，加1克药，溶解后连续饮用3～4天。

②在饲料中加入0.1%的土霉素，连续服用7天。

③在饲料中加入0.1%的氯霉素，连用5天，接着改用喹乙醇，按0.04%浓度拌料，连用3天。使用喹乙醇时，要严格控制剂量和疗程，拌料要均匀。

④对病情严重的鸡可肌肉注射青霉素或氯霉素。青霉素，每千克体重4万～8万单位，早、晚各1次；氯霉素，每千克体重20毫克。

⑤服用禽康灵（巴豆霜、乌蛇、明雄按4∶2∶1比例，研末混匀）。3月龄鸡每20～50只用药1克，成鸡每5～10只用1克，均为每天1次服，重者首次可加倍剂量。

(6)预防

①切实做好卫生消毒工作，防止病原菌接触到健康鸡。做好饲养管理，使鸡只保持有较强的抵抗力。

②在鸡霍乱流行严重地区或经常发生的地区，可以进行预防接种。目前使用的主要是禽霍乱菌苗。2月龄以上的鸡，每只肌肉注射2毫升，注射后14～21天可产生免疫力。这种疫苗免疫期仅3个月左右。若在第一次注射后8～10天再注射一次，免疫力可以提高且延长。但这种疫苗的免疫效果并不十分理想。

③在疫区，鸡只患病后，可以采用喹乙醇进行治疗。按每千克体重20～30毫克口服，每日1次，连续服用3～5天；或拌在饲料内投喂，一天1次，连用3天，效果较好。

④肌肉注射水剂青霉素或链霉素，每只鸡每次注射2万～5万国际单位，每天2次，连用2～3天，进行治疗。或在大群鸡患病时，采用青霉素饮水，每只鸡每天5000～10 000国际单位，饮用1～3天为宜。

⑤利用磺胺二甲基嘧啶、磺胺嘧啶等，以0.5%的比例拌在饲

料中进行饲喂。但此法会影响三黄鸡产蛋量。

⑥病死的鸡要深埋或焚烧处理。

10. 鸡伤寒

鸡伤寒是由鸡伤寒沙门菌所引起的败血性传染病，主要危害6个月龄以下的鸡，也会引起雏鸡发病。

(1)病因：病原体为肠杆菌科的禽伤寒沙门菌，革兰阴性菌。

(2)症状：潜伏期3～4日，病程4～10日，初期可出现突然死亡的最急性型病鸡，然后可出现急性型，其病鸡精神委顿、离群食欲减退或废绝，羽毛蓬乱，两翅下垂，行动摇摆，体温43～44℃，口渴、腹泻、排淡黄至绿色稀粪，可混有血液，鸡冠变为暗红色至贫血状为本病典型症状。

急性经过的病程5日，也有发病3日后死亡的，慢性型病程可达数周。不久呈现下痢，消瘦，产蛋减少，贫血等症状，康复者成为带菌鸡。

雏鸡发病主要是精神沉郁，食欲不佳，增重慢，拉白色稀粪，呼吸困难，病死率达10%～60%。

(3)病理变化：最急性型，病变轻微，见不到典型病变。急性型肝肾肿大呈暗红色，亚急性和慢性型，肝肿大呈绿棕色或古铜色，质地脆弱，肝实质和心肌有灰白色小坏死灶，小肠黏膜弥漫性出血，盲肠内有土黄色奶酪样栓塞形成，母鸡卵子出血，变形，色彩异常，常见卵黄性腹膜炎和卡他性肠炎，公鸡睾丸有坏死灶，雏鸡卵黄吸收不良，呈褐棕色。

(4)诊断：根据腹泻、排黄绿色稀便、肝脏显著肿大呈古铜色等具有特征性的症状和病变，结合其他病变及流行特点综合分析，可以对本病做出初步诊断。但本病与鸡白痢、副伤寒较难区别，最后确诊需进行实验室检查。

(5)治疗：除应用呋喃唑酮、氯霉素外可用复方敌菌净，磺胺二甲嘧啶和沙星类药物等，发病初期可用庆大霉素、卡那霉素，30～40毫克/千克体重，注射1～2日后，继续用其他药物投入饲料或饮水中，服药4～5日为一疗程。

(6)预防：防治本方法基本同白痢，可参照执行。目前有禽伤寒9R株弱毒疫苗，6周龄首免，16～18周龄二免。疫苗稀释立即使用，限2小时内用完。

11. 鸡白痢

鸡白痢是三黄鸡的最常见的传染病，由鸡白痢沙门杆菌引起的。由于种鸡群没有采用血清凝集反应剔除感染鸡只，可以说几乎所有三黄鸡都患有鸡白痢，只是感染程度不同而已。

本病可以在鸡群中不断地世代相传，常菌种蛋在孵出小鸡的同时污染其他雏鸡，病雏长大或传播引起成年鸡隐性感染，再产出带菌的种蛋，如此往复传染。

(1)病因：白痢是沙门菌引起的传染病，主要侵害雏鸡。病鸡和带菌鸡是本病的主传染源。应激因素，抵抗力下降，鸡群过度拥挤、潮湿，育雏温度过底，通风不良都可诱发本病。成年鸡以局部和慢性感染较常见，经卵垂直传播是本病最常见的传播方式。

(2)症状：卵内感染者，在孵化中出现死胚，或病雏出壳后1～2天内死亡；也有健康带菌者至7～10日龄才发病，14～20日龄时达到死亡高峰，呈急性者无症状死亡，稍缓者表现张口呼吸不久死亡。一般病雏迟钝、紧靠热源处聚集成团、不食、两翅下垂、闭眼缩头、姿态异常，有些病雏拉粉白色或绿色的黏性大便，附在肛门周围，俗称糊屁股。幸存者有不少发育不良，羽毛不丰和同群内的雏鸡体重相差悬殊，病愈雏鸡长成后多数成为慢性患者和带菌者。

(3)病理变化：在育雏器内早期死亡的雏鸡无明显病理变化，仅见肝肿大、充血、有条纹状出血，其他脏器充血，卵黄囊变化不大，病程稍长卵黄吸收不良，内容物如油脂状或干酪样，在心肌、肺、肝、盲肠、大肠及肌胃内有坏死灶或结节。有些病例有心外膜炎，肝有点状出血或坏死点，胆囊胀大、脾肿大、肾充血或贫血，输尿管中充满尿酸盐而扩张，盲肠中有干酪样物质堵塞肠腔，有时还混有血液。

(4)诊断：一般根据临床症状即可做初步诊断。

(5)治疗：新接回的雏鸡用氧氟沙星并配合速达菌毒清饮水，预防白痢的发生，且具有补充体液，增强体质的功效。临床上本病药物较多，如呋喃唑酮、土霉素、金霉素等都能取得较好效果。

①呋喃唑酮(呋喃唑酮)按 0.03%～0.04%的比例拌在饲料里，即 10 千克饲料加 4 克；连喂 5～7 天，也可用 0.02%的比例作为初接雏鸡的预防。幼雏对呋喃唑酮比较敏感，应用时必须充分混合，以防中毒。

②土霉素、金霉素或四环素按 0.1%～0.2%的比例拌在饲料里，连喂 7 天为一疗程。预防量可按 0.04%～0.08%的比例拌在饲料里。

③青霉素、链霉素按每只鸡 5000～10 000 国际单位作饮水或气雾治疗，预防量为 2000～4000 国际单位，一般 5～7 天为一疗程，初生雏鸡药量减半。

(6)预防

①通过对种鸡群检疫，定期严格淘汰带菌种鸡，建立无鸡白痢种鸡群是消除此病的根本措施。

②搞好种蛋消毒，做好孵化厅、雏鸡舍的卫生消毒，初生雏鸡以每立方米 15～20 毫升福尔马林，加 7～10 毫克的高锰酸钾进行熏蒸消毒。

③育雏鸡时要保证舍内恒温做好通风换气，鸡群密度适宜，喂给全价饲料，及时发现病雏鸡，隔离治疗或淘汰，杜绝鸡群内的传染等。

④目前雏育鸡阶段，都在 1 日龄开始投予一定数量的生物防

治制剂,如促菌生、调痢生、乳康生等,对鸡白痢效果常优于一般抗菌药物,对雏鸡安全,成本低。此外也可用抗生素药类,连用4～6日为一疗程,常用药物,氯霉素0.2%拌料,连给4～5日,呋喃唑酮0.02%拌料,连服6～7日,诺氟沙星或吡哌酸0.03%拌料或饮水。

12. 鸡大肠杆菌病

鸡大肠杆菌病是一种以大肠埃希菌为原发性或继发性病原的传染病,是2周龄以下鸡的地方性流行传染病。

(1)病因:为埃希大肠杆菌,在自然界分布极广,并长期存在于健康的鸡体内,为革兰阴性菌。三黄鸡生产存在栏舍卫生条件较差,大肠杆菌病在鸡群中反复发生而造成的。

(2)症状:大肠杆菌感染情况不同,出现的病情就不同。

①气囊炎:多发病于5～12周龄的幼鸡,6～9周龄为发病高峰。病鸡精神沉郁,呼吸困难、咳嗽,有湿啰音,常并发心包炎、肝周炎、腹膜炎等。

②脐炎:主要发生在新生雏,一般是由大肠杆菌与其他病菌混合感染造成的。感染的情况有两种,一种是种蛋带菌,使胚胎的卵黄囊发炎或幼雏残余卵黄囊及脐带有炎症;另一种是孵化末期温度偏高,生雏提前,脐带断痕愈合不良引起感染。病雏腹部膨大,脐孔不闭合,周围皮肤呈褐色,有刺激性恶臭气味,卵黄吸收不良,有时继发腹膜炎。病雏3～5天死亡。

③急性败血症:病鸡体温升高,精神萎靡,采食锐减,饮水增多,有的腹泻,排泄绿白色或黄色稀便,有的死前出现仰头、扭头等神经症状。

④眼炎:多发于大肠杆菌败血症后期。患病侧眼睑封闭,肿大突出,眼内积聚脓液或干酪样物。去掉干酪样物,可见眼角膜变成白色、不透明,表面有黄色米粒大坏死灶。

(3)病理变化:病鸡腹腔液增多,腹腔内各器官表面附着多量黄白色渗出物,致使各器官粘连。特征性病变是肝脏呈绿色和胸肌充血,有时可见肝脏表面有小的白色病灶区。盲肠、直肠和回肠的浆膜上见有土黄色脓肿或肉芽结节,肠粘连不能分离。

(4)诊断:本病常缺乏特征性表现,其剖检变化与鸡白痢、伤寒、副伤寒、慢性呼吸道病、病毒性关节炎、葡萄球菌感染、新城疫、霍乱、马立克病等不易区别,因而根据流行特点、临床症状及剖检变化进行综合分析,只能做出初步诊断,最后确诊需进行实验室检查。

(5)治疗:用于治疗本病的药物很多,其中恩诺沙星、先锋霉素、庆大霉素可列为首选药物。由于致病性埃希大肠杆菌是一种极易产生抗药性的细菌,因而选择药物时必须先做药敏试验并需在患病的早期进行治疗。因埃希大肠杆菌对四环素、强力霉素、青霉素、链霉素、卡那霉素、复方新诺明等药物敏感性较低而耐药性较强,临床上不宜选用。在治疗过程中,最好交替用药,以免产生抗药性,影响治疗效果。

①用恩诺沙星或环丙沙星饮水、混料或肌肉注射。每毫升5%恩诺沙星或5%环丙沙星溶液加水1千克(每千克饮水中含药约50毫克),让其自饮,连续3～5天;用2%的环丙沙星预混剂250克均匀拌入100千克饲料中(即含原药5克),饲喂1～3天;肌肉注射,每千克体重注射0.1～0.2毫升恩诺沙星或环丙沙星注射液,效果显著。

②用庆大霉素混水,每千克饮水中加庆大霉素10万单位,连用3～5天;重症鸡可用庆大霉素肌肉注射,幼鸡每次5000单位/只,成鸡每次1万～2万单位/次,每天3～4次。

③用氯霉素粉按0.05%浓度混料,连喂5～7天。

④用壮观霉素按31.5×10^{-6}浓度混水,连用4～7天。

⑤用呋喃唑酮按0.04%浓度混料,连喂5天。

⑥用强力抗或灭败灵混水。每瓶强力抗药液(15 毫升),加水 25～50 千克,任其自饮 2～3 天,其治愈率可达 98%以上。

⑦用 5%诺氟沙星预混剂 50 克,加入 50 千克饲料内,拌匀饲喂 2～3 天。

(6)预防

①搞好孵化卫生及环境卫生,对种蛋及孵化设施进行彻底消毒,防止种蛋的传递及初生雏的水平感染。

②加强雏鸡的饲养,适当减少饲养密度,注意控制鸡舍、湿度、通风等环境条件,尽量减少应激反应。在断喙、接种、转群等造成鸡体抗病力下降的情况下,可在饲料中添加抗生素,并增加维生素与微量元素的含量,以提高营养水平,增强鸡体的抗病力。

③在雏鸡出壳后 3～5 日龄及 4～6 日龄分别给予 2 个疗程的抗菌类药物可以收到预防本病的效果。

④大肠杆菌的不同血清型没有交叉免疫作用,但对同一菌型具有良好的免疫保护作用,大多数鸡经免疫后可产生坚强的免疫力。因此,对于高发病地区,应分离病原菌作血清型(菌型)的鉴定,然后依型制备灭活铝胶苗进行免疫接种。种鸡免疫接种后,雏鸡可获得被动保护。菌苗需注射 2 次,第一次注射在第 13～15 周龄,第二次注射在 17～18 周龄,以后每隔 6 个月进行一次加强免疫注射。

13. 鸡慢性呼吸道病

鸡慢性呼吸道病由于其发病较慢,病程长,在鸡群中反复蔓延,造成鸡只生长不良,饲料报酬下降,鸡群抵抗力减弱,并发继发性感染等,严重威胁三黄鸡的生产效益,应引起十分重视。

(1)病因:慢性呼吸道病又称鸡霉形体病。病原是败血霉体,革兰染色呈弱阴性,病原对外界环境的抵抗力不强,一般消毒药都能很快有效地杀灭。

各种年龄的鸡群都能感染本病，但以1～2月龄雏鸡多见，在寒冷季节、鸡群拥挤、鸡舍通风不良等应激因素影响下，最易发生流行，且使病情加重，死亡增加。带菌鸡与正常鸡的直接接触和排出体外的飞沫，污染的饮水和饲料是传播本病的主要途径，也能通过蛋传递。本病多呈慢性经过，病程一般长达1个月以上，病的严重程度差异很大，如果并发大肠杆菌或其他疫病感染，病情可很严重，死亡率可达到30%以上。

(2)症状：本病的潜伏期为10～21天，发病时主要呈慢性经过，其病程常在1个月以上，甚至达3～4个月，病情表现为“三轻三重”，即用药治疗时轻些（症状可消失），停药较久时重些（症状又较明显）；天气好时轻些，天气突变或连阴时重些；饲养管理良好时轻些，反之重些。

幼龄病鸡表现食欲减退，精神不振，羽毛松乱，体重减轻，鼻孔流出浆液性、黏液性直至脓性鼻液。排出鼻液时常表现摇头、打喷嚏等。炎症波及周围组织时，常伴发窦炎、结膜炎及气囊炎。炎症波及下呼吸道时，则表现咳嗽和气喘，呼吸时气管有啰音，有的病例口腔黏膜及舌背有白喉样伪膜，喉部积有渗出的纤维素，因此病鸡常张口伸颈吸气，呼气时则低头、缩颈。后期渗出物蓄积在鼻腔和眶下窦，引起眼睑肿胀。病程较长的鸡，常因结膜炎导致浆液性直至脓性渗出，将眼睑黏住，最后变为干酪样物质，压迫眼球并使之失明。成年三黄鸡感染时一般呼吸症状不明显，但产蛋量和孵化率下降。

2月龄以内的幼鸡感染发病时，其直接死亡率与治疗、护理有很大关系，一般在5%～10%，成年鸡感染时很少出现死亡。

(3)病理变化：病变主要在呼吸器官。鼻腔中有多量淡黄色混浊、黏稠的恶臭味渗出物。喉头黏膜轻度水肿、充血和出血，并覆盖有多量灰白色黏液性或脓性渗出物。气管内有多量灰白色或红褐色黏液。病程较长的病例气囊壁混浊、肥厚，表面呈球状，内部有黄白色干酪样物质。有的病例可见一定程度的肺炎病变。严重病例在心包膜、输卵管及肝脏出现炎症。

(4)诊断:凭临床症状和剖检病变要做出诊断是比较困难的,特别要注意与传染性支气管炎、传染性喉气管炎和传染性鼻炎的区别。确诊可通过血清凝集法和血细胞凝集抑制试验。

(5)治疗:用于治疗本病的药物很多,除青霉素(因支原体无完整的细胞壁)外,其他抗菌类药物,如链霉素、土霉素、四环素、红霉素、卡那霉素、强力霉素、庆大霉素、环丙沙星、诺氟沙星等均有疗效。

由于支原体易产生抗药性,长期使用单一的药物,往往效果不好。在使用时药量一定要足,疗程不宜太短,一般要连续用药3～7天,且最好是几种药物轮换使用或联合使用。

①链霉素饮水,每千克饮水中加100万单位,连用5～7天。重病鸡挑出,每日肌肉注射链霉素2次,成鸡每次20万单位,2月龄幼鸡每次8万单位,连续2～3天,然后放回大群参加链霉素大群饮水。

②北里霉素混水,每千克饮水中加北里霉素可溶性粉剂0.5克,连用5天。

③卡那霉素混水,每千克饮水中加150～200毫克,连用5天。

④强力霉素混料,每千克饲料中加100～200毫克,连用5天。

⑤复方泰乐霉素混水,每千克饮水中加2克,连用5天。

⑥恩诺沙星或环丙沙星混水,每千克饮水加0.05克原粉,连用2～3天。

⑦禽喘灵混料,每千克饲料加0.5克,连用5天。

(6)预防

①对种鸡群进行血清学检查,淘汰阳性鸡,以防止垂直传染。

②对感染过本病的种鸡,每半月至1个月用链霉素饮水1天,每只鸡30万～40万单位,对减少种蛋中的病原体有一定作用。

③种蛋入孵前在红霉素溶液(每千克清水中加红霉素 0.4～1 克,须用红霉素针剂配制)中浸泡 15～20 分钟,对杀灭蛋内病原体有一定作用。

④雏鸡出壳时,每只用 2000 单位链霉素滴鼻,或结合预防白痢,在 1～5 日龄用庆大霉素饮水,每千克饮水加 8 万单位。

⑤对生产鸡群,甚至被污染的鸡群可普遍接种鸡败血支原体油乳灭活苗。7～15 日龄的雏鸡每只颈背部皮下注射 0.2 毫升;成年鸡颈背部皮下注射 0.5 毫升。无不良反应,平均预防效果在 80%左右。注射菌苗后 15 日开始产生免疫力,免疫期约 5 个月。

14. 鸡传染性鼻炎

三黄鸡肉鸡较少单独发生传染性鼻炎,偶有发生其危害性也较小,但本病传播快,常和其他疾病(如禽霍乱、喉气管炎、支气管炎、慢性呼吸道病)同时出现,造成发病率高,流行时间长,使鸡群生长不良,种鸡产蛋量显著下降。

(1)病因:本病的病原是一种细小的、革兰阴性的鸡嗜血杆菌,病菌离开鸡体后的抵抗力很弱,主要通过直接接触和飞沫传染,也可通过饮水和饲料传染。本病的流行以秋冬季节多见,饲养管理条件改善可减少本病的发生。

(2)症状:症状主要见流鼻液,眼睑肿胀,结膜炎,甚至造成失明,鼻内流出浆液性或黏液性分泌物,有臭味,黏液干燥后在鼻孔周围结痂,病鸡常用爪抓搔鼻、嘴,喷嚏,呼吸困难。小鸡生长不良,种鸡产蛋严重下降。

(3)病理变化:剖检可见,鼻腔和鼻窦黏膜充血、肿胀,表面有大量黏液和渗出物的凝块。眼结膜充血肿胀,面部和肉髯皮下水肿。在该病流行过程中死亡的鸡只,多数是由于混合感染和继发感染所致。有时可能多种混合感染所致,使病情更加复杂化。

(4)诊断:根据眼睑和面部肿大、结膜炎、鼻孔流鼻液等症状应注意为本病，确诊须做实验室检验。

(5)治疗：本病治疗可用泰龙进行全群饮水，同时配以 0.5% 磺胺噻唑或复方新诺明拌料，连用 5 天，能取得非常满意的效果。个别鸡治疗时，可用链霉素肌注。

(6)预防

①加强饲养管理，改善鸡舍通风条件，降低环境中氨气含量，执行全进全出的饲养制度，空舍后彻底消毒并间隔一段时间才可进新鸡群，搞好鸡舍内外的兽医卫生消毒工作，这些措施在防治本病上有重要意义。

②接种疫苗。目前国内使用的疫苗有 A 型油乳剂灭活苗和 A-C 型二价油乳剂灭活苗，25～40 日龄进行首免，每只鸡注射 0.3 毫升，二免在 110～120 日龄进行，每只注射 0.5 毫升，可以保护整个产蛋周期。疫区鸡群在注射免疫时使用抗生素 5～7 天，以防带菌鸡发病。也可用国外的单价或双价氢氧化铝灭活苗和新城疫-鼻炎二联苗。

15. 坏死性肠炎

坏死性肠炎是雏鸡的一种急性传染病，本病广泛发生，一旦发生对鸡群危害甚大。

(1)病因：本病是魏氏梭菌，革兰阳性，系粗大杆菌，单个或成队排列，形成偏端芽孢，厌氧，不能在有氧组织和肠道中生长繁殖，只有肠黏膜损伤时该菌侵入黏膜内生长繁殖，而引起发病。

(2)症状

①急性型：病鸡食欲减少或消失，精神高度沉郁，羽毛逆立，眼闭合，流涎，腹泻，粪便暗红色，混有血液，病程 5～7 日。

②慢性型：病鸡消瘦，体重下降，在足部可见出血及坏死性病灶，逐渐衰弱死亡。

(3)病理变化：主要病变在小肠中后段，整个小肠充气膨胀，肠黏膜弥散性出血肿胀，后期发展为纤维素性坏死性肠炎，外观灰褐色，肠腔内充满暗绿色内容物，肠壁变薄，易穿孔破裂，引起腹膜炎。肝脾肿大，有散在的大小不一分界明显的灰白色坏死灶。

(4)诊断：根据本病的临床症状和剖检变化，尤其是小肠病变，可以做出初步诊断，但最后确诊需进行实验室检查。

(5)治疗

①庆大霉素混水，每千克饮水中加 2 万单位，每天 2 次，连用 5 天。

②青霉素混水，每只雏鸡每次 5000 单位，在 1～2 小时饮完，每天 2 次，连用 5 天。

③四环素按 0.01%浓度混水，连用 5～7 天。

④杆菌肽素拌料，用仔鸡 100 单位/只，育成鸡 200 单位/只，每天用药 1 次，连用 5 天。

⑤林可霉素混料，每吨饲料添加 2.2～4.4 克，连用 5～7 天。

⑥环丙沙星混料或饮水，每千克饲料或饮水中添加 25～50 毫克，连用 3～5 天。

(6)预防

①加强鸡群的饲养管理，搞好鸡舍的清洁卫生，减少病原菌的污染。

②鸡群发病后，对病鸡应及时隔离，并全面彻底清扫和消毒鸡舍，避免病原菌扩散。

③药物预防：产气荚膜杆菌对金霉素、土霉素、四环素、青霉素、杆菌肽素、环丙沙星等药物均比较敏感，在鸡的易感期连续使用杆菌肽素、土霉素、环丙沙星等混料，能有效地控制鸡坏死性肠炎的发生。

16. 禽流感

禽流感又称真性鸡瘟或欧洲鸡瘟，其特征为鸡群突然发病，表现精神萎靡，食欲消失，羽毛松乱，成年母鸡停止产蛋，并发现呼吸道、肠道和神经系统的症状，皮肤水肿呈青紫色，死亡率高，对鸡群危害严重。

(1)病因：是由A型禽流感病毒引起的一种急性、高度致死性传染病。本病传染源主要是感染或发病的禽类，病鸡的粪便中含有大量病毒。临床常见与新城疫、大肠杆菌等其他病混合感染。

(2)症状：潜伏期1～3日，症状复杂多样，与病毒毒力、机体抵抗力有关。

①最急性型：多无出现明显症状，突然死亡。

②急性型：精神不振，食欲减少，闭眼昏睡，头、面部浮肿，眼结膜充血、流泪，鸡冠、肉髯肿胀黑紫色，出血坏死，鼻孔流黏液或带血分泌物，咳嗽摇头，气喘，呼吸困难。脚鳞呈蓝紫色，下痢排绿色粪便，两翼张开，出现抽搐等神经症状，死亡率达60%～75%。有的毒株对产三黄鸡群、育成鸡，一般不表现临床症状，发病鸡群产蛋率下降20%～60%。

(3)病理变化：鸡发生高致病性禽流感，其病理剖检可见气管黏膜充血、水肿、气管中有多量浆液性或干酪样渗出物。气囊壁增厚，混浊，有时见有纤维素性或干酪样渗出物。消化道表现为嗉囊中积有大量液体，腺胃壁水肿、乳头肿胀、出血、肠道黏膜为卡他性出血性炎症。卵泡变形坏死、萎缩或破裂，形成卵黄性腹膜炎，输卵管黏膜发炎，输卵管内见有大量黏稠状脓样渗出物。其他脏器肝、脾、肾、心、肺多呈淤血状态，或有坏死灶形成。

(4)诊断：典型的病史、症状、病变可能使人怀疑本病，但确诊须通过病毒分离鉴定和血清学检查。

(5)治疗：肉鸡和青年鸡可采用速效感康与新型支灵冲剂配合、抗毒灵口服液与奥福欣结合进行对症治疗，有效率达98%，在发病的初期使用，效果更佳。

(6)预防：鸡场一旦发生本病，应严格封锁，就地捕杀焚烧场内全部鸡群，对场地、鸡舍、设备、衣物等严格消毒。消毒药物可选用0.5%过氧乙酸、2%次氯酸钠，以至甲醛及火焰消毒。经彻底消毒2个月后，可引进血清学阴性的鸡饲养，如其血清学反应持续为阴性时，方可解除封锁。

17. 鸡球虫病

鸡球虫病是由艾美尔属的各种球虫寄生于鸡的肠道引起的疾病，对雏鸡危害极大，死亡率高，是肉鸡生产中的常见多发病，在潮湿闷热的季节发病严重，是养鸡业一大危害。

(1)病因：球虫病是由艾美球虫引起的，艾美球虫有9种，以柔嫩艾美和毒害艾美球虫的致病力最强，其余的致病力较小，各种艾美球虫寄生在肠的不同区域的肠上皮细胞内，当他们大量繁殖时，破坏了肠黏膜的完整性，引起肠管发炎和上皮细胞的崩解，消化机能发生障碍，营养物质吸收不良，而且大量出血，崩解的上皮细胞会产生毒素，引起自体中毒，并因肠黏膜的完整性破坏，其他病原微生物易于侵入，引起继发感染。

球虫病的唯一传播途径就是鸡吃入球虫的孢子卵囊，在鸡的肠黏膜内完成各阶段的发育史后，随着粪便排出体外，污染饮水和饲料等，如此往复循环。因此，笼养或网(棚)上饲养的鸡群可减少球虫病的暴发。球虫卵囊的生存条件是充足的湿度、氧气和适当的温度，许多球虫病的暴发都与潮湿的垫料、拥挤、卫生条件差、饲养管理不善有密切关系。

(2)症状：病鸡的症状主要是精神不振，羽毛蓬松，缩颈呆立，食欲减退，肛门周围羽毛被粪便沾污，下痢，粪便可能带血，鸡冠苍白，死亡率高低不一，鸡群生长发育不良，种鸡的产蛋量下降，幼鸡的死亡率较高，成年鸡多呈慢性经过。

(3)病理变化：主要病变在盲肠，可见盲肠肿胀好几倍，呈棕红色或暗红色，质地比正常坚硬，剪开可见血凝块，或是含有一种黄色豆腐渣样、混有血液的坏死物质。若时间稍长者，盲肠中有一种凝血块、坏死物质、黏性渗出物凝固而成的栓子，堵塞肠腔。慢性病例病变多在小肠前中段，尤以十二指肠显著肿大。肠壁增厚发炎，剪开后肠黏膜上有小出血区，内有黏性渗出物，常混有血块。

(4)诊断：根据临床表现结合病理剖检、病鸡年龄和季节做出判断。

(5)治疗：选用下列药物。

①氯苯胍，按饲料量的 0.0033％投服，以 3～5 天为一疗程。

②呋喃唑酮，按饲料量的 0.02％～0.04％投服，以 3～5 天为一疗程。

③氨丙啉，按饲料量的 0.025％投服，连续投药 5～7 天。

④广虫灵，以 0.006％的剂量混入饲料，连用 8 天。

⑤复方敌菌净，按饲料量的 0.02％～0.04％投服，以 7 天为一疗程。

⑥速丹，按 3～6 毫克/千克混入饲料投服，以 3～5 天为一疗程。

⑦青霉素，每天每只雏鸡用 2000 单位，溶于水饮用，连续用药 3 天。

(6)预防：育雏前，鸡舍地面、育雏器、饮水器、饲槽要彻底清洗，用火焰消毒，保持舍内地面、垫草干燥，粪便应及时清除发酵处理。

①预防性投药和治疗：在易发日龄饲料添加抗球虫药，因球虫对药物易产生抗药性，故常用抗球虫药物应交替应用。或联合使用几种高效球虫药，如球虫灵、菌球净、氯苯胍、莫能霉素、盐霉素、复方新诺明、氯丙啉等。

②免疫防治现有球虫疫苗，种鸡可应用，使子代获得母源抗体保护。

18. 曲霉菌病

该病雏鸡易患，由烟曲霉和黄曲霉等感染而发生的呼吸道疾病，又叫曲霉性肺炎，急性暴发时，仔鸡可大批死亡。

(1)病因：鸡舍潮湿、通风不良、过度拥挤，特别在梅雨季节鸡舍内垫草、墙壁以及食槽下面的剩料上，常生长一种熏烟色烟曲霉或者黄曲霉、黑曲霉等，当鸡吸入了含有孢子的空气和吃了含有孢子的饲料而引起仔鸡发病，发病后 2～3 日出现死亡。

(2)症状：呼吸困难、昏睡、张口喘息、缩颈垂翼、食欲减退或不食、口渴、体温增高、下痢、逐渐消瘦，严重者麻痹死亡。

(3)病理变化：肺、气囊有针尖至小米粒大呈灰色或淡黄色细丝状节结，有的融合成大片。胆囊扩张，肾脏苍白肿大，胰腺有出血点。

(4)诊断：根据本病的流行特点、临床症状、剖检变化，综合分析饲料、垫草、舍内环境病原菌存在情况，可以做出初步诊断。进一步确诊可进行实验室检查。

(5)治疗：目前对本病尚无特效的治疗方法，下列药物具有一定的防治作用，可控制病情的发展。

①制霉菌素，混水，每 100 只雏鸡用 50 万单位，每天 2 次，连用 2 天。

②克霉唑，口服，每千克体重 20 毫克/次，每日 3 次。

③硫酸铜，按 1∶3000 的比例混水，连用 3～5 天。

(6)预防

①不使用发霉的垫料和不喂发霉的饲料是预防本病的主要措施。

②垫料应经常翻晒，最好采用网上育雏。

③要保持鸡舍通风、干燥，防止潮湿。

第三节 发生烈性传染病时的扑灭措施

一旦发生一类动物疫病或暴发流行二类、三类动物疫病时，立即报兽医防疫员或相关部门进行诊断，并迅速将病鸡、可疑病鸡隔离观察，将症状明显或死亡鸡送兽医部门检验，及早做出诊断，一旦确诊为传染病，应根据“早、快、严、小”的原则，迅速采取以下措施。

1. 严格隔离封锁

当鸡场发生重大疫情时应立即采取隔离封锁措施，停止场内鸡群流动或转群，实行封闭式饲养，禁止饲养员及工作人员串栏、串栋活动，非场内工作人员禁止进入生产区，停止售苗、售蛋。将病鸡和可疑病鸡隔离在较为偏僻、安全的地方单独饲养，专人看护，禁止出售和引进活鸡。

2. 加强消毒扑灭病原

鸡场发生疫情后在隔离封锁时，应立即对鸡舍、地面、饲槽、水槽及其他用具清洗后进行彻底消毒，扑灭鸡舍周围环境中存在的病原体。

3. 紧急接种

鸡场除平时按免疫程序做好免疫接种外，当发生疫情时，应对已确诊的疫病迅速采用该病的疫苗或高免血清，对受威胁的健康鸡进行紧急接种，使其尽快得到免疫力。尽早采取紧急接种，能明显有效地控制疫情，减少损失。

4. 扑杀、无害化处理病死鸡

鸡场发生一些烈性传染病或人畜共患病的患病鸡要立即扑杀。对于无治疗意义和经济价值不大的病鸡、死鸡尽快淘汰处理，并将这些病鸡及病死鸡集中深埋或焚烧等无害化处理，将病鸡舍内的垫草焚烧或与粪便一起发酵后作肥料，禁止随意丢弃病死鸡。如果对有利用价值的病鸡进行加工处理时，需经动物防疫监督检验部门检疫认可后，在不扩散病原的情况下才能进行加工处理，减少损失。

(1)动物尸体的运送

①运送前的准备

设置警戒线、防虫：动物尸体和其他须被无害化处理的物品应被警戒，以防止其他人员接近，防止家养动物、野生动物及鸟类接触和携带染疫物品。如果存在昆虫传播疫病给周围易感动物的危险，就应考虑实施昆虫控制措施。如果对染疫动物及产品的处理被延迟，应用有效消毒药品彻底消毒。

工具准备：运送车辆、包装材料、消毒用品。

人员准备：工作人员应穿工作服、胶鞋、戴口罩、护目镜及手套，做好个人防护。

②装运

堵孔：装车前应将尸体各天然孔用蘸有消毒液的湿纱布、棉花严密填塞。

包装：使用密闭、不泄漏、不透水的包装容器或包装材料包装动物尸体，小动物和禽类可用塑料袋盛装，运送的车厢和车底不透水，以免流出粪便、分泌物、血液等污染周围环境。

注意事项：箱体内的物品不能装的太满，应留下半米或更多的空间，以防肉尸的膨胀(取决于运输距离和气温)；肉尸在装运前不能被切割，运载工具应缓慢行驶，以防止溢溅；工作人员应携带有效消毒药品和必要消毒工具以及处理路途中可能发生的溅溢；所有运载工具在装前卸后必须彻底消毒。

③运送后消毒：在尸体停放过的地方，应用消毒液喷洒消毒。土壤地面，应铲去表层土，连同动物尸体一起运走。运送过动物尸体的用具、车辆应严格消毒。工作人员用过的手套、衣物及胶鞋等也应进行消毒。

(2)尸体无害化处理方法

①深埋法：掩埋法是处理畜禽病害肉尸的一种常用、可靠、简便易行的方法。

选择地点：应远离居民区、水源、泄洪区、草原及交通要道，避开岩石地区，位于主导风向的下方，不影响农业生产，避开公共视野。

挖坑：坑应尽可能的深(2～7 米)、坑壁应垂直。

尸体处理：在坑底洒漂白粉或生石灰，可根据掩埋尸体的量确定(0.5～2.0 千克/平方米)，掩埋尸体量大的应多加，反之可少加或不加。动物尸体先用 10%漂白粉上清液喷雾(200 毫升/平方米)，作用 2 小时。将处理过的动物尸体投入坑内，使之侧卧，并将污染的土层和运尸体时的有关污染物如垫草、绳索、饲料、少量的奶和其他物品等一并入坑。

掩埋：先用 40 厘米厚的土层覆盖尸体，然后再放入未分层的熟石灰或干漂白粉 20～40 克/平方米(2～5 厘米厚)，然后覆土掩埋，平整地面，覆盖土层厚度不应少于 1.5 米。

设置标识：掩埋场应标志清楚，并得到合理保护。

场地检查：应对掩埋场地进行必要的检查，以便在发现渗漏或其他问题时及时采取相应措施，在场地可被重新开放载畜之前，应对无害化处理场地再次复查，以确保对牲畜的生物和生理安全。复查应在掩埋坑封闭后 3 个月进行。

注意事项：石灰或干漂白粉切忌直接覆盖在尸体上，因为在潮湿的条件下熟石灰会减缓或阻止尸体的分解。

②焚烧法：焚烧法既费钱又费力，只有在不适合用掩埋法处理动物尸体时用。焚化可采用的方法有柴堆火化、焚化炉和焚烧窖/坑等，此处主要讲解柴堆火化法。

Ⅰ. 选择地点：应远离居民区、建筑物、易燃物品，上面不能有电线、电话线，地下不能有自来水、燃气管道，周围有足够的防火带，位于主导风向的下方，避开公共视野。

Ⅱ. 准备火床：

十字坑法：按十字形挖两条坑，其长、宽、深分别为 2.6 米、0.6 米、0.5 米，在两坑交叉处的坑底堆放干草或木柴，坑沿横放数条粗湿木棍，将尸体放在架上，在尸体的周围及上面再放些木柴，然后在木柴上倒些柴油，并压以砖瓦或铁皮。

单坑法：挖一条长、宽、深分别为 2.5 米、1.5 米、0.7 米的坑，将取出的土堆堵在坑沿的两侧。坑内用木柴架满，坑沿横架数条粗湿木棍，将尸体放在架上，以后处理同上法。

双层坑法：先挖一条长、宽各 2 米、深 0.75 米的大沟，在沟的底部再挖一长 2 米、宽 1 米、深 0.75 米的小沟，在小沟沟底铺以干草和木柴，两端各留出 18～20 厘米的空隙，以便吸入空气，在小沟沟沿横架数条粗湿木棍，将尸体放在架上，以后处理同上法。

Ⅲ. 焚烧

摆放动物尸体：把尸体横放在火床上，最好把尸体的背部向下、而且头尾交叉，尸体放置在火床上后，可切断动物四肢的伸肌腱，以防止在燃烧过程中肢体的伸展。

浇燃料：燃料的种类和数量应根据当地资源而定。设立点火点。当动物尸体堆放完毕、且气候条件适宜时，用柴油浇透木柴和尸体（不能使用汽油），然后在距火床 10 米处设置点火点。

焚烧：用煤油浸泡的破布作引火物点火，保持火焰的持续燃烧，在必要时要及时添加燃料。

焚烧后处理：焚烧结束后，掩埋燃烧后的灰烬，表面撒布消毒剂。填土高于地面，场地及周围消毒，设立警示牌。

Ⅳ. 注意事项：应注意焚烧产生的烟气对环境的污染；点火前所有车辆、人员和其他设备都必须远离火床，点火时应顺着风向进入点火点；进行自然焚烧时应注意安全，须远离易燃易爆物品，以免引起火灾和人员伤害；运输器具应当消毒；焚烧人员应做好个人防护；焚烧工作应在现场督察人员的指挥控制下，严格按程序进行，所有工作人员在工作开始前必须接受培训。

③发酵法：这种方法是将尸体抛入专门的动物尸体发酵池内，利用生物热的方法将尸体发酵分解，以达到无害化处理的目的。

选择地点：选择远离住宅、动物饲养场、草原、水源及交通要道的地方。

建发酵池：池为圆井形，深 9～10 米，直径 3 米，池壁及池底用不透水材料制作（可用砖砌成后涂层水泥）。池口高出地面约 30 厘米，池口做一个盖，盖平时落锁，池内有通气管。如有条件，可在池上修一小屋。尸体堆积于池内，当堆至距池口 1.5 米处时，再用另一个池。此池封闭发酵，夏季不少于 2 个月，冬季不少于 3 个月，待尸体完全腐败分解后，可以挖出作肥料，两池轮换使用。

第七章　三黄鸡屠宰及其副产品的加工利用

三黄鸡是我国土生土长的肉用鸡，肉质细嫩，口感好，营养价值高，深受广大消费者欢迎，因此，三黄鸡多以鲜活鸡或白条鸡上市（只有快大型三黄鸡分割销售）。

第一节　三黄鸡的屠宰与加工

屠宰加工厂所需设备应根据生产规模和生产现代化程度而定。不论屠宰加工厂规模大小，只要不是临时性的屠宰场，就应具备供水和排水系统，供热水锅炉；屠宰架、接血槽（盆）、浸烫的水池（或锅等）；冷库。如果是机械化屠宰厂，应有悬挂输链、浸泡设备、脱羽机、蜡脱羽设备等。

一、屠宰前的准备

鸡屠宰前的管理工作是十分重要的，因为它直接关系着白条鸡的质量。

1. 设备和用具准备

屠宰加工前要维修和完善加工设备和用具，如人工屠宰加工应将屠宰场地、设备及用具准备齐全。如用机械化或半机械化屠宰加工，应检修设备，配齐零部件，并试车进行，达到正常状态。

2. 各类产品包装用品及存放场地的准备

屠宰加工的过程是分别采集各类产品的过程，因此对每类产品的包装用品应有足够的准备，并要确定存放场地。每类产品需用什么包装、需用多少、场地大小，要根据屠宰规模、数量和产品出售的时间而定。如屠宰规模大、数量多、短时间难以销出，就需较多的包装和较大的场地。

3. 人员准备

屠宰加工生产环节较多，各环节均需事先配备专人，并要进行上岗前的技术培训，使每个生产工作人员均要懂得自己工作岗位的技术要求和质量要求，以便在整个生产过程中，减少浪费，降低成本，提高产品质量和经济效益。

4. 鸡只准备

屠宰前的管理工作主要包括宰前休息、宰前禁食。

(1)宰前检验:对成群的活鸡，一般是施行大群观察后再逐只进行检查。利用看、触、听、嗅等方法进行检验，根据精神状态，有无缩颈垂翅、羽毛松乱，闭目独立，发呆和呼吸困难或急促，有无异常表现，来确定鸡的健康情况，发现病鸡或可疑患有传染疾病的应单独急宰，依据宰后检验结果，分别处理。对被传染病污染的场地、设备、用具等要施行清扫、洗刷和消毒。

(2)宰前休息:活鸡在屠宰前要充分的休息，这样可以减少鸡的应激反应，从而有利于放血。一般需要休息 12～24 小时，天气炎热时，可延长至 36 小时。

(3)宰前禁食:鸡宰前休息时，要实行饥饿管理，即停食，但要给以定量的饮水。一般断食为 12～24 小时为宜。停食的目的是为了使鸡尽量把肠胃内食物消化干净，排泄粪便，以便屠宰后处理内脏，避免污染肉体。同时饮水可以保持鸡正常的生理机能活动，降低血液的黏度，使鸡在屠宰时放血流畅。同时，因为绝食，肝脏中的糖原分解为乳糖及葡萄糖，分布于全身肌肉之中。而体内一部分蛋白质分解为氨基酸，使肉质嫩而甘美。绝食也节约了饲料，降低了成本。在绝食饮水时，绝食时间要掌握适当；太短不能达到绝食的目的，过长容易造成掉膘，减轻体重。喂水时要按照候宰鸡的多少放置一定数量的水盆或水槽，避免鸡在饮水时扎堆，鸡体受到损伤，甚至相互践踏造成死亡。但在宰前 3 小时左右要停止饮水，以免肠胃内含水分过多，宰时流出造成污染。

二、屠宰工艺

1. 感官检查

主要是指对活鸡的精神和外观进行系统的观察。首先观察鸡的体表有无外伤，如果有外伤，则感染病菌的几率会成倍的增加。然后，察看鸡的眼睛是否明亮，眼角有没有过多的黏膜分泌物，如果过多，表明该鸡健康状况不好，属于不合格鸡。最后检查鸡的头、四肢及全身有无病变。经检验合格的活鸡准予屠宰。

2. 屠宰工艺

从工艺流程上来分，鸡的屠宰工艺包括挂鸡→电麻→放血→浸烫→脱毛→去爪皮→掏嗉囊→去除体表的残毛→体表检验→开大膛→去内脏→复查内脏遗留→清洗→预冷、消毒。

(1)挂鸡：首先将选好的鸡按鸡脯朝前、鸡背向后的姿势一只只倒挂(两脚)在运动的挂环上，挂时要注意将鸡挂牢，以免鸡从挂环上挣脱掉而造成混乱。鸡体表面及肛门四周粪便污染严重时，该鸡群最后上挂；挂鸡时发现中途运输中死亡的鸡要将该鸡剔除，最后统一处理;挂鸡间和屠宰间是分开的。

(2)镇静:鸡被挂到挂钩上以后,应在黑暗的通道中运行30～40秒,使活鸡得到镇静,以便减少挣扎。

(3)电麻:电麻的强度应保证通过每只鸡体的电流为18～20mA,电麻时间为8～10秒,电压通常在30～50V之间。使用交流电或直流电均可。

(4)放血:切断颈动脉,沥血时间为3～4分钟,控血时间1～2分钟。尽量采用电麻,有利于防止鸡在宰杀挣扎过程中血液严重污染体表。

(5)浸烫:浸烫水保持清洁卫生,采用流动水,水池设有自动控温设施,水温控制在(60±1)℃,浸烫时间过长影响鸡肉的品质,以胸肉不烫熟为宜;时间过短不利于后面的脱毛。根据实际情况随时调整浸烫温度,浸烫时间取决于挂鸡的速度,根据鸡的品种随时调整链条速度,即调整浸烫时间。一般浸烫时间为1分钟。

(6)脱毛:分为粗打和细打,总脱毛时间为37秒左右,脱毛后用清水冲洗鸡体,体表不得被粪便污染。鸡体羽毛应脱净,不出现皮肤撕裂、断翅折骨等现象,断翅率控制在15%。脱下的鸡毛顺水流到储毛间。

(7)机械去爪皮:将鸡爪通过去爪皮机,除掉爪皮。

(8)去除体表残毛:在经过打毛以后,身上大部分的毛已经脱落,但是,仍然有一小部分毛还存留在鸡体上,为了使鸡体表的毛脱落的更干净,可以借助食用蜡对鸡体进行更彻底的脱毛。通常将浸蜡槽的温度调整在75℃左右。当鸡经过浸蜡池时,全身都会沾满了蜡液,在快速通过浸蜡后,还要经过冷却槽及时冷却,冷却水温在25℃以下,这样,才能在鸡体表结成一个完整的蜡壳,然后再通过人工剥蜡,以除掉鸡体表小毛。

(9)掏嗉囊:沿喉管剪开颈皮,不划伤肌肉,长约5厘米,在喉头部位拉断气管和食道,用中指将嗉囊完整掏出。防止饲料污染胴体。嗉囊破损率控制在2%。

(10)开大膛:从肛门周围伸入环形刀或者斜剪在右腿下方剪切成半圆形,大约5厘米。切肛部位要正确,不要切断肠子,防止断肠污染内脏。

(11)掏内脏:用特制的抓钩将内脏掏出,抓钩尽量抓住鸡肫的部位,防止内脏破损严重,尤其是肝脏的破损。内脏破损控制在5%,肠破损控制在25%。

(12)去内脏:用自动摘脏机或专用工具伸入腹腔,将肠、心、肫、肝全部取出,并拉掉嗉囊和食道。尽量将内脏全部掏出。内脏遗留控制在1%。被粪便和胆汁污染的胴体入预冷池时应冲洗干净。

(13)冲洗:用清水多次冲洗鸡体内外,水量要充足并有一定压力。机械或工具上的污染物,必须用带压水冲洗干净。

(14)冷却、消毒:预冷却水温在5℃以下,冷却水不得被消化道内容物、血液等严重污染,保持卫生。终冷却水温度应保持0～2℃,勤换冷却水。冷却总时间为30～40分钟。冷却后的鸡体中心温度降到5℃以下。冷却槽内应加消毒液50×10^{-6}～100×10^{-6}毫克/千克,单设鸡体消毒池。鸡体出冷却槽后,经2～3分钟转动沥干。

(15)修整:摘取胸腺、甲状腺、甲状旁腺及残留气管。修割整齐,冲洗干净,无出血点,无溃疡,无骨折,无突出碎骨,无严重创伤,无胸囊肿,无青黑跗关节。同时安上标志号。

(16)装袋:每只鸡装1袋,接触鸡屠体的塑料薄膜,不得含有影响人体健康的有害物质。

(17)冷藏

①从宰杀到成品进入冻结库所需要的时间,不要超过70分钟,成品不要堆积,采用先加工先包装先入库的原则。

②冻结库要求在－30℃以下,相对湿度为90%～95%。肌肉

中心温度 8 小时后降到－15℃以下。

③冷藏库温度要求在－18℃以下，相对湿度为 90％。

④产品进入冷藏库，应分品种、规格、生产日期、批号，分批堆放，做到先进先出。

⑤冷藏库的产品须经质检部门检验合格后方可出库。产品不准进行二次冻结。

(18)品质检验

①感官指标：见表 7-1。

表 7-1　品质感官检验

项目	一级鲜度	二级鲜度
眼球	眼球饱满平坦	眼球皱缩凹陷，晶状体稍浑浊
色泽和皮肤	皮肤有光泽，因品种不同呈淡黄、淡红、灰白等色，肌肉切面有光泽，皮肤无淤血、无血斑、无残毛	皮肤色泽转暗、肌肉切面有光泽、皮肤有少许残毛外伤
黏度	外表微湿润、不黏手	外表干燥或黏手、新切面湿润
组织状态	肌肉丰满、结构紧密，指压后的凹陷立即恢复	肌肉欠丰、发软、指压后凹陷恢复缓慢。脂肪覆盖良好，鸡体好，鸡体有刀伤、污物、骨洁净无碰伤、骨折
气味	具有鸡肉正常的气味	无其他异味，唯腹腔内有轻度不快感
煮沸后肉汤	透明、澄清、脂肪团聚于表面，具特有香味	稍有浑浊，油球呈小滴浮于表面，香味差或无鲜味

冻鸡指压凹陷后恢复较慢，一级鲜度冻鸡无冻痕。

②理化指标：见表 7-2。

表 7-2　理化指标检验

项　目	一级鲜度	二级鲜度
挥发性盐基氮，毫克/100 克	≤15	≤25
汞(以 Hg 计)，毫克/千克		≤0.05

(19)包装

①接触鸡肉产品的塑料薄膜，不得含有影响人体健康的有害物质。

②产品内外包装应清洁、卫生，图案和包装字体清晰，凡发霉、潮湿、异味、破裂、脱色、搭色和字体不清不得使用。

③箱内产品排列整齐，图案端正，封口牢固，无血水。

④包装箱应坚固、整洁、干燥，唛头清晰、准确。

(20)运输

①运输时应使用符合食品卫生要求的冷藏车(船)或保温车。

②成品运输时，不得与有毒、有害、有气味的物品混放。

(21)贮存

①鲜鸡肉产品应贮存在(0±1)℃冷藏库中，保质期不得超过 7 天。

②冻鸡肉产品应真空包装在－18℃以下冻结库贮存，保质期为 12 个月。

第二节 其他副产品的加工及利用

一、鸡蛋的贮藏与运输

鸡蛋是人们日常生活中最为喜爱的食品之一，它食用方便，具有极高的营养价值，易于消化吸收。从基本营养素上，笼养鸡蛋和散养鸡蛋无本质的区别，主要的区别是在口感上，散养鸡蛋更有鸡蛋味道。在外观上两者的区别主要是蛋重和蛋形，同样的品种散养鸡产的蛋比笼养鸡产的蛋个头小，蛋形偏长（蛋形指数大）。

（一）鸡蛋的贮藏

1. 鲜蛋的分级标准

鸡蛋的分级标准是根据蛋壳、蛋白及蛋黄的质量状况进行分级的，共分为 AA、A、B 级别。

AA 级：蛋壳必须正常、清洁、不破损，气室深度不超过 0.32 厘米，蛋白澄清而浓厚，蛋黄隐约可见。

A 级：蛋壳正常、清洁、不破损，气室深度不超过 0.48 厘米，蛋白澄清而浓厚，蛋黄隐约可见。

B 级：蛋壳无破损，可以稍微不正常，可有轻微污染但不黏附污物，鸡蛋外表没有明显的缺陷。当污染是局部的，大约 1/32 蛋壳表面可有轻微沾污，当轻微沾污面积是分散的，大约蛋壳 1/16 表面可有轻微沾污。气室深度不超过 0.96 厘米，蛋白澄清，稍微发稀，蛋黄明显可见，可有小血块或血点，直径总计不超过

0.32厘米。

2. 鸡蛋的贮存

健康母鸡所产的鸡蛋内部是没有微生物的，新生蛋壳表面覆盖着1层由输卵管分泌的黏液所形成的蛋白质保护膜，蛋壳内也有1层由角蛋白和黏蛋白等构成的蛋壳膜，这些膜能够阻止微生物的侵入。因此，不能用水洗待贮放的鸡蛋，以免洗去蛋壳上的保护膜。此外，蛋清中含有多种防御细菌的蛋白质，如球蛋白、溶菌酶等，可保持鸡蛋长期不被污染变质。在鸡蛋贮存过程中，由于蛋壳表面有气孔，蛋内容物中水分会不断蒸发，使蛋内气室增大，蛋的重量不断减轻。蛋的气室变化和重量损失程度与保存温度、湿度、贮存时间密切相关，久贮的鸡蛋，其蛋白和蛋黄成分也会发生明显变化，鲜度和品质不断降低。采取适当的贮存方法对保持鸡蛋品质是非常重要的。

(1)冷藏法：即利用适当的低温抑制微生物的生长繁殖，延缓蛋内容物自身的代谢，达到减少重量损耗，长时间保持蛋的新鲜度的目的。冷藏库温度以0℃左右为宜，可降至－2℃，但不能使温度经常波动，相对湿度以80％为宜。鲜蛋入库前，库内应先消毒和通风。消毒方法可用漂白粉液(次氯酸)喷雾消毒和高锰酸钾甲醛法熏蒸消毒。送入冷藏库的蛋必须经严格的外观检查和灯光透视，只有新鲜清洁的鸡蛋才能贮放。经整理挑选的鸡蛋应整齐排列，大头朝上，在容器中排好，送入冷藏库前必须在2～5℃环境中预冷，使蛋温逐渐降低，防止水蒸气在蛋表面凝结成水珠，给真菌生长创造适宜环境。同样原理，出库时则应使蛋逐渐升温，以防止出现“汗蛋”。冷藏开始后，应注意保持和监测库内温、湿度，定期透视抽查，每月翻蛋1次，防止蛋黄黏附在蛋壳上。保存良好的鸡蛋，可贮放10个月。

(2)涂膜法：常温涂膜保鲜法是在鲜蛋表面均匀地涂上一层有

效薄膜，以堵塞蛋壳气孔，阻止微生物的侵入，减少蛋内水分和二氧化碳的挥发，延缓鲜蛋内的生化反应速度，达到较长时间保持鲜蛋品质和营养价值的方法，是目前较好的禽蛋保鲜方法。一般多采用油质性涂膜剂，如液体石蜡、植物油、矿物油、凡士林等。此外还有聚乙烯醇、聚苯乙烯、聚乙酰甘油一酯、白油、虫胶、聚乙烯、气溶胶、硅脂膏等涂膜剂。据试验研究，用石蜡或凡士林加热溶化后，涂在蛋壳表面，室温下可保存 8 个月。鲜蛋涂膜的方法，有浸渍法、喷雾法和手搓法 3 种。但无论哪种方法，涂膜剂必须对鲜蛋进行消毒，消除蛋壳上已存在的微生物。此外要注意鲜蛋的质量，蛋越新鲜，涂膜保鲜效果越好。

①聚乙烯醇涂膜法

严格选蛋：鲜蛋在涂膜前应经过照验检查，剔除各种次劣蛋，尤其是旺季收购的商品蛋，应严格把好照验关。

配料：适宜涂膜的聚乙烯醇浓度为 5%。配制比例是 100 千克水加 5 千克聚乙烯醇。方法是先将聚乙烯醇放入冷水中浸泡 2 小时左右，再用铝桶或铁桶盛装浸泡过的聚乙烯醇，并放入沸水锅中，间接加热到聚乙烯醇全部溶化为止，取出冷却后便可使用。若用量较大时，为节省时间，可以先配制高浓度的聚乙烯醇。按上述方法浸泡和溶解，需用时再稀释使用。

涂膜：将已照验的鲜蛋放入涂膜溶液中浸一下，或用柔软的毛刷边沾溶液边涂鲜蛋外壳。但涂膜必须均匀，蛋不露白。涂膜后摊开晾干，再装箱存放。在晾干过程中，要注意上下翻动，以防止相互粘连。

注意事项：贮藏期内，要求每 20 天左右翻动一次。装蛋入箱或入篓时，应排列整齐，大头朝上，小头朝下，以防止日久蛋黄黏壳发生变质；对沾污不洁的蛋，特别是市购商品蛋，在涂膜前应注意做好杀菌消毒工作。防止发生霉蛋；经涂膜保鲜的鲜蛋，必须放置在阴凉干燥、通气良好的库内，经常检查温湿度的变化，相对湿度控制在70％～80％之间。因为温度高低直接影响蛋的品质，而湿度高低同蛋内水分蒸发和干耗失重有关。

②液体石蜡涂膜法

选蛋：采用涂膜保鲜的蛋必须新鲜，并经光照检验，剔去次劣蛋。夏季最好是产后1周以内的蛋，春秋季最好是产后10天内的蛋。

涂膜：先将少量液体石蜡油放入碗或盆中，用右手蘸取少许于左手心中，双手相搓，粘满双手，然后把蛋放在手心中两手相搓，快速旋转，使液蜡均匀微量涂满蛋壳。涂抹时，不必涂得太多，也不可涂得太少。

入库管理：将涂膜后的蛋放入蛋箱或蛋篓内贮存。放蛋装箱时，要放平放稳，以防贮存时移位破损，把码好蛋的箱或篓放入库房内，保持库房内通风良好，库温控制在25℃以下，相对湿度70％～80％。如遇气温过高或阴雨潮湿的天气，可用塑料膜制成帐子覆盖，帐中的涂膜蛋箱（篓）可叠几层，但层间要有间隔，排列整齐，并留有人行通道，以便定期抽查。如果在最上一层蛋箱上放置吸潮剂更好。入库管理时注意温湿度，定期观察，不要轻易翻动蛋箱。一般20天左右检查1次。

注意事项：涂膜保存鲜蛋除严格按以上环节操作外，还应注意以下几个问题：一是放置的吸潮剂，若发现有结块、潮湿现象，应搅拌碾碎后，烘干再用，或者更换吸潮剂；二是掌握气温在25℃以下时保鲜，炎热的夏季气温在32℃以上时，要密切注意蛋的变化，防止变质；三是鲜蛋涂膜前要进行杀菌消毒；四是注意及时出库，保证涂膜的效果。

③凡士林涂膜法

涂膜剂配制：凡士林500克，硼酸10克。此用量可涂1500枚左右鲜蛋。配制时取市售医用凡士林（黄白均可），与硼酸混合后，置于铝锅内加温熔解，并搅拌均匀，冷却至常温后即可使用。

涂膜：取配制好的凡士林涂剂少许（1克左右）于手心中，左右手掌相搓，然后拿蛋于手心中逐个涂膜，做到均匀薄层涂饰，涂膜一个放好一个于蛋箱（篓）内。

注意事项：涂膜前蛋须经过照验和杀菌消毒。冬季气温低，涂膜最好在室温下进行。涂膜后的蛋应放在通气的格子木箱或竹篓内，上下层蛋之间不必用垫草或草纸铺垫。贮蛋库通风换气条件要良好。

④蔗糖脂肪酸酯保鲜法：先将鲜蛋装入篓（筐）内，再将盛蛋篓（筐）置于1%蔗糖脂肪酸酯溶液内，浸泡2秒钟，然后取出晾干，置库房内敞廾贮存，不必翻蛋，适当开窗通风。在室温25℃以下时，可保藏6个月，在气温30℃以上时，也可贮藏2个月。

（二）鲜蛋的包装与运输

1. 鲜蛋的包装技术

首先要选择好包装材料，包装材料应当力求坚固耐用，经济方便。可以采用木箱、纸箱、塑料箱、蛋托和与之配套用的蛋箱。

（1）普通木箱和纸箱包装鲜蛋：木箱和纸箱必须结实、清洁和干燥。每箱以包装鲜蛋300～500枚为宜。包装所用的填充物，可用切短的麦秆、稻草或锯末屑、谷糠等，但必须干燥、清洁、无异味，切不可用潮湿和霉变的填充物。包装时先在箱底铺上一层5～6厘米厚的填充物，箱子的四个角要稍厚些，然后放上一层蛋，蛋的长轴方向应当一致，排列整齐，不得横竖乱放。在蛋上再铺一层2～3厘米的填充物，再放一层蛋。这样一层填充物一层蛋直至将箱装满，最后一层应铺5～6厘米厚的填充物后加盖。木箱盖应当用钉子钉牢固，纸箱则应将箱盖盖严，并用绳子包扎结实。最后注明品名、重量并贴上“请勿倒置”、“小心轻放”的标志。

（2）利用蛋托和蛋箱包装鲜蛋：蛋托是一种塑料制成的专用蛋

盘，将蛋放在其中，蛋的小头朝下，大头朝上，呈倒立状态。每蛋一格，每盘 30 枚。蛋托可以重叠堆放而不致将蛋压破。蛋箱是蛋托配套使用的纸箱或塑料箱。利用此法包装鲜蛋能节省时间，便于计数，破损率小，蛋托和蛋箱可以经消毒后重复使用。

2. 鲜蛋的运输

在运输过程中应尽量做到缩短运输时间，减少中转。根据不同的距离和交通状况选用不同的运输工具，做到快、稳、轻。“快”就是尽可能减少运输中的时间；“稳”就是减少震动，选择平稳的交通工具；“轻”就是装卸时要轻拿轻放。

此外还要注意蛋箱要防止日晒雨淋；冬季要注意保暖防冻，夏季要预防受热变质；运输工具必须清洁干燥；凡装运过农药、氨水、煤油及其他有毒和有特殊气味的车、船，应经过消毒、清洗后没有异味时方可运输。

二、鸡内脏的加工

1. 鸡胗

鸡胗取下来之后，首先用刀从中间割开，将里边的食料掏出来，用水洗干净后，再用小刀将表层黄色的皮刮去，最后把上边的油剥下来，冲洗干净即可。但在开刀摘除内容物和角质膜时，应横着开口保持两个肌肉块的完整，提高利用价值，单独包装出售。鸡内金取出后晒干可药用。

2. 鸡肝

鸡肝去胆，修整（即胆部位和结缔组织），擦干血水后单独出售。如不慎胆囊破裂，立即用水冲洗肥肝上的胆汁。鸡肝在包装前不需要用水冲洗，以防变颜色。只需要用干净的布将其擦干净即可。

3. 鸡心

鸡心要清洗干净，去掉心内余血，单独包装出售，速冻冷藏。

4. 鸡肠

去肛门，去脂肪和结缔组织，划肠，去内容物，去盲肠和胰脏，水洗，去伤斑和杂质，晾干。整理鸡肠应去掉肠油，并将内外冲洗干净，单独包装，速冻冷藏。

5. 鸡腰

鸡腰可单独出售。

三、鸡粪的利用

鸡粪是饲养三黄鸡的副产品。如果以放养方式饲养少量三黄鸡时，鸡粪的数量少，鸡粪的利用和处理未必引起饲养者的足够注意。但如果饲养量达到成千上万只，产生的鸡粪数量是巨大的，因此鸡粪的处理成为三黄鸡饲养场的一项重要生产内容。

1. 用作肥料

鸡的肠道较短，饲料只有 1/3 被消化利用，因此，鸡粪中含有丰富的营养成分。据测定，鸡粪干物质中含氮 5%～7%，其中 60%～70%为尿酸氮，10%为铵态氮，10%～15%为蛋白氮。鲜鸡粪含水 40%、氮 1.3%、碘 1.2%、钾 1.1%，还有钙、镁、铜、锰、锌、氯、硫和硼等元素。干鸡粪含粗蛋白质 23%～24%，粗纤维 10%～14%，粗脂肪 2%～4%，粗灰分 23%～26%，水分 5%～10%。

鸡粪作肥料也是世界各国传统上最常用的办法，在当今人们对绿色食品及有机食品的需求日益高涨的情况下，畜禽粪便将再度受到重视，成为宝贵的资源。畜禽粪便在作肥料时，有未加任何处理就直接施用的，也有先经某种处理再施用的。前者节省设备、能源、劳力和成本，但易污染环境、传播病虫害，可能危害农作物且肥效差；后者反之。鸡粪的处理方法主要是堆制、发酵处理。

(1)在水泥地或铺有塑料膜的泥地上将鸡粪堆成长条状，高不超过 1.5～2 米，宽度控制在 1.5～3 米，长度视场地大小和粪便多少而定。

(2)先较为疏松地堆一层，待堆温达 60～70℃，保持 3～5 天，或待堆温自然稍降后，将粪堆压实，在上面再疏松地堆加新鲜鸡粪一层，如此层层堆积至 1.5～2 米为止，用泥浆或塑料薄膜密封。

(3)为保持堆肥质量，若含水率超过 75％最好中途翻堆；若含水率低于 65％最好泼点水。

(4)为了使肥堆中有足够的氧，可在肥堆中竖插或横插若干通气管。

(5)密封后经 2～3 个月(热季)或 2～6 个月(冷季)才能启用。

2. 鸡粪作为饲料的处理

鸡粪中含少量粗纤维和非蛋白氮，猪、鸡不能利用非蛋白氮和粗纤维，而牛、羊等反刍家畜却能利用。所以鸡粪不仅适合喂猪，更适合喂牛、羊。

鸡粪在饲喂之前必须经过加工处理，以杀死病原菌，提高适口性。用来作饲料的鸡粪不得发霉，不得含有碎玻璃、石块和铁钉、铁丝等杂质。最好用磁铁除去铁钉、铁丝和其他金属，以免造成反刍动物创伤性心包炎。

(1)鸡粪的加工处理：鸡粪加工处理的方法很多，主要有烘干、发酵、青贮等。

①晒干：自然晒干。

②发酵：把鸡粪掺入 5％的粮食面粉(高粱面或玉米面均可)。

1 千克干鸡粪加入 1.5 千克水(湿鸡粪加 500 克)拌匀,装入水泥池或堆放墙角用塑料布覆盖发酵。夏天经 24 小时左右即可发酵好,冬季气温低,发酵时间要长些,以手摸发烫,闻到酒香味便可饲喂,每次发酵好的鸡粪要少留一些,掺入下次要发酵的鸡粪中,可以提高发酵效果。

③窖贮:窖贮的方法同一般青贮。在地势高燥、土质坚实的地方挖一个深 3 米、直径 2 米的圆形窖,把全株青玉米切碎,加入 30%干燥鸡粪,一层一层踩实,装满后,用土封顶,使其成馒头形。也可将肉仔鸡的粪和垫草单独地堆贮或窖贮。为了发酵良好,鸡粪和垫草混合物中的含水量须调至 40%。鸡粪和垫草一起堆贮,经 4~8 天温度达到高峰,保持若干天后逐渐降至常温。在进行堆贮时,须加以覆盖,并保持通风良好,防止自燃。

(2)鸡粪喂猪:一是将干燥后的鸡粪经粉碎喂猪;二是将鲜鸡粪混入猪的其他饲料一起喂,喂量由少到多,逐渐增加。仔猪喂量可占精料的 10%~15%,随着体重增加,鸡粪(干)的喂量可增加到占精料的 20%~30%,育肥阶段,鸡粪和精料各占 50%。有人将精料占 50%、青饲料占 20%、鸡粪液(加水装缸发酵的产物) 30%喂猪,效果很好。也有人将干鸡粪的用量增加到猪日粮的 20%,效果也很好。为预防微生物感染,当有下痢症状时,每千克料中加入 1 片到 2 片呋喃唑酮(每片 0.1 克)。

(3)鸡粪喂牛:肉用仔鸡的粪加垫草、玉米秸青贮或肉仔鸡的粪加垫草窖贮后,每千克干物质中含可消化能相当于优质干草。妊娠泌乳母牛喂含有鸡粪的日粮与喂含豆饼的日粮相比,效果相近。

耕牛和肉用母牛过冬时,可以尽量用鸡粪加垫草青贮饲料喂, 80%鸡粪加垫草青贮与 20%日粮的混合物喂牛,效果较好。

妊娠母牛每天每头应喂 7~7.5 千克鸡粪加垫草青贮,外加 1~1.5 千克干草或其他青贮饲料;哺乳母牛可增加到 9~10 千克，同时喂少量干草；生长期的犊牛，用 50％鸡粪垫草青贮加 50％玉米面，外加干草自由采食，可以安全越冬；生长的肉牛越冬，每天喂 11.5 千克青贮玉米加 2.5 千克青贮鸡粪垫草，不需补充精料，次春就可达到屠宰体重；如果第二年还要放牧一个夏季，秋季屠宰，则越冬时每天喂 10 千克青贮玉米和 1.75 千克青贮鸡粪垫草，日增重可达 0.2～0.25 千克；终期肥育肉牛的日粮干物质中，鸡粪垫草青贮可占日粮的 20％～25％，若与玉米青贮和占体重 1％的精料一同饲喂，鸡粪垫草青贮占全部日粮的 20％时，可满足其蛋白质的需要。

3. 用作生产沼气的原料

鸡粪作为能源最常用的方法就是制作沼气。沼气是在厌氧环境中，有机物质在特殊的微生物作用下生成的混合气体，其主要成分是甲烷，占 60％～70％。沼气可用于鸡舍采暖和照明、职工做饭、供暖等，是一种优质生物能源。

4. 用作培养料

这是一种间接作饲料的方法。与畜禽粪便直接用作饲料相比，其饲用安全性较强，营养价值较高，但手续和设备复杂一些。作培养料有多种形式，如培养单细胞、培养蝇蛆、培养藻类、食用菌培养料、养蚯蚓和养虫等，为畜禽饲养业和水产养殖业提供了优质蛋白质饲料。

四、垫料处理

在三黄鸡生产过程中，采用平养方式需使用垫料，所用垫料多为锯木屑、稻草或其他秸秆。一般使用的规律是冬季多垫，夏季少垫或不垫。一个生产周期结束后，清除的垫料实际上是鸡粪与垫料的混合物。

1. 窖贮或堆贮

雏鸡粪和垫料的混合物可以单独地“青贮”。为了使发酵作用良好，混合物的含水量应调至40％。混合物在堆贮的第4～8天，堆温达到最高峰（可杀死多种致病菌），保持若干天后，堆温逐渐下降与气温平衡。经过窖贮或堆贮后的鸡粪与垫料混合物可以饲喂牛、羊等反刍动物。

2. 生产沼气

使用粪便垫料混合物作沼气原料，由于其中已含有较多的垫草（主要是一些植物组织），碳氮比较为合适，作为沼气原料使用起来十分方便。

3. 直接还田用作肥料

锯木屑、稻草或其他秸秆在使用前是碎料者可直接还田。

五、羽毛处理和利用

鸡的羽毛上附着有大量病原微生物，如果不经加工处理而随地抛撒，则有可能造成疾病的四处传播。羽毛中蛋白质含量高达85％，其中主要是角蛋白，其性质极其稳定，一般不溶于水、盐溶液及稀酸、碱，即使把羽毛磨成粉末，动物肠胃中的蛋白酶也很难对其进行分解和消化。

1. 羽毛的收集

鸡羽毛收集方法大多是在换羽期用耙子将地上的羽毛耙集在一起，再装入筐收贮。

2. 羽毛的加工处理

对羽毛的处理关键是破坏角蛋白稳定的空间结构，使之转变

成能被畜禽所消化吸收的可溶性蛋白质。

(1)高温高压水煮法:将羽毛洗净、晾干,置于120℃、450～500千帕条件下用水煮30分钟,过滤、烘干后粉碎成粉。此法生产的产品质量好,试验证明,该产品的胃蛋酶消化率达90%以上。

(2)酶处理法:从土壤中分离的旨氏链霉菌、细黄链霉菌及从人体和哺乳动物皮肤分离的真菌——粒状发癣菌,均可产生能迅速分解角蛋白的蛋白酶。其处理方法为:羽毛先置于pH>12的条件下,用旨氏链霉菌等分泌的嗜碱性蛋白酶进行预处理。然后,加入1～2毫克/升盐酸,在温度119～132℃、压力98～215千帕的条件下分解3～5小时,经分离浓缩后,得到一种具有良好适口性的糊状浓缩饲料。

(3)酸水解法:其加工方法是将瓦罐中的6～10毫克/升盐酸加热至80～100℃,随即将已除杂的洁净羽毛迅速投入瓦罐内,盖严罐盖,升温至110～120℃,溶解2小时,使羽毛角蛋白的双硫键断裂,将羽毛蛋白分解成单个氨基酸分子,再将上述羽毛水解液抽入瓷缸中,徐徐加入9毫克/升氨水,并以45转/分钟的速度进行搅拌,使溶液pH值中和至6.5～6.8。最后,在已中和的水解液中加入麸皮、血粉、米糠等吸附剂。当吸附剂含水率达50%左右时,用55～56℃的温度烘干,并粉碎成粉,即成产品。但加工过程会破坏一部分氨基酸,使粗蛋白含量减少。

3. 羽毛蛋白饲料的利用

(1)鸡饲料:国内外大量试验和多年饲养实践表明,在雏鸡和成鸡口粮中配合2%～4%的羽毛粉是可行的。

(2)猪饲料:研究表明,羽毛粉可代替猪口粮中5%～6%的豆饼或国产鱼粉。在二元杂交猪口粮中加入羽毛蛋白饲料5%～6%,与等量国产鱼粉相比,经济效益提高16.9%。若配比过高,则不利于猪的生长。

(3)毛皮动物饲料:胱氨酸是毛皮动物不可缺少的一种氨基酸,而羽毛蛋白饲料中胱氨酸含量高达4.65%,故羽毛蛋白是毛皮动物饲料的一种理想的胱氨酸补充剂。

六、蛋壳粉的加工和利用

蛋壳制品可广泛应用于食品、饲料等工业中,并可从蛋壳中提取溶菌酶等。

1. 蛋壳粉的加工

(1)加工方法:将洗净的蛋壳摊在干净的水泥地上,厚度不超过5厘米,可利用强烈的日光曝晒干,并经常翻动,待水分继续蒸发,直到蛋壳松脆,用手能捏碎为准;或在有烘房设备内烘干,温度约80℃左右,随时通风排潮,一般需要2～3小时,烘干后粉碎。

(2)用途

①用30目筛子过筛,作肥料或畜禽饲料的钙添加剂。

②用120目筛子过筛后,在工业上可代替碳酸钙作合成橡胶的原料或可制作活性炭。

③在搪瓷工业中可作为黏膜剂。

④与一些碱混合(5∶1)可制作去污粉。

⑤在食品工业中可作为婴幼儿代乳粉钙质添加剂。

2. 蛋壳提取溶菌酶

(1)加工方法

①过滤蛋壳(包括新鲜的冻蛋清及蛋壳膜):粉末中加入1.5倍0.5%氯化钠溶液,用2摩尔盐酸调至pH 3.0,在40℃下搅拌提取1小时后用细布过滤。滤渣再如上提取2～3次,合并滤液。

②沉淀:将滤液用2摩尔盐酸调至pH 3.0,于沸水锅中水浴,迅速升温至80℃,随即搅拌冷却,再用醋酸调至pH 4.6促使卵蛋